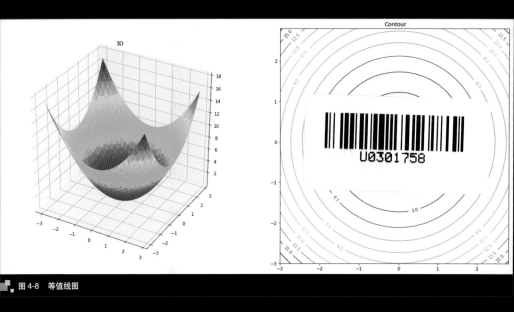

图 4-8　等值线图

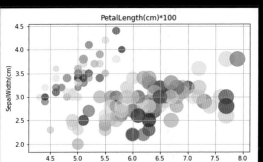

图 4-12　散点图

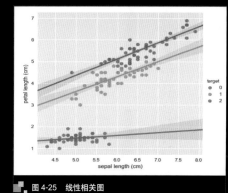

图 4-25　线性相关图

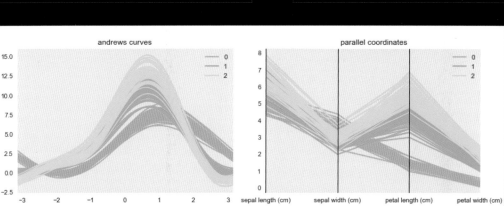

(a) 安德鲁曲线图　　　　　　　　　　　　(b) 平行坐标图

图 4-31　安德鲁曲线图和平行坐标图

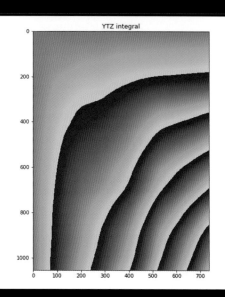

图 4-40　颜色转换图

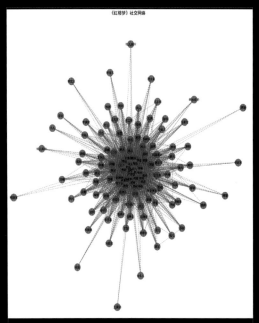

图 8-32　社交网络图

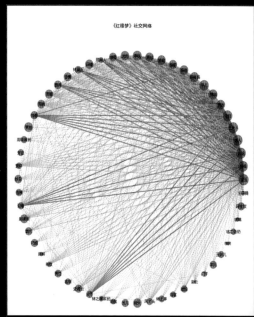

图 8-34　circular_layout(G) 节点图

基于**Python**
的**大数据分析**基础及实战

余本国◎著

中国水利水电出版社
www.waterpub.com.cn
·北京·

内 容 提 要

《基于 Python 的大数据分析基础及实战》是一本介绍如何用 Python 3.6 进行数据处理和分析的学习指南。其主要内容包括：Python 语言基础、数据处理、数据分析、数据可视化，以及利用 Python 对数据库的操作、自建 Python 应用库的共享发布等。

《基于 Python 的大数据分析基础及实战》分 3 个部分：第 1 部分为基础知识，第 2 部分为实战案例，第 3 部分为拓展与延伸。本书内容丰富，讲解通俗易懂，非常适合本科生、研究生，以及对 Python 语言感兴趣或者想要使用 Python 语言进行数据分析的广大读者。

图书在版编目（C I P）数据

基于Python的大数据分析基础及实战 ／ 余本国著
. -- 北京 ：中国水利水电出版社，2018.7（2022.9 重印）
ISBN 978-7-5170-6499-2

Ⅰ. ①基… Ⅱ. ①余… Ⅲ. ①软件工具—程序设计
Ⅳ. ①TP311.561

中国版本图书馆CIP数据核字(2018)第124386号

书　　　名	基于 Python 的大数据分析基础及实战 JIYU Python DE DA SHUJU FENXI JICHU JI SHIZHAN
作　　　者	余本国　著
出版发行	中国水利水电出版社 （北京市海淀区玉渊潭南路 1 号 D 座　　100038） 网址：www.waterpub.com.cn E-mail：zhiboshangshu@163.com 电话：（010）62572966-2205/2266/2201（营销中心）
经　　　售	北京科水图书销售有限公司 电话：（010）68545874、63202643 全国各地新华书店和相关出版物销售网点
排　　　版	北京智博尚书文化传媒有限公司
印　　　刷	三河市龙大印装有限公司
规　　　格	170mm×230mm　　16 开本　　23.75 印张　　375 千字　　2 插页
版　　　次	2018 年 7 月第 1 版　　2022 年 9 月第10次印刷
印　　　数	40001—42000 册
定　　　价	69.80 元

凡购买我社图书，如有缺页、倒页、脱页的，本社营销中心负责调换

PREFACE

　　数据分析是科学研究中的重要环节。有人曾这样定义：数据分析是有针对性地收集、加工、整理数据，并采用数据统计、挖掘技术分析和解释数据的科学与艺术！本书就是针对数据分析而量身定做的，旨在引导对数据分析感兴趣和拟从事数据分析的读者入门，感受和领略 Python 数据处理及分析的魅力。

　　Python 是当今炙手可热的数据分析工具，是一种面向对象的解释型计算机程序设计语言，拥有丰富和强大的库，已经成为继 Java、C++之后的第三大语言。其特点是简单易学、免费开源、高级语言、可移植性强、面向对象，具有可扩展性、可嵌入性、丰富的库、规范的代码等。Python 除了极少的事情不能做之外，基本上可以说是全能的，广泛应用在系统运维、图形处理、数学处理、文本处理、数据库编程、网络编程、Web 编程、多媒体应用、PYMO 引擎（PYMO 全称为 Python Memories Off）、黑客编程、爬虫编写、机器学习、人工智能等方面。

　　在学习数据分析类书籍之前，一定有许多"小白"跟当初的笔者一样未战先怯：数据分析要用到那么多的数学知识，还要用到编程知识，我能行吗？一提到"数学"，估计很多人连勇气都没有了，直接就放弃了。另外对计算机编程的要求，很多人会问是不是要对 Python 很精通才行？

　　其实这些多是误解。先来说说数学，如果仅仅做数据的一般分析，那对数学知识的要求其实根本没有读者想象的那么难，甚至根本用不上"高大上"的数学知识。对于编程更是这样，Python 语言极其简单，完全可以现学现用。曾有人说，20 个小时就能搞定 Python。只要读者能跟着本书认真地输入代码，一定能够自如地利用 Python 工具在数据的海洋中遨游。俗话说："拳不离手，曲不离口"，学习编程也要亲自多敲代码，复制、粘贴源代码对于学习编程是没有益处的，尽管数据分析中需要的编程知识不多。

在本书的写作过程中，得到了中北大学 Python 实验室各位同学的帮助和支持。陈粮同学执笔编写和测试了第 9 章；孙玉林、周俊琦同学执笔编写和测试了《红楼梦》文本分析代码；另外，杨阳、袁凤恩、温一川、魏炳琦、张方等同学对本书的部分代码进行了测试及校对工作，在此一并表示感谢。这里要特别感谢本书编辑秦甲，没有秦编辑的邀约，就没有本书的出版。

由于时间仓促，书中错误及疏漏之处在所难免，恳请读者批评指正。本书对应的视频教程、源代码及源数据，可以扫描下方二维码，关注微信公众号进行获取。

余本国于中北大学怡丁苑

2018 年 3 月 14 日

CONTENTS

目录

第1部分 基 础 篇

第1章

Python 语言基础 /2

1.0 引子 /2

1.1 工欲善其事，必先利其器（安装 Python） /3

1.2 学跑得先学走（语法基础） /9

1.3 程序结构 /11

    1.3.1 Hello World！ /11

    1.3.2 运算符介绍 /12

    1.3.3 顺序结构 /14

    1.3.4 判断结构 /17

    1.3.5 循环结构 /18

    1.3.6 异常 /20

1.4 函数 /24

    1.4.1 基本函数结构 /24

　　　　1.4.2　参数结构　　/25

　　　　1.4.3　回调函数　　/28

　　　　1.4.4　函数的递归与嵌套　　/28

　　　　1.4.5　闭包　　/31

　　　　1.4.6　匿名函数 lambda　　/32

　　　　1.4.7　关键字 yield　　/32

　　1.5　数据结构　　/35

　　　　1.5.1　列表（list）　　/35

　　　　1.5.2　元组（tuple）　　/38

　　　　1.5.3　集合（set）　　/39

　　　　1.5.4　字典（dict）　　/40

　　　　1.5.5　集合的操作　　/41

　　　　1.5.6　学以致用　　/45

　　1.6　3 个函数（map、filter、reduce）　　/47

　　　　1.6.1　遍历函数（map）　　/47

　　　　1.6.2　筛选函数（filter）　　/48

　　　　1.6.3　累计函数（reduce）　　/48

　　1.7　面向对象编程基础　　/50

　　　　1.7.1　类　　/50

　　　　1.7.2　类和实例　　/51

　　　　1.7.3　数据封装　　/52

　　　　1.7.4　私有变量与私有方法　　/53

　　本章小结　　/54

第 2 章

数据处理   /60

2.1　Anaconda 简介   /60

2.2　Numpy 简介   /66

2.3　关于 Pandas   /68

　　2.3.1　什么是 Pandas   /68

　　2.3.2　Pandas 中的数据结构   /68

2.4　数据准备   /68

　　2.4.1　数据类型   /68

　　2.4.2　数据结构   /69

　　2.4.3　数据导入   /79

　　2.4.4　数据导出   /86

2.5　数据处理   /88

　　2.5.1　数据清洗   /89

　　2.5.2　数据抽取   /97

　　2.5.3　插入记录   /114

　　2.5.4　修改记录   /117

　　2.5.5　交换行或列   /120

　　2.5.6　排名索引   /122

　　2.5.7　数据合并   /131

　　2.5.8　数据计算   /137

　　2.5.9　数据分组   /141

　　2.5.10　日期处理   /143

带你飞（数据处理案例） /148

本章小结 /160

第3章

数据分析 /165

3.1 基本统计分析 /165

3.2 分组分析 /169

3.3 分布分析 /171

3.4 交叉分析 /173

3.5 结构分析 /174

3.6 相关分析 /176

小试牛刀（相关分析案例：电商数据分析） /178

本章小结 /180

第4章

数据可视化 /181

4.1 使用 Python 对数据进行可视化处理 /181

4.1.1 准备工作 /181

4.1.2 Matplotlib 绘图示例 /186

4.1.3 Seabon 中的图例 /198

4.1.4 pandas 的一些可视化功能 /212

4.1.5 文本数据可视化 /217

4.1.6 networkx 网络图 /218

4.1.7 folium 绘制地图 /220

4.2 Python 图像处理基础 /221

4.2.1　PIL 图库　　/221

4.2.2　OpenCV 图库　　/224

本章小结　　/226

第 5 章

字符串处理与网络爬虫　　/228

5.1　字符串处理　　/228

5.1.1　字符串处理函数　　/228

5.1.2　正则表达式　　/230

5.1.3　编码处理　　/237

5.2　网络爬虫　　/240

5.2.1　获取网页源码　　/240

5.2.2　从源码中提取信息　　/241

5.2.3　数据存储　　/246

5.2.4　网络爬虫从这里开始　　/248

本章小结　　/260

第 2 部分　　实战案例篇

第 6 章

词云　　/262

6.1　安装文件包　　/263

6.2　jieba 功能用法　　/264

6.2.1　cut 用法　　/264

　　　　6.2.2　词频与分词字典　　/265

　　6.3　文本词云图　　/269

　　6.4　背景轮廓词云图的制作　　/271

　　　　6.4.1　数据准备　　/271

　　　　6.4.2　分词　　/272

　　　　6.4.3　构建词云　　/273

　　本章小结　　/278

第 7 章

航空客户分类　　/279

　　7.1　问题的提出　　/279

　　7.2　聚类分析相关概念　　/280

　　7.3　模型的建立　　/281

　　7.4　Python 实现代码　　/281

　　7.5　分类结果展示与分析　　/284

　　本章小结　　/287

第 8 章

《红楼梦》文本分析　　/288

　　8.1　准备工作　　/289

　　8.2　分词　　/291

　　　　8.2.1　读取数据　　/291

　　　　8.2.2　数据预处理　　/293

　　　　8.2.3　对红楼梦进行分词　　/301

　　　　8.2.4　制作词云　　/303

8.3　文本聚类分析　　/312

8.3.1　构建分词 TF-IDF 矩阵　　/312

8.3.2　使用 TF-IDF 矩阵对章节进行聚类　　/314

8.4　LDA 主题模型　　/322

8.5　人物社交网络分析　　/328

本章小结　　/334

第 3 部分　拓展与延伸

第 9 章

Python 字符串格式化　　/336

9.1　使用%符号进行格式化　　/336

9.2　使用 format()方法进行格式化　　/339

9.3　使用 f 方法进行格式化　　/341

本章小结　　/342

第 10 章

在 Python 中操作 MySQL 数据库　　/343

10.1　对 MySQL 的连接与访问　　/344

10.2　对 MySQL 的增、删、改、查操作　　/345

10.2.1　查询操作　　/345

10.2.2　插入操作　　/346

10.2.3　更新操作　　/347

10.2.4　删除操作　　/347

10.3　创建数据库表　　/348

本章小结　　/349

第 11 章

fractal（分形）库的发布　　/350

11.1　用 Python 绘制分形　　/351

11.1.1　分形简介　　/351

11.1.2　先睹为快　　/351

11.1.3　绘制方法简介　　/352

11.2　第三方库发布到 PyPi　　/364

本章小结　　/369

参考文献　　/370

第 1 部分
基础篇

Python 语言基础

数据处理

数据分析

数据可视化

字符串处理与网络爬虫

第 1 章

Python 语言基础

■ 1.0　引子

　　第一次接触 Python 是在 2013 年，那年笔者刚好从加拿大访学回来，正想鼓捣一个自己的网站，看到很多网文说用 Django 搭建网站很不错，于是开始疯狂地搜索关于 Django 的学习资料。看着看着，就发现 Django 是基于 Python 基础之上的，于是回过头来学习 Python，从此就与 Python 结下了不解之缘。

　　现在回想起来，那时候学习 Python 确实吃了不少苦头。刚入手时，遇到的第一个问题就是选择 Python 的版本问题。那是 Python 2.7 风行的年代，买回来的书、网上能搜索到的资料，几乎都是用 Python 2.7 写的。好不容易摸到了 Python 的大门，却被那些还没有完善、兼容的库折磨得死去活来。看别人的代码轻松又简单，到自己输入代码时，处处提示错误，用百度搜索半天才从知乎上的英文答案里摸索出一点眉目——库不兼容！

现在回过头来看看自己爬过的"坑"，也是一笔不小的财富。今天把这些写下来，为的是让那些跟笔者一样的"小白"们不要再重蹈覆辙，少走点弯路吧！

Python 自从 1991 年正式发布以来，由于其简洁易懂、扩展性强，确实受到很多程序员的追捧，他们编写了很多类库，使得 Python 的应用越来越方便，吸引了更多的人使用。近几年，谷歌等大型互联网公司开始使用 Python 语言来编写 AI 程序，在机器学习、神经网络、模式识别、人脸识别、定理证明、大数据等各个领域都产生了很多可以由 Python 直接引用的功能模块。现在最流行的深度学习框架也是用 Python 编写的，比如震惊世界的 AlphaGo，其大部分程序就是用 Python 编写的。随着人工智能的火爆，Python 几乎被推上了神坛，获得了"人工智能标配语言"的美誉，相关程序员的薪金也水涨船高。

随着 Python 3 的崛起和各种库的完善，Python 在数据分析、科学计算领域的应用越来越多。除了 Python 语言本身的特点，很多第三方库也很好用。某些场景下，Python 甚至可以取代 MATLAB。Python 常见的数据分析库有 Pandas、NumPy、SciPy 等。

Python 前后版本的不兼容确实让新、老学员感到头痛，许多人在为选择 Python 2.x 还是 Python 3.x 而发愁。不过现在应该不存在这个问题了，现在的主流版本是 Python 3.6，很多库都已经兼容或者升级到了 Python 3.x，而且有消息称 Python 2.7 到 2020 年就不再维护了，所以本书使用的版本是 Python 3.6。

如果读者已经有了一定的 Python 基础，那么完全可以越过本章进入下一章的学习。毕竟，基础知识的学习还是有点枯燥乏味的。但还是建议读者先浏览一遍本章小结，尤其是"坑点"提示内容。

■ 1.1 工欲善其事，必先利其器（安装 Python）

Windows 用户可以访问 https://Python.org/download，从中下载最新版本的 Python，如图 1-1 所示。其大小约为 27MB 左右，与其他大多数语言安装软件相比，还是十分紧凑小巧的。安装过程与其他 Windows 软件类似。

图 1-1　Python 安装版本

使用 Windows 系统的读者建议下载 executable installer 版本。笔者在此下载的版本为 Python 3.6.6，操作系统为 Windows 10。安装 Python 很简单，双击 Python-3.6.6.exe，选择默认选项，直接单击 Install Now 按钮即可，如图 1-2 所示。安装完毕后会显示安装成功，单击 Close 按钮即可使用。

（a）Python 安装界面 1

图 1-2　Python 安装界面

（b）Python 安装界面 2

图 1-2　Python 安装界面（续）

安装完成后，在桌面"开始"菜单中会显示已安装组件的目录，如图 1-3 所示。当我们要编写代码时，直接选择 IDLE 组件即可。

图 1-3　"开始"菜单

当然，为了讲得全面一点，介绍 Python 的设置还是有必要的。如果读者觉得这部分内容比较"高深"，也可以先跳过 Python 的设置，直接看第 2 章的 Anaconda 安装，毕竟后面的内容大多都是在 Anaconda 下编写程序代码及运行。这样做的最大好处是不用安装很多公共的包和库。

此时，若在 DOS Shell 命令提示符下输入 Python，很遗憾，运行将失败，提示信息如图 1-4 所示。

图 1-4　路径不对

　　这个"坑"对于高手来说可能不是问题，但对于"小白"而言，那就是拦路虎。为了今后的使用方便，建议大家还是按照图 1-5 所示的步骤执行一遍。先按图 1-2（a）中提示的路径在图 1-4 中输入此路径，再次输入 Python 就可以正常运行了。但每次都这样输入很费劲，还是提前把工作做扎实了吧，否则后面 pip 安装各类库还会遇到很多意想不到的问题。

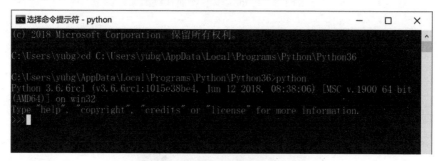

图 1-5　命令提示符下启动 Python

　　上面不能运行的问题主要是没有配置好环境变量。其实也不难，自己动手DIY 吧。

　　打开"控制面板>系统和安全>系统"，配置环境变量（按图 1-6 中标号 A、B、C、D 的步骤操作即可）。如果找不到相关步骤，那就百度一下吧。

　　接下来添加地址变量。把 Python 的安装路径新增到 path 环境变量中去，如图 1-7 所示。在笔者的计算机中，Python 安装在 C:\Users\yubg\AppData\Local\Programs\Python\Python36 下，按照图 1-7 中标号 A、B、C 的步骤进行操作就可以了，完成后单击"确定"按钮即可。再在 DOS Shell 命令提示符下输入Python，就会得到如图 1-8 所示的结果。以后直接运行 Python 就可以了，省去了输入 cd 及 Python 安装路径之苦。

图 1-6　配置环境变量

图 1-7　添加地址变量

对于 Windows 系统，安装 Python 就是下载安装程序后双击它那么简单。从现在起，我们假设已经在计算机系统里成功地安装了 Python 3.6。

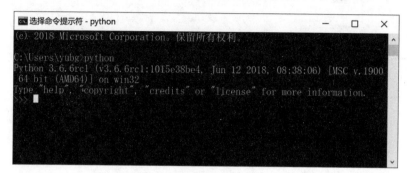

图 1-8　直接运行 Python

打开 Python 的 IDLE，启动 Python 解释器。

在提示符>>>下输入命令：print('Hello World')，然后按 Enter 键，可以看到输出的单词 Hello World，如图 1-9 所示。

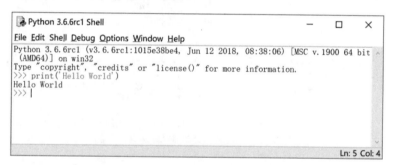

图 1-9　IDLE 界面

在更多的时候，代码不可能写一行执行一行，一般都是写完一个模块再去执行。这时候就需要打开 IDLE 编辑器，选择 File 菜单下的 New File 命令，在弹出的空白编辑框中输入代码并保存，然后按 F5 键运行，结果显示在 Shell 上，如图 1-10 所示。

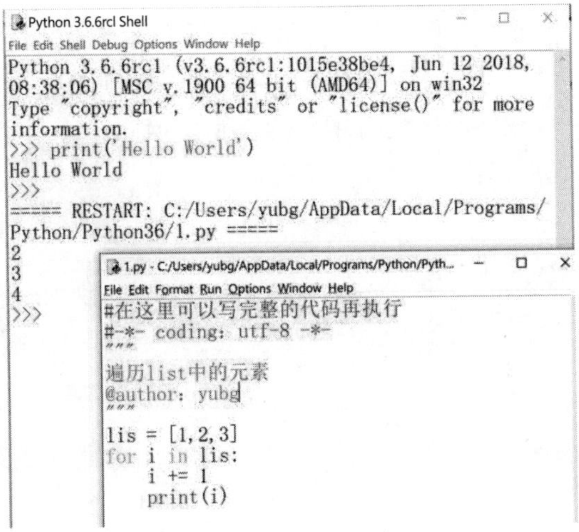

图 1-10　代码文本编辑器

1.2　学跑得先学走（语法基础）

俗话说"先学走再学跑"，为了更好地掌握后面的技能，我们得先了解几个 Python 语法常识。

1. 代码注释方法

所谓注释，就是解释、说明此行代码的功能、用途，但注释说明部分不被计算机执行。就好像我们看书时在页眉或页脚上做的标记一样，目的是加深记忆，不算正文。同样，在写代码的时候，也要养成良好的习惯——给代码写注释。很多时候，自己写代码时思路非常清晰，但时隔三五天甚至更长时间，再回过头来看自己写的代码，常常不知所云，甚至理解不了。养成写注释的好习惯不仅方便了自己，也会给别人读代码带来方便。

注释代码有以下两种方法：

（1）在一行中，"#"后的语句不被执行，表示被注释，如例 1-1 中的第 1、8 行中"#"之后的语句。

（2）如果要进行大段的注释，可以使用一组 3 个单引号('')或者 3 个双引号("""")将注释内容包围，如例 1-1 中的第 3~5 行内容被第 2 行和第 6 行的一组 3 个双引号包围。

单引号和双引号在使用上没有本质的差别，但同时使用时要注意区别。

【例 1-1】代码注释。

```
#-*- coding: utf-8 -*-
"""
遍历 list 中的元素
Created on Sun Mar 13 21:20:06 2016
@author: yubg
"""
lis=[1,2,3]
for i in lis:          #半角状态冒号不能少，下一行注意缩进
    i+=1
    print(i)
```

2. 用缩进来表示分层

Python 的语句块是使用代码缩进 4 个空格来表示分层，当然也可以使用一个 Tab 键来替代 4 个空格，但不要在程序中同时使用 Tab 键和空格来缩进，这会使程序在跨平台时不能正常运行。官方推荐的做法是使用 4 个空格。

一般来说行尾遇到"："就表示下一行开始缩进，如例 1-1 中"for i in lis:"行尾有冒号，下一行的"i+=1"就需要缩进 4 个空格。

3. 语句断行

一般来说，Python 一条语句占一行，在每条语句的结尾处不需要使用"；"。但在 Python 中也可以使用"；"，表示将两条简单语句写在一行。如果一条语句较长要分几行来写，可以使用"\"来换行。分号还有一个作用，用在一行语句的末尾，表示对本行语句的结果不打印输出。

```
from pandas import DataFrame        #导入模块中的函数，后面会讲解
from pandas import Series
df =DataFrame({'age':Series([26,85,64]),
'name':Series(['Ben','Joh','Jef'])})
print(df)
```

一般系统能够自动识别换行，如在一对括号中间或 3 个引号之间均可换行。例如上面代码中的第 3 行较长，若要对其分行，则必须在括号内进行（包括圆括号、方括号和花括号），分行后的第 2 行一般空 4 个空格。在 Python 3.5

版本中已经优化，可以不空 4 个空格，但是在较低的 3.x 版本中不空 4 个空格会报错。为了使代码美观，层次感清晰，一般还是建议分行后的第 2 行要空一些合适的空格。

4．print()的作用

print()会在输出窗口中显示一些文本或结果，便于监控、验证和显示数据。

```
>>> A=input('从键盘接收输入：')
从键盘接收输入：我输入的是这些
>>> print("打印出刚才的输入 A: ",A)
打印出刚才的输入 A:  我输入的是这些
>>>
```

5．在一个字符串中嵌入一个单引号

有以下两种方法：

（1）字符串在单引号中，可以在单引号前加反斜杠（\）嵌入，如\'。

（2）字符串在双引号中，可以直接加单引号嵌入。即 ' 和 " 在使用上没有本质差别，但同时使用时要注意区别。

```
>>>s1 = 'I\'am a boy. '          #可以使用转义符\
>>>print(s1)
I'am a boy.

>>>s2="I'am a boy. "             #也可以使用双引号引起来，此处用双
                                   引号是为了区分单引号
>>>print(s2)
I'am a boy.
>>>
```

1.3　程序结构

1.3.1　Hello World！

几乎所有的计算机语言都有这么一句开篇的代码：print('Hello World')。

Python 也不例外，其实前面已经试过了，在 IDLE 编辑器的提示符>>>下输入命令：print('Hello World')，按 Enter 键，看看是什么效果？

如果不出意外的话，效果应该如下：

```
>>>print("Hello World !")
Hello World !
```

那要是出了意外呢？原因只有两种可能：

（1）把 print 后面的()输入成了中文状态下的（）。一定要牢记代码里的括号均是英文状态下的()，也就是半角字符状态下的()。

（2）忘记了 Hello World !需要用半角状态下的引号括起来。

除了这两种情况，应该不会再有第三种情况出现。

1.3.2　运算符介绍

1. 比较运算符

比较运算符及其意义如表 1-1 所示。

表 1-1　比较运算符及其意义

运　算　符	意　　义
$x < y$	判断 x 是否小于 y，如"是"则返回真，否则返回假
$x <= y$	判断 x 是否小于等于 y，如"是"则返回真，否则返回假
$x > y$	判断 x 是否大于 y，如"是"则返回真，否则返回假
$x >= y$	判断 x 是否大于等于 y，如"是"则返回真，否则返回假
$x == y$	判断 x 是否等于 y，如"是"则返回真，否则返回假
$x != y$	判断 x 是否不等于 y，如"是"则返回真，否则返回假
x is y	判断 x 的地址（id）是否等于 y，如"是"则返回真，否则返回假
x is not y	判断 x 的地址（id）是否不等于 y，如"是"则返回真，否则返回假

示例如下：

```
>>> 1<2
True
>>> 1<=2
True
>>> 1>2
False
>>> 1>=2
```

```
False
>>> 1==2
False
>>> 1!=2
True
>>> 1 is 2
False
>>> 1 is not 2
True
```

2. 数值运算符

数值运算符及其意义如表 1-2 所示。

表 1-2　数值运算符及其意义

运　算　符	意　　义
$x = y$	将 y 赋值给 x
$x + y$	返回 $x + y$ 的值
$x - y$	返回 $x - y$ 的值
$x * y$	返回 $x * y$ 的值
x / y	返回 x / y 的值
$x // y$	返回 x 除 y 的整数部分
$x \% y$	返回 x 除 y 的余数
$- x$	返回负 x
$+ x$	返回正 x
abs(x)	返回 x 的绝对值
int(x)	返回 x 的整数值
float(x)	返回 x 的浮点数
complex(re, im)	定义复数
c.conjugate()	返回复数的共轭复数
divmod(x, y)	相当于($x//y, x\%y$)
pow(x, y)	返回 x 的 y 次方
$x ** y$	相当于 pow(x, y)

示例如下：

```
>>> x=7
>>> x
```

```
7
>>> 7+3
10
>>> 7-3
4
>>> 7*3
21
>>> 7/3
2.3333333333333335
>>> 7//3
2
>>> 7%3
1
>>> -7
-7
>>> +7
7
>>> abs(-7)
7
>>> int(7.2)
7
>>> float(7)
7.0
>>> complex(7,3)
(7+3j)
>>> (7+3j).conjugate()
(7-3j)
>>> divmod(7,3)
(2, 1)
>>> pow(7,3)
343
>>> 7 ** 3
343
```

1.3.3　顺序结构

采用顺序结构的程序将直接一行一行地执行代码直到程序结束。本节将运用顺序结构写一个求解一元二次方程的程序，不过对于该一元二次方程的要求是有解。

对于一元二次方程来说，解的个数是根据 Δ 的情况判断的。对于如下方程：

$$Ax^2 + Bx + C = 0$$

$$\Delta = B^2 - 4AC$$

解的情况如下：

$\Delta < 0$	无解
$\Delta = 0$	$x = -\dfrac{B}{2A}$
$\Delta > 0$	$\begin{cases} x_1 = -\dfrac{B + \sqrt{\Delta}}{2A} \\ x_2 = -\dfrac{B - \sqrt{\Delta}}{2A} \end{cases}$

本节只讨论存在解的情况（一解的情况可认为两解相同）。

程序流程如下：

（1）输入 A、B、C。

（2）计算 Δ。

（3）计算解。

（4）输出解。

代码 1：

```
#输入 A、B、C
A = float(input("输入 A:"))
B = float(input("输入 B:"))
C = float(input("输入 C:"))
#计算 delta
delta = B**2 - 4 * A * C
#计算 x1、x2
x1 = (B + delta**0.5) / (-2 * A)
x2 = (B - delta**0.5) / (-2 * A)
#输出 x1、x2
print("x1=", x1)
print("x2=", x2)
```

代码说明：

input()函数是程序接收来自键盘的输入。如本程序首先要接收通过键盘输入的方程系数 A、B、C，才能执行下面代码以计算 delta 和方程的解。为了给用户一个友好的界面，提醒用户输入，可以在 input()函数的括号内写入一些信息，如本例中的 input("输入 A:")。当然，也可以写成：input("亲爱的，我在等你输入方程的首系数A呢:")。input()函数将用户输入的内容以字符串形式返回，就算输入的是数字，但返回的"数字"的类型是字符型。也就是说，尽管输入的是数字 1，input()接收到了也确实显示的是"1"，但是这跟输入一个字母的效果是一样的，它不会认为刚才输入的是一个数字 1，而是一个字符"1"（使用 type()函数查一下它的类型，就可以知道是 str（字符型））。但是方程的系数应该是数值型的（当然，这里的系数有可能是小数），所以在 input()函数外面再给它包裹一层转换字符型为数值型的浮点型函数 float()，即 float(input(输入A:))，这样就将输入的字符型数据转换成了数值型数据。如果只需要接收整数型数据，那就将包裹函数换成 int()即可。

```
>>> a = input("请您输入数字: ")
请您输入数字: 12
>>> a
'12'
>>> type(a)
<class 'str'>
>>> b=input('等您输入呢:')
等您输入呢: abc
>>> b
'abc'
>>> type(b)
<class 'str'>
```

【例 1-2】对 $x^2 - 3x + 2 = 0$ 求解。

程序代码如下：

```
A = float(input("输入A:"))
B = float(input("输入B:"))
C = float(input("输入C:"))

#计算delta
delta = B**2 - 4 * A * C

#计算方程的两个根
x1 = (B + delta**0.5) / (-2 * A)
x2 = (B - delta**0.5) / (-2 * A)

#输出两个解
print("x1=", x1)
print("x2=", x2)
```

运行结果如下：

```
输入A:1
输入B:-3
输入C:2
x1= 1.0
x2= 2.0
```

1.3.4　判断结构

判断结构增加了程序中的判断机制。针对 1.3.3 节的解方程程序，可以增加判断结构，从而让方程的解更加全面。

本程序流程如下：

（1）输入 A、B、C。

（2）计算 Δ。

（3）判断解的个数。

（4）计算解。

（5）输出解。

代码 2：

```
#输入A、B、C
A = float(input("输入A:"))
B = float(input("输入B:"))
C = float(input("输入C:"))
#计算delta
delta = B**2 - 4 * A * C
#判断解的个数
if delta < 0:
    print("该方程无解！")
elif delta == 0:
    x = B / (-2 * A)
    print("x1=x2=", x)
else:
    #计算x1、x2
    x1 = (B + delta**0.5) / (-2 * A)
    x2 = (B - delta**0.5) / (-2 * A)
    #输出x1、x2
print("x1=", x1)
print("x2=", x2)
```

这里用 if-else 判断结构，其句式如下：

```
if 条件:
    block1
else:
    block2
```

在执行时，先执行"if 条件:"。如果条件为真，则执行其下的 block1，否则执行 block2；当判断分支不止一个时，则选择"if-elif-else"，这里的 elif 可以有多个。

【例 1-3】 运行上面的代码 2，求下面 3 个方程的解。

（1）不存在解：$x^2 + 2x + 6 = 0$

输入系数，运行结果（输出）如下：

```
输入 A:1
输入 B:2
输入 C:6
该方程无解!
```

（2）存在一个解：$x^2 - 4x + 4 = 0$

输入系数，运行结果（输出）如下：

```
输入 A:1
输入 B:-4
输入 C:4
x1=x2= 2.0
```

（3）存在两个解：$x^2 + 4x + 2 = 0$

输入系数，运行结果（输出）如下：

```
输入 A:1
输入 B:4
输入 C:2
x1= -3.414213562373095
x2= -0.5857864376269049
```

1.3.5 循环结构

编写程序时，除了上面介绍的顺序结构与判断结构，还有一种程序结构是需要了解的，即循环结构。本节就来学习 Python 中用到的循环结构，包括 while 循环与 for 循环。

1. while 循环

while 循环是最简单的循环，几乎所有程序语言中都存在 while 循环或者类似结构。while 经典循环结构如下：

```
while 循环条件为真：
    执行块
```

我们将写一个从 1 加到任意数的程序来体验 while 循环的妙处。

代码 3：

```
n = int(input("请输入结束的数: "))
i = 1
su = 0
while i <= n:
    su += i
    i += 1
print("从1加到%d结果是: %d" % (n, su))
```

代码说明：

（1）su+=i 表示的是 su=su+i；同理，i+=1 表示的是 i=i+1。

（2）print("从 1 加到%d 结果是：%d"%(n,su))是格式化输出（详见第 9 章）。%d 在这里相当于占位符，类似的还有%s 和%f 等。%d 表示整数占位，%s 表示字符串占位，%f 表示浮点数占位。这里的第一个%d 就表示在这个位置上应该输出的是整数，先占个位置预留下；同理，第二个%d 也表示在这个位置上输出整数。第三个%（n,su）则表示输出，表示在第一个%d 的位置上要输出的是 n，第二个%d 位置上输出的是 su!。再如：

```
>>> print("His name is %s,%d years old."%("Aviad",10))
His name is Aviad,10 years old.
```

测试及运行结果如下：

```
请输入结束的数: 100
从1加到100结果是: 5050
```

2. for 循环

for 循环常用来遍历集合。较 while 循环而言，在程序中用到 for 循环更为普遍。在上面我们用 while 循环计算了从 1 到任意数的和，这里将用 for 循环完成这个任务。

假设 A 是一个集合，element 代表集合 A 中的元素，for 循环就是让 A 中的每一个元素 element 都做一次"循序块"。格式如下：

```
for element in A:
    循环块
```

代码 4:

```
n = int(input("请输入结束的数: "))
i = 1
su = 0
for i in range(n + 1):
    su += i
print("从 1 加到%d 结果是: %d" % (n, su))
```

代码说明:

range(n)函数表示一个从 0 到 n-1(不包含 n)、长度为 n 的序列。如 range(5)表示一个从 0 到 5 (不包含 5)、长度为 5 的序列: 0、1、2、3、4。当然, 我们可以自定义需要的起始点和结束点, 如 range(2,5)代表从 2 到 5 (不包含 5), 即 2、3、4。Python 中的索引序列一般都是**左闭右开**, 即不包含右边的数据。range(n)函数还可以定义步长, 如定义一个从 1 开始到 30 结束、步长为 3 的序列, 表示为 range(1,30,3), 即 1、4、7、10、13、16、19、22、25、28。在 Python 3.5 中, range()作为一个容器存在, 当需要将该容器中的序列作为列表时, 在外面包裹一个 **list()**函数转换一下即可; 同理, 要将它作为元组, 只需要用 **tuple()**函数包裹起来转换一下即可。关于 list 和 tuple, 后文中再讲。

```
>>> a=range(5)
>>> list(a)
[0, 1, 2, 3, 4]
>>> tuple(a)
(0, 1, 2, 3, 4)
```

测试及运行结果如下:

```
请输入结束的数: 100
从 1 加到 100 结果是: 5050
```

1.3.6 异常

在 Python 中, try/except 语句主要是用于处理程序正常执行过程中出现的一些异常情况, 如语法错误、数据除零错误、从未定义的变量上取值等; 而 try/finally 语句则主要用于监控错误的环节。尽管 try/except 和 try/finally 的作用不同, 但是在编程实践中通常可以把它们组合在一起, 使用 try/except/else/

finally 的形式来实现稳定性和灵活性更好的设计。Python 中 try/except/else/
finally 语句的完整格式如下：

```
try:
    Normal execution block
except A:
    Exception A handle
except B:
    Exception B handle
except:
    Other exception handle
else:                        #可无，若有，则必有 except x 或 except 块存在，
                             仅在 try 后无异常时执行
    if no exception, get here
finally:                     #此语句务必放在最后，并且也是必须执行的语句
    print("finally")
```

正常执行的程序在 try 下的 Normal execution block 中执行；在执行过程中，
如果发生了异常，则中断当前 Normal execution block 中的执行，跳转到对应
的异常处理块 except x(A 或 B)中开始执行。Python 从第一个 except x 处开始查
找，如果找到了对应的 exception 类型，则进入其提供的 exception handle 中进
行处理；如果没有则依次进入第二个；如果都没有找到，则直接进入 except
块进行处理。except 块是可选项，如果没有提供，该 exception 将会被提交给
Python 进行默认处理，处理方式则是终止应用程序并打印提示信息。

如果在 Normal execution block 的执行过程中没有发生任何异常，则在执行
完 Normal execution block 后会进入 else 块（若存在）中执行。

无论发生异常与否，若有 finally 语句，以上 try/except/else 代码块执行的最
后一步总是执行 finally 所对应的代码块。

1．try-except 结构

这是最简单的异常处理结构，其结构如下：

```
try:
    处理代码
except Exception as e:
    处理代码发生异常，在这里进行异常处理
```

例如，我们先来看一下 1/0 会出现什么情况。代码如下：

```
>>>1/0
Traceback (most recent call last):
```

```
  File "<ipython-input-11-05c9758a9c21>", line 1, in <module>
    1/0
ZeroDivisionError: division by zero
```

报错！下面继续触发除以 0 的异常，然后捕捉并处理。代码如下：

```
try:
    print(1 / 0)
except Exception as e:
    print('代码出现除 0 异常，这里进行处理！')
print("我还在运行")
```

测试及运行结果如下：

```
代码出现除 0 异常，这里进行处理！
我还在运行
```

except Exception as e: 捕获错误，并输出信息。程序捕获错误后，并没有"死"掉或者终止，还在继续执行后面的代码。

2. try-except-finally 结构

这种异常处理结构通常用于，无论程序是否发生异常，都要执行必须要执行的操作，如关闭数据库资源、关闭打开的文件资源等，但必须执行的代码需要放在 finally 块中。例如：

```
try:
    print(1 / 0)
except Exception as e:
    print("除 0 异常")
finally:
    print("必须执行")
print("-----------------")
try:
    print("这里没有异常")
except Exception as e:
    print("这句话不会输出")
finally:
    print("这里是必须执行的")
```

测试及运行结果如下：

```
除 0 异常
必须执行
-----------------
这里没有异常
这里是必须执行的
```

3．try-except-else 结构

该结构运行过程如下：程序进入 try 语句部分，当 try 语句部分发生异常则进入 except 语句部分，若不发生异常则进入 else 语句部分。示例代码如下：

```python
try:
    print("正常代码！")
except Exception as e:
    print("将不会输出这句话")
else:
    print("这句话将被输出")
print("--------------------")
try:
    print(1 / 0)
except Exception as e:
    print("进入异常处理")
else:
    print("不会输出")
```

测试及运行结果如下：

```
正常代码！
这句话将被输出
--------------------
进入异常处理
```

4．try-except-else-finally 结构

顾名思义，这是 try-except-else 结构的升级版，在原有的基础上增加了必须要执行的部分。示例代码如下：

```python
try:
    print("没有异常！")
except Exception as e:
    print("不会输出！")
else:
    print("进入 else")
finally:
    print("必须输出！")

print("--------------------")

try:
    print(1 / 0)
```

```
except Exception as e:
    print("引发异常！")
else:
    print("不会进入else")
finally:
    print("必须输出！")
```

测试及运行结果如下：

没有异常！
进入else
必须输出！

引发异常！
必须输出！

注意

（1）在上面的完整语句中 try/except/else/finally 出现的顺序必须是 try→except x→except→else→finally，即所有的 except 语句必须在 else 语句和 finally 语句之前，else 语句（若有）必须在 finally 语句之前，而 except x 语句必须在 except 语句之前，否则会出现语法错误。

（2）对于上面所展示的 try/except 完整格式而言，else 语句和 finally 语句都是可选的，而不是必须的。但若存在 else 语句，则必须在 finally 语句之前，finally 语句（如果存在）必须在整个语句的最后位置。

（3）在上面的完整语句中，else 语句的存在必须以 except x 或者 except 语句为前提；如果在没有except语句的 try block 中使用else语句会引发语法错误，即 else 语句不能仅与 try/finally 语句配合使用。

1.4 函数

1.4.1 基本函数结构

同其他程序结构一样，函数也是一种程序结构，大多数程序语言都允许使用者定义并使用函数（目前笔者还未遇到不需要或不能定义函数的程序语言）。

顾名思义，这里所讲的函数与数学函数的意义是差不多的。在之前的程序中已经使用过 Python 自带的一些函数了，如 print()、input()、range()等。数学上我们定义一个函数像下面这样：

$$f(x,y) = x^2 + y^2$$

在 Python 中，我们定义一个函数是通过 def 关键字来声明的，其结构如下：

```
def 函数名(参数):
    函数体
    return 返回值
```

例如对于上面的数学函数，利用 Python 语言定义如下：

```
def f(x, y):
    z = x**2 + y**2
    return z
```

函数定义好了，使用如下：

```
f(2,3)
```

下面给出程序完整的代码：

```
def f(x, y):
    z = x**2 + y**2
    return z

res = f(2, 3)
print(res)
```

测试及运行结果如下：

```
13
```

1.4.2　参数结构

函数是可以传递参数的，当然也可以不传递参数。同样，函数可以有返回值，也可以没有返回值。为了方便介绍，将 Python 的传参方式归为 4 类，下面将一一介绍。

1. 传统参数传递

（1）无参数传递

```
def func():
    print("这是无参数传递")
```

调用 func()，将打印输出"这是无参数传递"字符串。

（2）固定参数传递

```
def func(x):
    print("传递的参数为: %s"%x)
```

调用 func("hello")，将打印输出"传递的参数为：hello"字符串。对于传递多个参数，例如传递 3 个参数，可以这样定义：

```
def func(x,y,z):
    pass
```

2．默认参数传递

Python 默认参数传递的机制减少了重复参数的多次输入，函数允许默认参数是大多数程序语言都支持的。通过下面的代码来介绍这种机制。

```
def func(x, y=100, z="hello"):
    print(x, y, z)
func(0)
func(0, 1)
func(0, 34, "world")
func(66, z="hello world")
func(44, y=90, z="kkk")
```

测试及运行结果如下：

```
0 100 hello
0 1 hello
0 34 world
66 100 hello world
44 90 kkk
```

从这里可以知道，y=100, z="hello"都是默认参数，当不输入 y 和 z 的参数值时，函数默认给出 y=100, z="hello"的值。但值得注意的是，给参数赋值时要注意参数的顺序，除非标明这个数值是赋给哪个参数的，如 func(44, y=90, z="kkk")，或者 func(y=90, z="kkk", x=44)，若写成 func(y=90, z="kkk",44)就会报错，因为函数不知道这里的 44 是赋值给哪个参数的，所以不标明就必须按照"出场"的顺序！

3．未知参数个数传递

对于某些函数，我们不知道传进来多少个参数，只知道对这些参数进行怎样的处理。Python 允许我们创造这样的函数，即未知参数个数的传递机制，只需要在参数前面加个 * 就可以了。

举个简单的例子：你身份证上姓名叫赵钱孙，在家里有个小名叫毛毛，在中学阶段同学给你取了个外号"猴子"，在高中阶段同学们又送了个雅称"赵学霸"……外号可能还有很多，如大学阶段可能还会有呢，所以其数量就不能确定。现在要把这些外号作为一个函数中的参数，怎么办呢？只需在参数前面加个*就解决了。示例代码如下：

```
def func(name,*args):
    print(name+" 有以下雅称：")
    for i in args:
        print(i)

func('赵钱孙','猴子','毛毛','赵学霸')
```

测试及运行结果如下：

```
赵钱孙 有以下雅称：
猴子
毛毛
赵学霸
```

4. 带键参数传递

带键参数传递是指参数通过键值对的方式进行传递。什么叫键值对？下面这个例子将会展示这种结构。带键参数的传递只需要在参数前面加 ** 就可以了。示例代码如下：

```
def func(**kwargs):
    print(type(kwargs))
    for i in kwargs:
        print(i, kwargs[i])

func(aa=1, bb=2, cc=3)
print("---------")
func(x=1, y=2, z="hello")
```

测试及运行结果如下：

```
<class 'dict'>
aa 1
bb 2
cc 3
---------
<class 'dict'>
```

```
x 1
y 2
z hello
```

可以看到，参数的类型为 dict，这种类型后文会介绍到。

1.4.3　回调函数

回调函数又叫函数回调，指的是将函数作为参数传递到另外的函数中执行。例如将 A 函数作为参数传递到 B 函数，然后在 B 函数中执行 A 函数。这种做法的好处是在函数被定义之前就可以使用函数，或者对于其他程序提供的 API（可看成函数）进行调用。概念比较抽象，下面以例子说明。示例代码如下：

```
def func(fun, args):
    fun(args)

def f1(x):
    print("这是 f1 函数: ", x)

def f2(x):
    print("这是 f2 函数: ", x)

func(f1, 1)
func(f2, "hello")
```

测试及运行结果如下：

```
这是 f1 函数: 1
这是 f2 函数: hello
```

上面的程序从 func 函数中分别调用了 f1 与 f2 函数。可以看到，在 f1 或者 f2 函数被定义之前，我们在 func 函数中就对其进行了调用，这就是所谓的函数回调。

1.4.4　函数的递归与嵌套

1. 函数的递归

函数的递归是指函数在函数体中直接或间接地调用自身的现象。递归要有停止条件，否则函数将永远无法跳出递归，成了死循环。下面将用递归编写一个经典的斐波那契（Fibonacci）数列。什么是斐波那契（Fibonacci）数列呢？
即数列中每一项等于它前面两项的和，公式如下：

$$f(n) = f(n-1) + f(n-2) \quad n > 2$$
$$f(n) = 1 \qquad\qquad\qquad n \leqslant 2$$

实现代码为：

```
def fib(n):
    if n <= 2:
        return 1
    else:
        return fib(n - 1) + fib(n - 2)

for i in range(1, 10):
    print("fib(%s)=%s" % (i, fib(i)))
```

测试及运行结果如下：

```
fib(1)=1
fib(2)=1
fib(3)=2
fib(4)=3
fib(5)=5
fib(6)=8
fib(7)=13
fib(8)=21
fib(9)=34
```

 注意

递归结构往往消耗内存较大，能用迭代解决的问题尽量不要用递归。

2．函数的嵌套

函数的嵌套是指在函数中调用另外的函数。这是函数式编程的重要结构，
也是我们在编程中最常用的一种程序结构。下面利用函数的嵌套重写 1.3.4 节
解方程的程序。

示例代码如下：

```
def args_input():
    #定义输入函数
    try:
```

```
        A = float(input("输入A:"))
        B = float(input("输入B:"))
        C = float(input("输入C:"))
        return A, B, C
    except:   #输入出错则重新输入
        print("请输入正确的数值类型！")
        return args_input()                          #为了出错时能够重新输入


def get_delta(A, B, C):
    #计算delta
    return B**2 - 4 * A * C


def solve():
    A, B, C = args_input()
    delta = get_delta(A, B, C)
    if delta < 0:
        print("该方程无解！")
    elif delta == 0:
        x = B / (-2 * A)
        print("x=", x)
    else:
        #计算x1、x2
        x1 = (B + delta**0.5) / (-2 * A)
        x2 = (B - delta**0.5) / (-2 * A)
        print("x1=", x1)
        print("x2=", x2)


#在当前程序下直接执行本程序
def main():
    solve()
if __name__ == '__main__':
    main()
```

测试及运行结果如下：

输入A:2
输入B:a
请输入正确的数值类型！

输入A:2
输入B:5
输入C:1

```
x1= -2.2807764064044154
x2= -0.21922359359558485
```

main()函数的功能是在调试代码的时候，在"if __name__ == '__main__'"中加入一些我们的调试代码。可以让外部模块调用时不执行我们的调试代码，但是如果我们想排查问题的时候，直接执行该模块文件，调试代码能够正常运行！

1.4.5 闭包

所谓的闭包其实跟回调函数有相通之处。回调函数是将函数作为参数传递，而闭包是将函数作为返回值返回。闭包可以延长变量的作用时间与作用域。看下面的例子：

```python
def say(word):
    def name(name):
        print(word, name)
    return name


hi = say('你好')
hi('小明')


bye = say('再见')
bye('小明')
```

测试及运行结果如下：

```
你好 小明
再见 小明
```

通过下面的程序，我们将更深刻地理解闭包的概念。

```python
def func():
    res = []

    def put(x):
        res.append(x)

    def get():
        return res
    return put, get
p, g = func()
p(1)
```

```
p(2)
print("当前 res 值: ", g())
p(3)
p(4)
print("当前 res 值: ", g())
```

测试及运行结果如下：

```
当前 res 值:  [1, 2]
当前 res 值:  [1, 2, 3, 4]
```

我们看到，在函数中定义了一个变量 res，定义了两个函数 put、get，当在外部调用 put 函数我们将改变 res 的值，调用 get 函数将获取 res 的值。这看起来比较抽象，不过在面向对象编程出现之前，这是很重要的一种编程方式。

1.4.6　匿名函数 lambda

Python 中允许用 lambda 关键字定义一个匿名函数。所谓匿名函数，是指调用一次或几次后就不再需要的函数，属于"一次性"函数。示例代码如下：

```
#求两数之和，定义函数 f(x,y)=x+y
f = lambda x, y: x + y
print(f(2, 3))

#或者这样求两数的平方和
print((lambda x, y: x**2 + y**2)(3, 4))
```

测试及运行结果如下：

```
5
25
```

1.4.7　关键字 yield

yield 关键字可以将函数执行的中间结果返回但不结束程序。听起来比较抽象，用起来却很简单。下面的例子将模仿 range()函数写一个自己的 range。代码如下：

```
def func(n):
    i = 0
    while i < n:
        yield i                    #为什么不是 print(i)
```

```
    i += 1

for i in func(10):
    print(i)
```

测试及运行结果如下：

```
0
1
2
3
4
5
6
7
8
9
```

yield 关键字的作用就是把一个函数变成一个 generator（生成器）。带有 yield 的函数不再是一个普通函数，Python 解释器会将其视为一个 generator。上面代码中，若把 yield i 改为 print(i)，就获取不到可迭代（Iterable）的效果。

下面再举个斐波那契数列的例子。斐波那契数列是一个非常简单的递归数列，除第一个和第二个数外，其任意一个数都可由前两个数相加得到。用计算机程序输出斐波那契数列的前 N 个数是一个非常简单的问题，许多初学者都可以轻易写出如下函数。

代码 1：简单输出斐波那契数列前 N 个数

```
def fab(max):
    n, a, b = 0, 0, 1
    while n < max:
        print(b)
        a, b = b, a + b
        n = n + 1
```

执行 fab(5)，可以得到如下输出：

```
>>> fab(5)
 1
 1
 2
 3
 5
```

结果没有问题，但有经验的开发者会指出，直接在 fab 函数中用 print 函数打印数字会导致该函数可复用性较差，因为 fab 函数返回 None，其他函数无法获得该函数生成的数列。要提高 fab 函数的可复用性，最好不要直接打印出数列，而是返回一个列表（list）。以下是 fab 函数改写后的第二个版本。

代码 2：输出斐波那契数列前 N 个数（第二个版本）

```
def fab(max):
    n, a, b = 0, 0, 1
    L = []
    while n < max:
        L.append(b)
        a, b = b, a + b
        n = n + 1
    return L
```

可以使用如下方式打印出 fab 函数返回的列表：

```
>>> for n in fab(5):
...     print(n)
1
1
2
3
5
```

改写后的 fab 函数通过返回列表能满足复用性的要求，但是更有经验的开发者会指出，该函数在运行中占用的内存会随着参数 max 的增大而增大。如果要控制内存占用，最好不要用列表来保存中间结果，而是通过可迭代（Iterable）对象来迭代。

代码 3：使用 yield 关键字输出斐波那契数列前 N 个数

```
def fab(max):
    n, a, b = 0, 0, 1
    while n < max:
        yield b
        #print(b)
        a, b = b, a + b
        n = n + 1
```

代码 3 的 fab 函数和代码 1 相比，仅仅把 print (b)改为了 yield b，就在保持简洁性的同时获得了可迭代（Iterable）的效果。

调用代码 3 的 fab 函数和代码 2 的 fab 函数的结果完全一致，显示如下：

```
>>> for n in fab(5):
...    print(n)
 1
 1
 2
 3
 5
```

简单地讲，yield 的作用就是把一个函数变成一个 generator。带有 yield 的函数不再是一个普通函数，Python 解释器会将其视为一个 generator。调用 fab(5) 不会执行 fab 函数，而是返回一个可迭代（iterable）对象！在执行 for 循环时，每次循环都会执行 fab 函数内部的代码。执行到 yield b 时，fab 函数就返回一个迭代值。下次迭代时，代码从 yield b 的下一条语句继续执行，而函数的本地变量看起来和上次中断执行前是完全一样的，于是函数继续执行，直到再次遇到 yield。

1.5　数据结构

在前面的程序中我们已经见过 Python 的几种数据结构了，但只用了其中极少的部分。本节将具体介绍 Python 中的列表（list）、元组（tuple）、集合（set）、字典（dict）等数据结构。

1.5.1　列表（list）

列表（list）是程序中常见的结构。Python 的列表功能相当强大，可以作为栈（先进后出表）、队列（先进先出表）等使用。

1. 列表的定义

只需要在中括号[ ]中添加列表的项（元素），以半角逗号隔开每个元素，即可定义列表。

```
s=[1,2,3,4,5]
```

要获取列表中的元素，可采用 list[index] 的方式。例如对上面的列表，可以用下面的方式取值：

```
>>> s=[1,2,3,4,5]
>>> s[0]
1
>>> s[2]
3
>>> s[-1]                                        #倒序取值
5
>>> s[-2]
4
>>> s[1:3]                                       #取子列表
[2, 3]
>>> s[1:]
[2, 3, 4, 5]
>>> s[:-2]
[1, 2, 3]
```

2. list 的常用函数

list 常用函数及其作用如表 1-3 所示。

表 1-3 list 常用函数及其作用

函 数 名	作　　用
list.append(x)	将元素 x 追加到列表尾部
list.extend(L)	将列表 L 中的所有元素追加到列表尾部形成新列表
list.insert(i , x)	在列表中 index 为 i 的位置插入 x 元素
list.remove(x)	将列表中第一个为 x 的元素移除。若不存在 x 元素将引发一个异常
list.pop(i)	删除 index 为 i 的元素，并将删除的元素显示。若不指定 i，则默认弹出最后一个元素
list.clear()	清空列表
list.index(x)	返回第一个 x 元素的位置，若不存在 x，则报错
list.count(x)	统计列表中 x 元素的个数
list.reverse()	将列表反向排列
list.sort()	将列表从小到大排序。若需从大到小排序，则用 list.sort(reverse=True) 表示
list.copy()	返回列表的副本

示例：

```
>>> s = [1, 3, 2, 4, 6, 1, 2, 3]
>>> s
[1, 3, 2, 4, 6, 1, 2, 3]
>>> s.append(0)
>>> s
[1, 3, 2, 4, 6, 1, 2, 3, 0]
>>> s.extend([1, 2, 3, 4])
>>> s
[1, 3, 2, 4, 6, 1, 2, 3, 0, 1, 2, 3, 4]
>>> s.insert(0, 100)
>>> s
[100, 1, 3, 2, 4, 6, 1, 2, 3, 0, 1, 2, 3, 4]
>>> s.remove(100)
>>> s
[1, 3, 2, 4, 6, 1, 2, 3, 0, 1, 2, 3, 4]
>>> print(s.pop(0))
1
>>> s
[3, 2, 4, 6, 1, 2, 3, 0, 1, 2, 3, 4]
>>> s.pop()
4
>>> s
[3, 2, 4, 6, 1, 2, 3, 0, 1, 2, 3]
>>> s.index(3)
0
>>> s.count(1)
2
>>> s
[3, 2, 4, 6, 1, 2, 3, 0, 1, 2, 3]
>>> s.reverse()
>>> s
[3, 2, 1, 0, 3, 2, 1, 6, 4, 2, 3]
>>> s.sort()
>>> s
[0, 1, 1, 2, 2, 2, 3, 3, 3, 4, 6]
>>> s.sort(reverse=True)
>>> s
[6, 4, 3, 3, 3, 2, 2, 2, 1, 1, 0]
>>> k = s.copy()
```

```
>>> k
[6, 4, 3, 3, 3, 2, 2, 2, 1, 1, 0]
>>> k.clear()
>>> k
[]
>>> s
[6, 4, 3, 3, 3, 2, 2, 2, 1, 1, 0]
>>> m=s
>>> m
[6, 4, 3, 3, 3, 2, 2, 2, 1, 1, 0]
>>> m.clear()
>>> m
[]
>>> s
[]
```

1.5.2　元组（tuple）

元组（tuple）跟 list 很像，只不过是用小括号()的形式，但是 tuple 中的元素一旦确定就不可更改。下面两种方式都是定义一个 tuple。

```
>>> t=(1,2,3)
>>> t
(1, 2, 3)
>>> y=1,2,3
>>> y
(1, 2, 3)
```

在 Python 中，如果多个变量用半角逗号隔开，则默认将多个变量按 tuple 的形式组织起来，因此在 Python 中两个变量的互换可以这样写：

```
>>> x,y=1,2
>>> x
1
>>> y
2
>>> x,y=y,x
>>> x
2
>>> y
1
```

元组与列表的取值方式相同，这里不再赘述。

元组常用函数如下：

```
tuple.count(x)          #计算 x 在 tuple 中出现的次数
tuple.index(x)          #计算第一个 x 元素的位置
```

示例如下：

```
>>> t=1,1,1,1,2,2,3,1,1,1
>>> t
(1, 1, 1, 1, 2, 2, 3, 1, 1, 1)
>>> t.count(1)
7
>>> t.index(2)
4
```

1.5.3　集合（set）

集合（set）是大多数程序语言都会提供的数据结构。它不能保存重复的数据，即具有过滤重复数据的功能。

```
>>> s={1,2,3,4,1,2,3}
>>> s
{1, 2, 3, 4}
```

对于一个数组或者元组来说，也可用 set 函数去除重复的数据。

```
>>> L=[1,1,1,2,2,2,3,3,3,4,4,5,6,2]
>>> T=1,1,1,2,2,2,3,3,3,4,4,5,6,2
>>> L
[1, 1, 1, 2, 2, 2, 3, 3, 3, 4, 4, 5, 6, 2]
>>> T
(1, 1, 1, 2, 2, 2, 3, 3, 3, 4, 4, 5, 6, 2)
>>> SL=set(L)
>>> SL
{1, 2, 3, 4, 5, 6}
>>> ST=set(T)
>>> ST
{1, 2, 3, 4, 5, 6}
```

 注意

set 中的元素位置是无序的，因此不能用 set[i]这样的方式获取其元素。

set 的操作示例如下：

```
>>> s1=set("abcdefg")
>>> s2=set("defghijkl")
>>> s1
{'g', 'f', 'b', 'e', 'a', 'd', 'c'}
>>> s2
{'g', 'f', 'j', 'i', 'k', 'e', 'l', 'd', 'h'}
>>> s1-s2                    #取出 s1 中不包含 s2 的部分
{'c', 'a', 'b'}
>>> s2-s1
{'i', 'l', 'h', 'j', 'k'}
>>> s1|s2                    #取出 s1 与 s2 的并集
{'f', 'b', 'j', 'k', 'e', 'a', 'g', 'i', 'l', 'd', 'c', 'h'}
>>> s1&s2                    #取出 s1 与 s2 的交集
{'e', 'g', 'f', 'd'}
>>> s1^s2                    #取出 s1 与 s2 的并集但不包括交集部分
{'j', 'i', 'k', 'b', 'l', 'a', 'h', 'c'}
>>> 'a' in s1               #判断'a'是否在 s1 中
True
>>> 'a' in s2
False
```

1.5.4　字典（dict）

字典（dict）又称键值对，前面曾简单地介绍过这种数据结构。可以这样定义一个字典：

```
>>> d={1:10,2:20,"a":12,5:"hello"}
>>> d
{1: 10, 2: 20, 'a': 12, 5: 'hello'}
>>> d1=dict(a=1,b=2,c=3)
>>> d1
{'c': 3, 'a': 1, 'b': 2}
>>> d2=dict([['a',12],[5,'a4'],['hel','rt']])
                            #可以将二元列表作为元素的列表转换为字典
>>> d2
{'a': 12, 5: 'a4', 'hel': 'rt'}
```

其中，字典中每一项以半角的逗号隔开，每一项包含 key 与 value，key 与 value 之间用半角的冒号隔开。当然，字典里的每一个元素（键值对）也是无序的。字典的取值方式如下：

```
>>> d={1:10,2:20,"a":12,5:"hello"}
>>> d
{1: 10, 2: 20, 'a': 12, 5: 'hello'}
>>> d[1]
10
>>> d['a']
12
>>> d[5]
'hello'
>>> d.get(5)
'hello'
>>> d.get('a')
12
```

操作示例如下：

```
>>> d={1:10,2:20,"a":12,5:"hello"}
>>> d
{1: 10, 2: 20, 'a': 12, 5: 'hello'}
>>> dc=d.copy()                          #字典的复制
>>> dc
{1: 10, 2: 20, 'a': 12, 5: 'hello'}
>>> dc.clear()                           #字典的清除
>>> dc
{}
>>> d.items()                            #获取字典的项列表
dict_items([(1, 10), (2, 20), ('a', 12), (5, 'hello')])
>>> d.keys()                             #获取字典的 key 列表
dict_keys([1, 2, 'a', 5])
>>> d.values()                           #获取字典的 value 列表
dict_values([10, 20, 12, 'hello'])
>>> d.pop(1)                             #弹出 key=1 的项
10
>>> d
{2: 20, 'a': 12, 5: 'hello'}
```

1.5.5   集合的操作

集合（set）操作符、函数及其意义如表 1-4 所示。

表 1-4 集合的操作符、函数及其意义

操作符或函数	意　　义
x in S	如果 S 中包含 x 元素，则返回 True，否则返回 False
x not in S	如果 S 中不包含 x 元素，则返回 True，否则返回 False
S + T	连接 S 与 T，返回连接后的新集合类
S * n 或者 n * S	将 S 延长自身 n 次
len(S)	返回 S 的长度

示例如下：

```
>>> L=[i for i in range(1,11)]
>>> S=set(L)
>>> T=tuple(L)
>>> D=dict(zip(L,L))
>>> L
[1, 2, 3, 4, 5, 6, 7, 8, 9, 10]
>>> S
{1, 2, 3, 4, 5, 6, 7, 8, 9, 10}
>>> T
(1, 2, 3, 4, 5, 6, 7, 8, 9, 10)
>>> D
{1: 1, 2: 2, 3: 3, 4: 4, 5: 5, 6: 6, 7: 7, 8: 8, 9: 9, 10: 10}
>>> 3 in L,3 in S,3 in T,3 in D
(True, True, True, True)
>>> 3 not in L,3 not in S,3 not in T,3 not in D
(False, False, False, False)
>>> L+L
[1, 2, 3, 4, 5, 6, 7, 8, 9, 10, 1, 2, 3, 4, 5, 6, 7, 8, 9, 10]
>>> S+S                          #set 不能连接
Traceback (most recent call last):
  File "<pyshell#11>", line 1, in <module>
    S+S
TypeError: unsupported operand type(s) for +: 'set' and 'set'
>>> T + T
(1, 2, 3, 4, 5, 6, 7, 8, 9, 10, 1, 2, 3, 4, 5, 6, 7, 8, 9, 10)
>>> D + D                        #dict 不能连接
Traceback (most recent call last):
  File "<pyshell#13>", line 1, in <module>
    D + D
```

```
TypeError: unsupported operand type(s) for +: 'dict' and 'dict'
>>> L * 3
[1, 2, 3, 4, 5, 6, 7, 8, 9, 10, 1, 2, 3, 4, 5, 6, 7, 8, 9, 10, 1,
2, 3, 4, 5, 6, 7, 8, 9, 10]
>>> S * 3                               #set 不能用*连接
Traceback (most recent call last):
  File "<pyshell#15>", line 1, in <module>
    S * 3
TypeError: unsupported operand type(s) for *: 'set' and 'int'
>>> T * 3
(1, 2, 3, 4, 5, 6, 7, 8, 9, 10, 1, 2, 3, 4, 5, 6, 7, 8, 9, 10, 1,
2, 3, 4, 5, 6, 7, 8, 9, 10)
>>> D * 3                               #dict 不能用*连接
Traceback (most recent call last):
  File "<pyshell#17>", line 1, in <module>
    D * 3
TypeError: unsupported operand type(s) for *: 'dict' and 'int'
>>> len(L),len(S),len(T),len(D)
(10, 10, 10, 10)
```

对于 list、tuple、set 三种数据结构，有相同的操作函数可以使用。示例
如下：

```
>>> L=[1,2,3,4,5]
>>> T=1,2,3,4,5
>>> S={1,2,3,4,5}
>>> len(L),len(T),len(S)                #求长度
(5, 5, 5)
>>> min(L),min(T),min(S)                #求最小值
(1, 1, 1)
>>> max(L),max(T),max(S)                #求最大值
(5, 5, 5)
>>> sum(L),sum(T),sum(S)                #求和
(15, 15, 15)
>>> def add1(x):
    return x+1

>>> list(map(add1,L)),list(map(add1,T)),list(map(add1,S))
                                        #将函数应用于每一项
([2, 3, 4, 5, 6], [2, 3, 4, 5, 6], [2, 3, 4, 5, 6])
>>> for i in L:                         #迭代（tuple 与 set 都可以迭代）
    print(i)
```

```
1
2
3
4
5
>>> i=iter(L)                    #获取迭代器（tuple 与 set 都可以获取迭代器）
>>> next(i)
1
>>> next(i)
2
>>> next(i)
3
>>> i.__next__()
4
>>> i.__next__()
5
>>> i.__next__()
Traceback (most recent call last):
  File "<pyshell#199>", line 1, in <module>
    i.__next__()
StopIteration
```

对于 dict 结构，常用的操作有如下几种：

```
>>> d={1:2,3:4,'a':'2sd','er':34}
>>> d
{1: 2, 3: 4, 'a': '2sd', 'er': 34}
>>> for i in d:                 #迭代
    print(i,d[i])


1 2
3 4
a 2sd
er 34
>>> i=iter(d)                   #取迭代器
>>> k=next(i)
>>> k,d[k]
(1, 2)
>>> k=next(i)
>>> k,d[k]
(3, 4)
```

1.5.6　学以致用

本小节将学以致用，用前面学过的知识写一个解约瑟夫问题的程序。约瑟夫问题描述如下。

在古罗马人占领乔塔帕特后，39 个犹太人与约瑟夫和他的朋友躲到一个洞中。39 个犹太人决定宁死也不被敌人抓到，于是商定以一种特殊的方式自杀：41 个人排成一个圆圈，由第一个人开始报数，每报数到 3 的人就必须自杀，直到所有人都自杀身亡为止。但是约瑟夫及其朋友并不想死，那么请问约瑟夫及其朋友应该怎样安排自己的位置才能逃过一劫？

分析：如果约瑟夫及其朋友不想死，那么他们将是最后剩下的两个人，因此，问题的关键在于如何安排他们的位置才能将他们留到最后。

下面我们用程序模拟这个自杀过程，找出最后两个人的位置，这两个位置就是约瑟夫及其朋友的位置。

```python
def move(man, sep):
    """
        将 man 列表向左移动 sep 单位，最左边的元素向列表后面添加，
        相当于队列顺时针移动
    """
    for i in range(sep):
        item = man.pop(0)
        man.append(item)

def play(man=41, sep=3, rest=2):
    """
        man  : 玩家个数
        sep  : 杀死数到的第几个人
        rest : 幸存者数量
    """
    print('总共%d 个人,每报数到第%d 的人自杀,最后剩余%d 个人' % (man, sep, rest))
    man = [i for i in range(1, man + 1)]       #初始化玩家队列
    print("玩家队列：", man)
    sep -= 1                                    #数两个数，到第3个人时
                                                # 就自杀
```

```
    while len(man) > rest:
        move(man, sep)              #执行数数操作
        print('kill', man.pop(0))   #自杀数到尾数的人，将
                                       其移除队列

    return man
servive = play()
print("最后逃生的人编号是: ", servive)
```

测试及运行结果如下:

总共 41 个人，每报数到第 3 的人自杀，最后剩余 2 个人

玩家队列: [1, 2, 3, 4, 5, 6, 7, 8, 9, 10, 11, 12, 13, 14, 15, 16, 17, 18, 19, 20, 21, 22, 23, 24, 25, 26, 27, 28, 29, 30, 31, 32, 33, 34, 35, 36, 37, 38, 39, 40, 41]

```
kill 3
kill 6
kill 9
kill 12
kill 15
kill 18
kill 21
kill 24
kill 27
kill 30
kill 33
kill 36
kill 39
kill 1
kill 5
kill 10
kill 14
kill 19
kill 23
kill 28
kill 32
kill 37
kill 41
kill 7
kill 13
kill 20
kill 26
kill 34
kill 40
```

```
kill 8
kill 17
kill 29
kill 38
kill 11
kill 25
kill 2
kill 22
kill 4
kill 35
最后逃生的人编号是：[16, 31]
```

因此，约瑟夫和他朋友如果想要逃生的话，就得把他自己和朋友放到第 16 个及第 31 个位置上，以保证他们是最后的两个玩家。

1.6　3 个函数（map、filter、reduce）

map 和 filter 函数属于内置函数，reduce 函数在 Python 2 中是内置函数，从 Python 3 开始移到了 functools 模块中，使用时需要从 functools 模块导入。

1.6.1　遍历函数（map）

map 函数用于遍历序列。对序列中每个元素进行操作，最终获取新的序列。map 函数示意图如图 1-11 所示。

图 1-11　map 函数示意图

示例代码如下：

```
>>> li=[11, 22, 33]
>>> new_list = map(lambda a: a + 100, li)
```

```
>>> list(new_list)
[111, 122, 133]
>>>
>>> li = [11, 22, 33]
>>> sl = [1, 2, 3]
>>> new_list = map(lambda a, b: a + b, li, sl)
>>> list(new_list)
[12, 24, 36]
>>>
```

1.6.2　筛选函数（filter）

filter 函数用于对序列中的元素进行筛选，最终获取符合条件的序列。filter 函数示意图如图 1-12 所示。

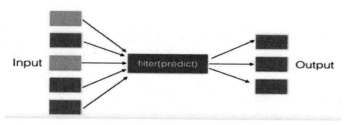

图 1-12　filter 函数示意图

示例代码如下：

```
>>> li = [11, 22, 33]
>>> new_list = filter(lambda x: x > 22, li)
>>> list(new_list)
[33]
>>>
```

1.6.3　累计函数（reduce）

reduce 函数用于对序列内所有元素进行累计操作。reduce 函数示意图如图 1-13 所示。

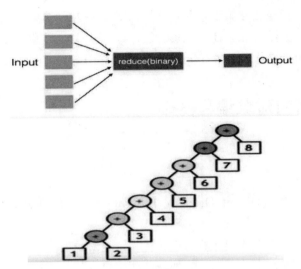

图 1-13　reduce 函数示意图

示例代码如下：

```
>>> from functools import reduce  #从 functools 模块导入 reduce 函数
>>> li = [11, 22, 33, 44]
>>> reduce(lambda arg1, arg2: arg1 + arg2, li)
110
>>>
#reduce 的第 1 个参数是有两个参数的函数，即函数必须要有两个参数
#reduce 的第 2 个参数是将要循环的序列
#reduce 的第 3 个参数是初始值
```

计算过程如下。

第一步：先计算前两个元素，即 lambda 11, 22，结果为 33。

第二步：再把结果和第 3 个元素计算，即 lambda 33, 33，结果为 66。

第三步：再把结果和第 4 个元素计算，即 lambda 66, 44，结果为 110。

reduce 函数还可以接收第 3 个可选参数，作为计算的初始值。如果把初始值设为 100，用下面代码计算：

```
>>> reduce(lambda arg1, arg2: arg1 + arg2, li, 100)
210
>>>
```

计算过程如下。

第一步：先计算初始值和第 1 个元素，即 100+11，结果为 111。

第二步：再把结果和第 2 个元素计算，即 111+22，结果为 133。

第三步：再把结果和第 3 个元素计算，即 133+33，结果为 166。

第四步：再把结果和第 4 个元素计算，即 166+44，结果为 210。

1.7 面向对象编程基础

1.7.1 类

面向对象编程（Object Oriented Programming，OOP）是一种程序设计思想。

面向对象的程序设计把计算机程序视为一组对象的集合，而每个对象都可以接收其他对象发过来的消息，并处理这些消息。计算机程序的执行就是一系列消息在各个对象之间传递。

在 Python 中，所有数据类型都可以被视为对象。当然也可以自定义对象，自定义对象的数据类型就是面向对象中类（Class）的概念。

下面通过一个例子来说明面向过程和面向对象在程序流程上的不同之处。

假设我们要处理学生通讯录，为了表示学生和电话号码之间的关系，面向过程的程序可以用一个 dict 表示，代码如下：

```
std1 = { 'name': 'Yubg', 'tell': 66021 }
std2 = { 'name': 'Jerry', 'tell': 67890 }
```

而查看电话号码可以通过函数实现，比如打印电话号码，代码如下：

```
def print_tell(std):
    print('%s: %s' % (std['name'], std['tell']))
```

如果采用面向对象的程序设计思想，我们首先思考的不是程序的执行流程，而是 Student 这种数据类型应该被视为一个对象，这个对象拥有 name 和 tell 两个属性（Property）。如果要打印一个学生的电话，首先必须创建出这个学生对应的对象，然后给对象发一个 print_tell 消息，让对象自己把数据打印出来。

```
class Student(object):
    def __init__(self, name, tell):
        self.name = name
        self.tell = tell
```

```
    def print_tell(self):
        print('%s: %s' % (self.name, self.tell))
```

给对象发消息实际上就是调用对象对应的关联函数，我们称之为对象的方法（Method）。面向对象的程序写出来就像这样：

```
big = Student('Bigben', 65290)
Ji = Student('Jim', 62741)
big.print_tell()
Ji.print_tell()
```

面向对象的设计思想来源于自然界。因为在自然界中，类（Class）和实例（Instance）的概念是很自然的。Class 是一种抽象概念，比如我们定义的Class—Student，是指学生这个概念，而实例（Instance）则是指一个个具体的学生，比如 Bigben 和 Jim 是两个具体的学生。

所以，面向对象的设计思想是抽象出 Class，根据 Class 创建 Instance。面向对象的抽象程度又比函数要高，因为一个 Class 既包含数据，又包含操作数据的方法。

1.7.2　类和实例

面向对象编程中最重要的概念就是类（Class）和实例（Instance），必须牢记类是抽象的模板，比如 Student 类，而实例是根据类创建出来的一个个具体的"对象"，每个对象都拥有相同的方法，但各自的数据可能不同。

在 Python 中，是通过 class 关键字定义类的。仍以 Student 类为例，代码如下：

```
class Student(object):
    pass
```

class 后面紧接着是类名，即 Student，类名通常是首字母大写的单词。

定义好了 Student 类，就可以根据 Student 类创建出 Student 的实例。创建实例是通过类名和()实现的。例如：

```
big = Student()
```

类可以自由地给一个实例变量绑定属性。比如，给实例 big 绑定一个 name 属性，代码如下：

```
>>> big.name = 'Bigben'
>>> big.name
'Bigben'
```

由于类可以起到模板的作用，因此可以在创建实例的时候，把一些我们认为必须绑定的属性强制填写进去。通过定义一个特殊的__init__方法，在创建实例的时候，就把 name,tell 等属性绑上去。代码如下：

```
class Student(object):
   def __init__(self, name, tell):
      self.name = name
      self.tell = tell
```

注意

特殊方法"__init__"前后分别是双下划线！

注意到__init__方法的第一个参数永远是 self，表示创建的实例本身。因此，在__init__方法内部，就可以把各种属性绑定到 self，因为 self 就指向创建的实例本身。

有了__init__方法，在创建实例的时候，就不能传入空的参数了，必须传入与__init__方法匹配的参数，但 self 不需要传递，Python 解释器自己会把实例变量传进去。代码如下：

```
>>> big = Student('Bigben', 65290)
>>> big.name
'Bigben'
>>> big.tell
65290
```

和普通的函数相比，在类中定义的函数只有一点不同，就是第一个参数永远是实例变量 self，并且调用时不用传递该参数。除此之外，类的方法和普通函数没有什么区别。因此，仍然可以使用默认参数、可变参数、关键字参数和命名关键字参数。

1.7.3　数据封装

面向对象编程的一个重要特点就是数据封装。在上面的 Student 类中，每个实例都拥有各自的 name 和 tell 等数据。可以通过函数来访问这些数据。比如打印一个学生的电话，实现代码如下：

```
>>> def print_tell(std):
...     print('%s: %s' % (std.name, std.tell))
...
>>> print_tell(big)
Bigben: 65290
```

但是，既然 Student 实例本身就拥有这些数据，要访问这些数据，就没有必要通过外面的函数去访问，可以直接在 Student 类的内部定义访问数据的函数，这样就把"数据"给封装起来了。这些封装数据的函数是和 Student 类本身关联起来的，称为类的方法。代码如下：

```
class Student(object):
    def __init__(self, name, tell):
        self.name = name
        self.tell = tell

    def print_tell(self):
        print('%s: %s' % (self.name, self.tell))
```

要定义一个方法，除了第一个参数是 self 外，其他和普通函数一样。要调用一个方法，只需要在实例变量上直接调用。除了 self 不用传递，其他参数正常传入即可。代码如下：

```
>>> big.print_tell()
Bigben: 65290
```

这样一来，我们从外部看 Student 类，就只需要知道，创建实例需要给出 name 和 tell，而如何打印等都是在 Student 类的内部定义的，这些数据和逻辑被"封装"起来了，调用很容易，却不用知道内部实现的细节。

1.7.4 私有变量与私有方法

类可以有公有变量与公有方法，也可以有私有变量与私有方法，公有部分的对象可以从外部访问，而私有部分的对象只有在类的内部才可访问。在普通变量名或方法名（即公有变量名或方法名）前加两个"_"，即可成为私有变量或方法。

【例 1-4】类的私有变量与私有方法。具体代码如下：

```
class PubAndPri:
    pub = "这是公有变量"
    __pri = "这是私有变量"
```

```
    def __init__(self):
        self.other = "公有变量也可这样定义"

    def out_pub(self):
        print("公有方法", self.pub, self.__pri)

    def __out_pri(self):
        print("私有方法", self.pub, self.__pri)

pp = PubAndPri()
pp.out_pub()                                    #访问公有方法
print(pp.pub, pp.other)                         #访问公有变量
try:
    pp.__out_pri()
except Exception as e:
    print("调用私有方法发生错误！")
try:
    print(pp._pri)
except Exception as e:
    print("访问私有变量发生错误！")
```

测试及输出结果如下：
公有方法 这是公有变量 这是私有变量
这是公有变量 公有变量也可这样定义
调用私有方法发生错误！
访问私有变量发生错误！

本章小结

知识点

本章知识点较多，重点是 str、list、tuple、dict、set，以及 for 循环遍历的方法和函数的编写。

具体知识点梳理如下。

（1）测试变量类型：   type(变量)。

（2）转换变量类型：   str(变量)   #将变量转化为 str

　　　　　　　　　　　int(变量)   #将变量转化为 int

（3）查询已安装的模块：help('modules')。

对于初学者而言，也许 dir 和 help 这两个函数是最实用的，使用 dir 可以查看指定模块中所包含的所有成员或者指定对象类型所支持的操作，而 help 函数则返回指定模块或函数的说明文档。例如：

```
>>> help(list)
Help on class list in module builtins:
 | ...
 | append(...)
 |   L.append(object)-> None -- append object to end
 | pop(...)
 |   L.pop([index])->item--remove and return item at index (default
last).
 |     Raises IndexError if list is empty or index is out of range.
 | sort(...)
 |     L.sort(key=None, reverse=False) -> None -- stable sort *IN
PLACE*
>>>
```

（4）查询相关命令的属性和方法用 dir 函数。例如，list（列表）和 tuple（元组）是否都有 pop 方法呢？用 dir 函数查询一下就很清楚了。

```
>>> dir(list)
['__add__', '__class__', '__contains__', '__delattr__',
'__delitem__', '__dir__', '__doc__', '__eq__', '__format__',
'__ge__', '__getattribute__', '__getitem__', '__gt__', '__hash__',
'__iadd__', '__imul__', '__init__', '__iter__', '__le__',
'__len__', '__lt__', '__mul__', '__ne__', '__new__', '__reduce__',
'__reduce_ex__', '__repr__', '__reversed__', '__rmul__',
'__setattr__', '__setitem__', '__sizeof__', '__str__',
'__subclasshook__', 'append', 'clear', 'copy', 'count', 'extend',
'index', 'insert', 'pop', 'remove', 'reverse', 'sort']
>>>
```

从上面列表中可以看出，list 中删除命令有两个属性 pop 和 remove。pop 默认删除最后一个元素，remove 删除首次出现的指定元素。

（5）查询两个变量的存储地址是否一致，使用 id 函数即可。

（6）查询字符的 ASCII 码（十进制的），可用代码如下：

```
>>> ord('a')
97
>>>
```

反过来，有了十进制的整数，如何找出对应的字符？可用代码如下：

```
>>> chr(97)
'a'
>>>
```

（7）查找字符串的长度：可用 len 函数。

（8）str 函数通过索引能找出对应的元素；反过来，能否通过元素找出索引？可用代码如下：

```
>>>s='python good'
>>>s[1]
'y'
>>>s.index('y')
1
>>>
```

（9）tuple、list、string 函数的相同点。

每一个元素都可以通过索引来读取，都可以用 len 函数检测长度，都可以使用加法"+"和数乘"*"。数乘表示将 tuple 函数、list 函数、string 函数重复数倍。

list.append、list.insert、list.pop、del 和 list[n]赋值等方法属性均不能用于 tuple 函数和 str 函数。

（10）str.split 函数是将字符型转换成 list（列表）。例如：

```
>>> s='I love python, and\nyou\t?hehe'
>>> print(s)
I love python, and
you?hehe
>>> s.split(",")                              #英文","
['I love python, and\nyou\t?hehe']
>>> s.split(", ")                             #中文", "
['I love python', 'and\nyou\t?hehe']
>>>
```

当分隔符 sep 不在字符串中时，会整体转换成一个 list。例如：

```
>>> s.split()
['I', 'love', 'python, and', 'you', '?hehe']
>>>
```

当分隔符省略时，会按所有的分隔符号分割，包括\n（换行）\t（tab 缩进）等。

（11）split 的逆运算：jion。例如：

```
'sep'.join(list)
```

（12）列表和元组之间是可以相互转换的，如 list(tuple)、tuple(list)。

元组操作速度比列表快，列表可改变，元组不可改变，可以将列表转换为元组的"写保护"状态。字典的 key（键）也要求不可改变，所以元组可以作为字典的 key，但元素不能有重复。

（13）字符串检测开头和结尾，可用代码如下：

```
string.endswith('str')、string.startswith('str')
```

例如：

```
>>> file = 'F:\\ data\\catering_dish_profit.xls'
>>> file.endswith('xls')                    #判断 file 是否以 xle 结尾
True
>>>
>>> url = 'http://www.i-nuc.com'
>>> url.startswith('https')                 #判断 url 是否以 https 开头
False
>>>
14.S.replace(被查找词,替换词)              #查找与替换
>>> S='I love python, do you love python?'
>>> S.replace('python','R')
'I love R, do you love R?'
>>>
```

（14）re.sub(被替词,替换词,替换域, flags=re.IGNORECASE)这条语句用于查找与替换，忽略大小写。

例如：

```
>>> import re                               #导入正则模块
>>> S='I love Python, do you love python?'
>>> re.sub('python','R',S)                  #在 S 中用 R 替换 python
'I love Python, do you love R?'
>>> re.sub('python','R',S, flags=re.IGNORECASE)
                                            #替换时忽略大小写
'I love R, do you love R?'
>>> re.sub('python','R',S[0:15], flags=re.IGNORECASE)
'I love R, '
>>>
```

（15）本章还要关注 try 语句的使用方法，以及包和模块的导入方法。

💡 坑点

（1）关于英文半角状态。

代码中所涉及的括号、引号以及冒号都需要在英文半角状态下输入。

（2）关于备份。

很多时候处理数据前需要先把数据复制一份，做个备份，以防不测。但在Python里复制数据有不少"坑点"。下面是具体的例子。

```
>>> a = [3,2,5,4,9,8,1]
>>> id(a)                    #查看 a 的存储地址
55494776
>>> c=a                      #复制一个副本 c
>>> c
[3, 2, 5, 4, 9, 8, 1]
>>> id(c)                    #查看 c 的存储地址
55494776                     #发现 c 的地址与 a 一致，说明 c 不是真正的复制
>>> b=a[:]                   #复制一个副本 b，把 a 的所有元素赋值给 b
>>> b
 [3, 2, 5, 4, 9, 8, 1]
>>> id(b)                    #查看 b 的存储地址
55486264                     #发现 b 和 a 的地址不同，说明备份成功
```

从上面代码显示的存储地址知道，c 仅仅是 a 的一个标签，并不是真正意义上的复制，不论是 a 改变，或是 c 改变，其实改变的都是同一个地址里的内容，所以互相有影响。只有 b 才是真正意义上的备份。另外，也可以利用函数copy对数据进行备份。示例如下：

```
>>>a=[1,2]
>>>b=a
>>>c=a.copy()              #对 a 做一份拷贝（备份）
>>>d=a[:]
>>>b
 [1, 2]
>>>c
 [1, 2]
>>>d
>>>id(a)
 1532321535816
>>>id(b)
 1532321535816
>>>id(c)
 1532321535560
>>>id(d)
 1532321020616
```

（3）关于 Python 命名规范。

① 包名、模块名、局部变量名、函数名的形式为：全小写+下划线式"驼峰"，如 this_is_var。

② 全局变量的形式为：全大写+下划线式"驼峰"，如 GLOBAL_VAR。

③ 类名的形式为：首字母大写式"驼峰"，如 ClassName()。

④ 关于下划线。

以单下划线开头，是弱内部使用标识，例如输入语句"from M import *"时，将不会导入该对象。以双下划线开头的变量名，主要用于类内部标识类私有，不能直接访问。双下划线开头且双下划线结尾的命名方法尽量不要用，这是标识。

核心提示

避免用下划线作为变量名的开头。Python 用下划线作为变量前缀和后缀以指定特殊变量。

_xxx：不能用'from module import *'语句导入

__xxx：类中的私有变量名

__xxx__：系统定义名字

因为下划线对解释器有特殊的意义，而且是内建标识符所使用的符号，故不建议用下划线作为变量名的开头。

一般来讲，以单下划线开头的变量名_xxx 被看作是"私有的"，在模块或类外不可以使用，意思是只有类对象和子类对象自己能访问到这些变量。以单下划线开头的（如_foo）代表不能直接访问的类属性，需通过类提供的接口进行访问，也不能用"from xxx import *"语句导入。当变量是私有的时候，用_xxx 来表示变量是很好的习惯。

以双下划线开头的变量名__xxx 代表私有成员，意思是只有类对象自己能访问，连子类对象也不能访问这个数据。

以双下划线开头和结尾的变量名__xxx__对 Python 来说具有特殊的含义，对于普通的变量应当避免这种命名风格。以双下划线开头和结尾的变量如__foo__代表 Python 里特殊方法专用的标识，如__init__()代表类的构造函数。

第 **2** 章

数据处理

对数据进行分析首先得对数据进行处理，本章主要介绍 Python 在数据处理方面的常用方法与技巧，以及 Anaconda 的安装。毕竟 Anaconda 和 Jupyter notebook 已成为数据分析的标准环境。

本章开始进入 Python 数据分析工具的介绍。数据分析一般都要用到 Numpy、Scipy 和 Pandas 三个包。Numpy 是 Python 的数值计算扩展包，主要用来处理矩阵，它的运算效率比列表更高效。Scipy 是基于 Numpy 的科学计算包，包括线性代数、统计等工具。Pandas 是基于 Numpy 的数据分析工具，能更方便地操作大型数据集。

2.1 Anaconda 简介

Anaconda 是 Python 的一个开源发行版本，主要面向科学计算，是一个非常好用且最省心的 Python 学习工具。对于学习 Python 的"小白"来说，安装第三方库就很折腾人，但用了 Anaconda 就方便多了，它预装了很多我们用的到或用不到的第三方库，而且相比于 Python 用 pip install 命令安装库也更方便。Anaconda 中增加了 conda install 命令来安装第三方库，方法与 pip install 命令一样。当用户熟悉了 Anaconda 以后会发现，使用 conda install 命令会比使用 pip install 命令更方便一些。比如大家经常烦恼的 lxml 包的问题，在 Windows 下使用 pip install 命令是无法顺利安装的，而使用 conda 命令则可以。

　　Anaconda 官方下载网址为：https://www.continuum.io/downloads。Anaconda 更新较快，请按照自己的计算机的配置下载适配的版本。本书下载的是 Anaconda 5.0.1 的 Windows 版，64 位 Python 3.6 版本。Anaconda 下载界面如图 2-1 所示。

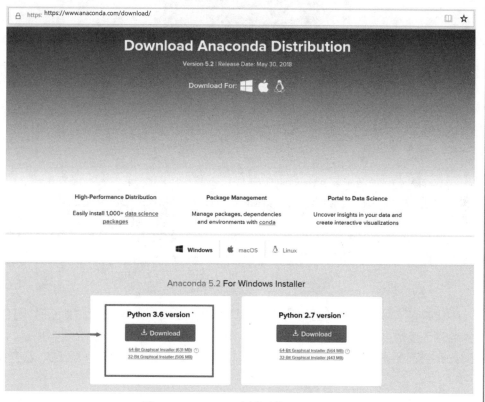

图 2-1　Anaconda 官网下载 Anaconda

下载后文件为：

○ Anaconda3-5.0.1-Windows-x86_64   2018/2/5 0:47   应用程序   527,178 KB

直接双击该文件安装，用户可自选安装位置。安装完成后，在桌面"开始"菜单里可以看到如图 2-2 所示的菜单。

图 2-2   Anaconda 菜单

安装完 Anaconda 就相当于安装了 Python、IPython、集成开发环境 Spyder 以及一些安装包等。

 注意

    Windows 7 下也可安装 Anaconda 3（64 位），但有些计算机安装完毕后，在"开始"菜单内找不到 Spyder，这时可以运行 Anaconda Prompt，再输入 Spyder 即可运行。

打开 Spyder，第一次打开比较慢，Spyder 的最大优点就是模仿 MATLAB 的"工作空间"，使用比较简单。下面介绍 Spyder 的几个基本功能。

1. 代码提示

代码提示是开发工具必备的功能。当用户需要 Spyder 给出代码提示时，只需要输入函数名的前几个字母，再按下 Tab 键，即可得到 IDE 的代码提示，Spyder 界面如图 2-3 所示。

2. 变量浏览

变量是代码执行过程中暂留在内存中的数据，可以通过 Spyder 对变量承载的数据进行查看，方便用户对数据进行处理。

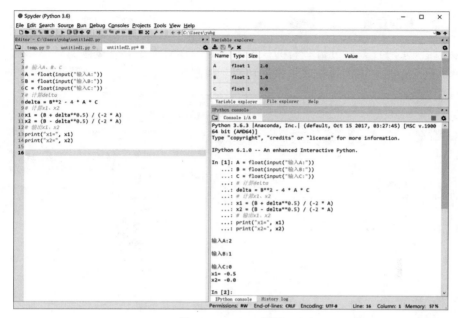

图 2-3　Spyder 界面

　　变量浏览框中包含了变量的名称、类型、尺寸以及基本预览，双击对应变量名所在的行，即可打开变量的详细数据进行查看，如图 2-4 所示。

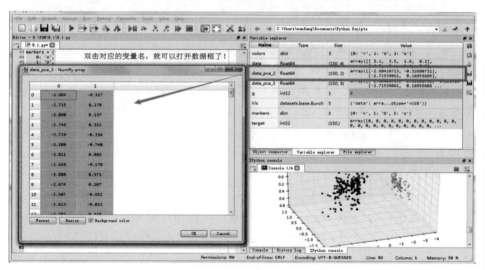

图 2-4　Spyder 变量查阅

3. 图形查看

绘图是进行数据分析必备的技能之一。一款好的工具，必须具备图形绘制的功能，Spyder 窗体还集成了绘图功能，如图 2-5 所示。

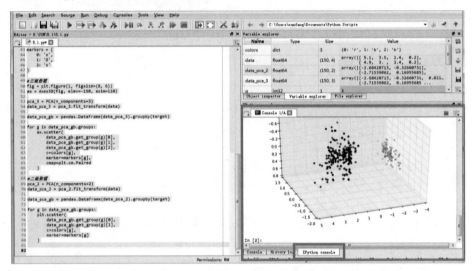

图 2-5　Spyder 绘图界面

了解 Spyder 的以上三点功能，基本上就可以使用 Spyder 在数据分析过程中"游刃有余"了。

最后，需要提醒大家的是，执行代码必须先要选中代码，然后按 Ctrl+Enter 组合键即可执行代码；如果没有选中代码，只是把光标放在代码对应的行，按 Ctrl + Enter 组合键是不能执行代码行的。执行选定的代码也可以用鼠标单击 Run cell 按钮来完成，如图 2-6 所示。

如果在安装时遇到其他操作系统的安装问题，可以在下面网站上找到各种操作系统的详细安装指导：http://www.datarobot.com/blog/getting-up-and-running-with-python/。

在 Windows 下安装 Python 和各种包，对于新手来说，是一件非常痛苦的事情，所以直接使用 Anaconda 颇受用户喜欢，因为它整合了大量的依赖包，免去安装 Python 的痛苦。下面网址提供了 Anaconda 所包含的全部依赖包：http://docs.continuum.io/anaconda/pkg-docs.html，其中包括用于科学计算的 numpy、theano 等，几乎应有尽有。

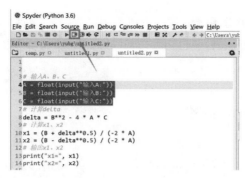

图 2-6 单击 Run cell 按钮执行选定的代码

尽管 Anaconda 整合了很多常用的包，但它也不是万能的，有些包就没有整合进来，比如爬虫 scrapy。不过安装 scrapy 包比较简单，只需要在"开始"菜单中选择"Anaconda→Anaconda Prompt"命令，在弹出的窗口命令行中输入"conda install scrapy"命令即可安装（但很多时候输入 conda install scrapy 命令却被提示 PackageNotFoundError，但改为 pip install scrapy 命令却可以安装成功）。

如图 2-7 所示为安装 scrapy 包的截图。

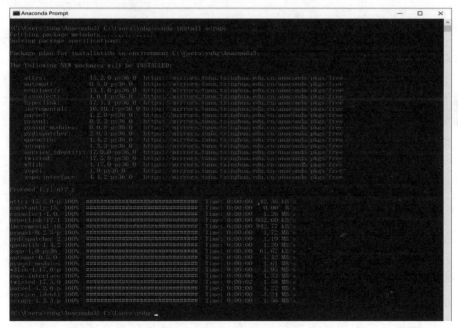

图 2-7 安装 scrapy 包界面

当然，有些包和库还需要自行下载后才能安装，已有好心人替咱们收集好了相关的包和库，直接到网址：http://www.lfd.uci.edu/~gohlke/pythonlibs 上下载即可。

2.2 Numpy 简介

Numpy 的数据结构是 n 维的数组对象，叫做 ndarray。在前面的章节中，我们已经了解到 Python 的列表也能表示数组，但随着列表数据的增加，效率会降低。

本书使用 Anaconda，无须另外安装 Numpy，但因为它属于 Python 的第三方工具，所以每次使用前必须在代码中载入。导入（载入）命令如下：

```
In[1]: import numpy as np
       data1=[1,2,3,4,5]
       array1=np.array(data1)
       array1
Out[1]: array([1, 2, 3, 4, 5])
```

其中 as 表示命名为别名，目的是方便调用，如 np 是 Numpy 约定俗成的简写。

创建数组（矩阵）使用 Numpy 中的 array 函数，新手要记住加"np."。上面的代码已经将系统自带的列表（list）转换成 Numpy 中的数组。把一个列表作为元素的嵌套列表可以用 np.转换为一个多维数组，也就是我们所说的矩阵。具体代码如下：

```
In[2]: data2= [[1,3,4],[2,5,6]]
       array2=np.array(data2)
       array2
Out[2]: array([1, 3, 4],
 [2,5,6])
```

array 数组内部的元素必须为相同类型，如数值型或者字符型。可以用 dtype 查询其类型，不用加括号。例如：

```
In[3]: array2.dtype
Out[3]: dtype('int32')
```

Numpy 包含的数据类型比较丰富，当需要转换数据格式时，可以使用

astype 函数。例如：

```
In[4]: array1.astype('str')
Out[4]: array(['1', '2', '3', '4', '5'],
        dtype='<U11')
```

数组的计算非常方便，不要大量的循环即可批量运算。示例代码如下：

```
In[5]: array1+1
Out[5]: array([2, 3, 4, 5, 6])

In[6]: array1*array1
Out[6]: array([ 1,  4,  9, 16, 25])

In[7]: array1*2
Out[7]: array([ 2,  4,  6,  8, 10])
```

array 数组内的元素访问（索引）和列表相同，通过方括号和数字即可选择，也可直接赋值。示例代码如下：

```
In[8]: array1
Out[8]: array([1, 2, 3, 4, 5])

In[9]: array1[2]
Out[9]: 3

In[10]: array1[-2:]
Out[10]: array([4, 5])

In[11]: array1[1]=0
array1
Out[11]: array([1, 0, 3, 4, 5])

In[12]: array2
Out[12]:
array([[1, 3, 4],
       [2, 5, 6]])
In[13]: array2[0]
Out[13]: array([1, 3, 4])
In[14]: array2[0][1]
Out[14]: 3
```

Numpy 除了上述的基础操作之外，还有 reshape、T 转置、ufunc、sort 等函数，功能强大，具体的使用方法可以查阅相关文档。

2.3　关于 Pandas

2.3.1　什么是 Pandas

　　Pandas 是 Python 的一个数据分析包。最初由 AQR Capital Management 于 2008 年 4 月开发，并于 2009 年年底开源面市。目前由专注于 Python 数据包开发的 PyData 开发团队继续开发和维护，属于 PyData 项目的一部分。Pandas 最初是被作为金融数据分析工具而开发出来的，因此，Pandas 为时间序列分析提供了很好的支持。Pandas 的名称来自于面板数据（Panel Data）和 Python 数据分析（Data Analysis）。Panel Data 是经济学中关于多维数据集的一个术语，在 Pandas 中也提供了 Panel Data 的数据类型。

2.3.2　Pandas 中的数据结构

　　Pandas 中除了 Panel 数据结构，还引入了两种新的数据结构——Series 和 DataFrame，这两种数据结构都建立在 NumPy 的基础之上。

　　（1）Series: 一维数组系列，也称序列，与 Numpy 中的一维 array 类似。二者与 Python 基本的数据结构 list 也很相近。

　　（2）DataFrame: 二维的表格型数据结构。可以将 DataFrame 理解为 Series 的容器。以下的内容主要以 DataFrame 为主。

　　（3）Panel: 三维数组，可以理解为 DataFrame 的容器。

2.4　数据准备

2.4.1　数据类型

　　Python 常用的 3 种数据类型为：Logical、Numeric、Character。

1．Logical（逻辑型）

Logical 又叫布尔型，只有两种取值：0 和 1，或者真和假（True 和 False）。

逻辑运算符有：&（与，两个逻辑型数据中，有一个为假，则结果为假），|（或，两个逻辑型数据中，有一个为真，则结果为真），not（非，取反）。具体运算规则如表 2-1 所示。

表 2-1　运算规则

运　算　符	注　　释	运　算　规　则
&	与	两个逻辑型数据中，其中一个数据为假，则结果为假
|	或	两个逻辑型数据中，其中一个数据为真，则结果为真
not	非	取相反值，非真的逻辑型数据为假，非假的逻辑型数据为真

2．Numeric（数值型）

数值运算符有：+、-、*和/。

3．Character（字符型）

字符型数据一般使用单引号（''）或者双引号（""）包起来。

Python 数据类型变量命名规则如下：

（1）变量名可以由 a~z、A~Z、数字、下划线组成，首字母不能是数字和下划线；

（2）大小写敏感，即区分大小写；

（3）变量名不能为 Python 中的保留字，如 and、continue、lambda、or 等。

2.4.2　数据结构

数据结构是指相互之间存在的一种或多种特定关系的数据类型的集合。Pandas 中主要有 Series（系列）和 Dataframe（数据框）两种数据结构。

1．Series

Series（系列，也称序列）用于存储一行或一列的数据，以及与之相关的索引的集合。使用方法如下：

```
Series([数据1，数据2,…], index=[索引1，索引2,…])
```

例如：

```
In[1]:from pandas import Series
      X = Series(['a',2,'螃蟹'],index=[1,2,3])
In[2]:X
Out[2]:
1    a
2    2
3    螃蟹
dtype: object

In[3]:X[3]                              #访问 index=3 的数据
Out[3]:'螃蟹'
```

　　一个系列允许存放多种数据类型，索引（Index）也可以省略，可以通过位置或者索引访问数据，如 X[3]，返回 '螃蟹'。

　　Series 的 index 如果省略，索引号默认从 0 开始，也可以指定索引名。为了方便后面的使用和说明，此处定义可以省略的 index，也就是默认的索引号从 0 开始计数，赋值给定的 index，我们称为索引名，有时也称为行标签。

　　在 Spyder 中写入如下代码：

```
from pandas import Series
A=Series([1,2,3])              #定义系列的时候，数据类型不限
print(A)

#输出如下
0    1                         #第一列的 0 到 2 就是数据的 index，
                                也就是位置，从 0 开始

1    2
2    3
dtype: int64

from pandas import Series
A=Series([1,2,3],index=[1,2,3])   #可自定义索引，如索引名为 123、
                                   ABCD 等
print(A)

1    1
2    2
```

```
3    3
dtype: int64                                    #dtype 指向数据类型，ini64 是指
                                                64 位整数

from pandas import Series
A=Series([1,2,3],index=['A','B','C'])
print(A)


A    1
B    2
C    3
dtype: int64
```
一般容易犯以下的错误：
```
from pandas import Series
A=Series([1,2,3],index=[A,B,C])
print(A)

Traceback (most recent call last):
  File "<ipython-input-10-d5dd51933cbd>", line 3, in <module>
    A=Series([1,2,3],index=[A,B,C])
NameError: name 'B' is not defined
```
这里 A、B、C 都是字符串，别忘了需要加上引号。

访问系列值时，需要通过索引来访问，系列索引（Index）和系列值是一一对应的关系，如表 2-2 所示。

表 2-2　系列索引与系列值对应

系列索引（Index）	系列值（Value）
0	14
1	26
2	31

示例代码如下：
```
from pandas import Series
A=Series([14,26,31])
print(A)
print( A[1])
print( A[5])                                    #超出 index 的总长度会报错
```

71

```
0    14
1    26
2    31
dtype: int64
26                              #print(A[1])的输出
KeyError: 5                     #print(A[5])时因为索引越界出错

from pandas import Series
A=Series([14,26,31],index=['first','second','third'])
print(A)
print(A['second'])             #如设置了 index 参数（索引名），可通过
                                 参数来访问系列值

first    14
second   26
third    31
dtype: int64
26                              #print(A['second'])的输出
```

执行下面的代码，看看运行的结果：

```
from pandas import Series

#混合定义一个序列
x = Series(['a', True, 1], index=['first', 'second', 'third'])

#根据索引访问
x[1]                            #按索引号访问
x['second']                     #按索引名访问

#不能越界访问，会报错
x[3]

#不能追加单个元素，但可以追加系列
x.append('2')

#追加一个系列
n = Series(['2'])
x.append(n)

#需要使用一个变量来承载变化，即 x.append(n) 返回的是一个新序列
x = x.append(n)
```

```
#判断值是否存在, 数字和逻辑型(True/False)是不需要加引号的
2 in x.values
'2' in x.values

#切片
x[1:3]

#定位获取, 这个方法经常用于随机抽样
x[[0, 2, 1]]

#根据 index 删除
x.drop(0)                                    #按索引号
x.drop('first')                              #按索引名

#按照索引号找出对应的索引名
x.index[2]

#根据位置（索引）删除, 返回新的序列
x.drop(x.index[3])

#根据值删除, 显示值不等于 2 的系列, 即删除 2, 返回新序列
x[2!=x.values]

#修改序列的值。将 True 值改为 b, 先找到 True 的索引:x.index [True==x.values]
x[x.index[x.values==True]]='b'        #注意显示结果, 这里把值为 1 也当作
                                          True 处理了

#通过值访问系列 index
x.index[x.values=='a']

#修改 series 中的 index: 可以通过赋值更改, 也可以通过 reindex 方法
x.index=[0,1,2,3,4]

#可将字典转化为 Series
s=Series({'a':1 x.index[x.values=='b'],'b':2,'c':3})
```

Series 的 sort_index(ascending=True) 方法可以对 index 进行排序操作，ascending 参数用于控制升序或降序，默认为升序。也可使用 reindex 方法重新排序。

在 Series 上调用 reindex 重排数据，使得它符合新的索引，如果索引的值

不存在就引入缺失数据值。示例代码如下：

```
#reindex 重排序
obj = Series([4.5, 7.2, -5.3, 3.6], index=['d', 'b', 'a', 'c'])
obj
Out[25]:
d    4.5
b    7.2
a   -5.3
c    3.6
dtype: float64

obj2 = obj.reindex(['a', 'b', 'c', 'd', 'e'])
obj2
Out[26]:
a   -5.3
b    7.2
c    3.6
d    4.5
e    NaN
dtype: float64

obj.reindex(['a', 'b', 'c', 'd', 'e'], fill_value=0)
Out[27]:
a   -5.3
b    7.2
c    3.6
d    4.5
e    0.0
dtype: float64
```

Series 对象本质上是一个 Numpy 的数组（矩阵），因此 Numpy 的数组处理函数可以直接对 Series 进行处理。但是 Series 除了可以使用位置作为下标存取元素之外，还可以使用标签存取元素，这一点和字典相似。每个 Series 对象实际上都由下面两个数组组成。

➥ index：它是从 Numpy 数组继承的 index 对象，保存标签信息。

➥ values：保存值的 Numpy 数组。

注意以下四点：

（1）Series 是一种类似于一维数组（数组：ndarray）的对象。

（2）Series 的数据类型没有限制（各种 Numpy 数据类型）。

（3）Series 有索引，把索引当做数据的标签（Key）看待，类似于字典（只是类似，实质上是数组）。

（4）Series 同时具有数组和字典的功能，因此也支持一些字典的方法。

2．DataFrame

DataFrame 数据框是用于存储多行和多列的数据集合，是 Series 的容器，类似于Excel的二维表格。对于DataFrame的操作无外乎"增、删、改、查"。DataFrame 使用方法如下：

```
Dataframe(columnsMap)
```

例如数据行列位置如图 2-8 所示，则用代码表示为：

```
df=DataFrame(
    {'age':Series([26,29,24]),'name':Series(['Ken','Jerry',
'Ben'])},                                    #列名及其数据
    index=[0,1,2])                           #给定的索引
```

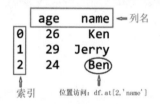

图 2-8　DataFrame 数据行、列位置

具体示例代码如下：

```
from pandas import Series
from pandas import DataFrame
df=DataFrame({'age':Series([26,29,24]),'name':Series(['Ken','Je
rry','Ben'])})                               #索引可以省略
print(df)

   age   name
0  26    Ken
1  29  Jerry
2  24    Ben
```

注意

DataFrame 单词的驼峰写法。索引不指定时也可以省略！使用 DataFrame 时，要先从 Pandas 中导入 DataFrame 包，数据框中的数据访问方式如表 2-3 所示。

表 2-3 数据框的访问方式

访 问 位 置	方　　法	备　　注
访问列	变量名[列名]	访问对应的列。如 df['name']
访问行	变量名[n:m]	访问 n 行到 m-1 行的数据。如 df[2:3]
访问块（行和列）	变量名.iloc[n1:n2,m1:m2]	访问 n1 到(n2-1)行，m1 到(m2-1)列的数据。如 df.iloc[0:3,0:2]
访问指定的位置	变量名.at[行名,列名]	访问(行名,列名)位置的数据。如 df.at[1, 'name']

具体示例代码如下：

```
A=df['age']                    #获取 age 列的值
print(A)
0   26
1   29
2   24
Name: age, dtype: int64

B=df[1:2]                      #获取索引号是第一行的值（其实是第二行，从 0
                                开始的）
print(B)
   age   name
1   29   Jerry

C=df.iloc[0:2,0:2]             #获取第 0 行到 2 行（不含）与第 0 列到 2 列（不
                                含）的块
print(C)
   age    name
0   26    Ken
1   29    Jerry

D=df.at[0,'name']              #获取第 0 行与 name 列的交叉值
print(D)
Ken
```

注意

访问某一行的时候，不能仅用行的 index 来访问，如要访问 df 的 index=1 的行，不能写成 df[1]，而要写成 df[1:2]。DataFrame 的 index 可以是任意的，不会像 Series 那样报错，但会显示 "Empty DataFrame"，并列出 Columns: [列名]。执行下面的代码并看运行结果。

```
from pandas import DataFrame
df1 = DataFrame({'age': [21, 22, 23], 'name': ['KEN', 'John',
'JIMI']});

df2 = DataFrame(data={'age': [21, 22, 23], 'name': ['KEN', 'John',
'JIMI']},
            index=['first', 'second', 'third']);

#访问行
df1[1:100]                      #显示 index=1 及其以后的 99 行数据，不
                                 包括 index=100
df1[2:2]                        #显示空
df1[4:1]                        #显示空
df2["third":"third"]            #按索引名访问某一行
df2["first":"second"]           #按索引名访问多行

#访问列
df1['age']                      #按列名访问
df1[df1.columns[0:1]]           #按索引号访问

#访问块
df1.iloc[0:1, 0:1]              #按行列索引号访问

#访问位置
df1.at[1, 'name']               #这里的 1 是索引
df2.at['second', 'name']        #这里的 second 是索引名
df2.at[1, 'name']               #如果这里用索引号就会报错，当有索引名
                                 时，不能用索引号
```

```
#修改列名
df1.columns=['age2', 'name2']

#修改行索引
df1.index = range(1,4)

#根据行索引删除
df1.drop(1, axis=0)                      #axis=0 是表示行轴, 也可以省略

#根据列名进行删除
df1.drop('age2', axis=1)                 #axis=1 表示列轴, 不可省略

#第二种删除列的方法
del df1['age2']

#增加列
df1['newColumn'] = [2, 4, 6]

#增加行。这种方法效率比较低
df2.loc[len(df2)] = [24, "Keno"]    #.loc 后面会介绍
```

增加行的办法可以通过合并两个 DataFrame 来解决。例如:

```
In[1]:df = DataFrame([[1, 2], [3, 4]], columns=list('AB'))
      df
Out[1]:
  A B
0 1 2
1 3 4

In[2]:df2 = DataFrame([[5, 6], [7, 8]], columns=list('AB'))
      df2
Out[2]:
  A B
0 5 6
1 7 8

#方法一, 合并只是简单的"叠加"成新的数据框, 不修改 index
In[3]:df.append(df2)                    #仅把 df 和 df2 "叠"起来了, 没有
                                        修改合并后 df2 的 index
```

```
Out[3]:
   A B
0  1 2
1  3 4
0  5 6
1  7 8
```

#方法二，合并生成一个新的数据框，并产生了新的 index
In[4]:df.append(df2, ignore_index=True)   #修改 index，对 df2 部分
                                            重新索引了
```
Out[4]:
   A B
0  1 2
1  3 4
2  5 6
3  7 8
```

2.4.3 数据导入

数据存在的形式多种多样，有文件（csv、Excel、txt）和数据库（MySQL、Access、SQL Server）等形式。在 Pandas 中，常用的载入函数是 read_csv，除此之外还有 read_excel 和 read_table。read_table 函数可以读取 txt 文件。若是服务器相关的部署，则还会用到 read_sql 函数，直接访问数据库，但它必须配合 MySQL 相关的包。

1. 导入 txt 文件

read_table 函数用于导入 txt 文件。其命令格式如下：
```
read_table(file, names=[列名1,列名2,...], sep="",...)
```
其中：
- file 为文件路径与文件名；
- names 为列名，默认为文件中的第一行作为列名；
- sep 为分隔符，默认为空。

【例 2-1】读取（导入）txt 文件。

假设 txt 文本文件内容如图 2-9 所示。

🗒 rz - 记事本									
文件(F) 编辑(E) 格式(O) 查看(V) 帮助(H)									
学号	班级	姓名	性别	英语	体育	军训	数分	高代	解几
2308024241	23080242	成龙	男	76	78	77	40	23	60
2308024244	23080242	周怡	女	66	91	75	47	47	44
2308024251	23080242	张波	男	85	81	75	45	45	60
2308024249	23080242	朱浩	男	65	50	80	72	62	71
2308024219	23080242	封印	女	73	88	92	61	47	46
2308024201	23080242	迟培	男	60	50	89	71	76	71
2308024347	23080243	李华	女	67	61	84	61	65	78
2308024307	23080243	陈田	男	76	79	86	69	40	69
2308024326	23080243	余皓	男	66	67	85	65	61	71
2308024320	23080243	李嘉	女	62	作弊	90	60	67	77
2308024342	23080243	李上初	男	76	90	84	60	66	60
2308024310	23080243	郭窦	女	79	67	84	64	64	79
2308024435	23080244	姜毅涛	男	77	71	缺考	61	73	76
2308024432	23080244	赵宇	男	74	74	88	68	70	71
2308024446	23080244	周路	女	76	80	77	61	74	80
2308024421	23080244	林建祥	男	72	72	81	63	90	75
2308024433	23080244	李大强	男	79	76	77	78	70	70
2308024428	23080244	李侧通	男	64	96	91	69	60	77
2308024402	23080244	王慧	女	73	74	93	70	71	75
2308024422	23080244	李晓亮	男	85	60	85	72	72	83
2308024201	23080242	迟培	男	60	50	89	71	76	71

图 2-9　txt 文件内容

导入数据时，首先需要引入相关的包。代码如下：

```
In[5]:from pandas import read_table
      df = read_table(r'C:\Users\yubg\OneDrive\2018book\rz.txt',
sep=" ")
      df.head()                          #查看 df 的前五项数据
Out[5]:
          学号\t班级\t姓名\t性别\t英语\t体育\t军训\t数分\t高代\t解几
0  2308024241\t23080242\t 成龙\t 男\t76\t78\t77\t40\t2...
1  2308024244\t23080242\t 周怡\t 女\t66\t91\t75\t47\t4...
2  2308024251\t23080242\t 张波\t 男\t85\t81\t75\t45\t4...
3  2308024249\t23080242\t 朱浩\t 男\t65\t50\t80\t72\t6...
4  2308024219\t23080242\t 封印\t 女\t73\t88\t92\t61\t4...
```

注意

（1）txt 文本文件要保存成 UTF-8 格式才不会报错。

（2）查看数据框 df 前 n 项数据使用 df.head(n)；后 m 项数据用 df.tail(m)。默认均是 5 项数据。

2. 导入 csv 文件

csv（Comma-Separated Values）一般称为逗号分隔值，有时也称为字符分隔值，因为分隔字符也可以不是逗号，其文件以纯文本形式存储表格数据（数字和文本）。纯文本意味着该文件是一个字符序列，不含有必须像二进制数字那样被解读的数据。csv 文件由任意数目的记录组成，记录间以某种换行符分隔；每条记录由字段组成，字段间的分隔符是其他字符或字符串，最常见的是逗号或制表符。通常，所有记录都有完全相同的字段序列。通常都是纯文本文件。csv 文件格式常见于手机通讯录，可以使用 Excel 打开。

read_csv 函数可以导入 csv 文件。其命令格式如下：

```
read_csv(file,names=[列名1，列名2，..],sep="",…)
```

其中：

- ⤷ file 为文件路径与文件名；
- ⤷ names 为列名，默认为文件中的第一行作为列名；
- ⤷ sep 为分隔符，默认为空，表示默认导入为一列。

【例 2-2】读取（导入）csv 文件。

示例代码如下：

```
In[5]: from pandas import read_csv
df = read_csv(r'C:\Users\yubg\OneDrive\2018book\rz.csv',sep=",")
df
Out[5]:
        学号        班级      姓名   性别  英语  体育  军训  数分  高代  解几
0  2308024241  23080242  成龙    男   76   78   77   40   23   60
1  2308024244  23080242  周怡    女   66   91   75   47   47   44
2  2308024251  23080242  张波    男   85   81   75   45   45   60
3  2308024249  23080242  朱浩    男   65   50   80   72   62   71
4  2308024219  23080242  封印    女   73   88   92   61   47   46
5  2308024201  23080242  迟培    男   60   50   89   71   76   71
6  2308024347  23080243  李华    女   67   61   84   61   65   78
7  2308024307  23080243  陈田    男   76   79   86   69   40   69
8  2308024326  23080243  余皓    男   66   67   85   65   61   71
9  2308024320  23080243  李嘉    女   62   作弊 90   60   67   77
10 2308024342  23080243  李上初  男   76   90   84   60   66   60
11 2308024310  23080243  郭窦    男   79   67   84   64   64   79
12 2308024435  23080244  姜毅涛  男   77   71   缺考 61   73   76
13 2308024432  23080244  赵宇    男   74   74   88   68   70   71
14 2308024446  23080244  周路    女   76   80   77   61   74   80
15 2308024421  23080244  林建祥  男   72   72   81   63   90   75
16 2308024433  23080244  李大强  男   79   76   77   78   70   70
17 2308024428  23080244  李侧通  男   64   96   91   69   60   77
18 2308024402  23080244  王慧    女   73   74   93   70   71   75
```

```
19 2308024422 23080244   李晓亮  男  85  60   85    72  72  83
20 2308024201 23080242   迟培    男  60  50   89    71  76  71
```

也可以使用 read_table 命令执行，结果与使用 read_csv 命令一致。示例如下：

```
In[6]: from pandas import read_csv
       df = read_csv(r'C:\Users\yubg\OneDrive\2018book\rz.csv',
sep=",")
       df
Out[6]:
        学号         班级       姓名   性别 英语 体育  军训   数分 高代 解几
0  2308024241 23080242   成龙    男  76  78   77    40  23  60
1  2308024244 23080242   周怡    女  66  91   75    47  47  44
2  2308024251 23080242   张波    男  85  81   75    45  45  60
3  2308024249 23080242   朱浩    男  65  50   80    72  62  71
4  2308024219 23080242   封印    女  73  88   92    61  47  46
5  2308024201 23080242   迟培    男  60  50   89    71  76  71
6  2308024347 23080243   李华    女  67  61   84    61  65  78
7  2308024307 23080243   陈田    男  76  79   86    69  40  69
8  2308024326 23080243   余皓    男  66  67   85    65  61  71
9  2308024320 23080243   李嘉    女  62  作弊 90    60  67  77
10 2308024342 23080243   李上初  男  76  90   84    60  66  60
11 2308024310 23080243   郭窦    女  79  67   84    64  64  79
12 2308024435 23080244   姜毅涛  男  77  71   缺考  61  73  76
13 2308024432 23080244   赵宇    男  74  74   88    68  70  71
14 2308024446 23080244   周路    女  76  80   77    61  74  80
15 2308024421 23080244   林建祥  男  72  72   81    63  90  75
16 2308024433 23080244   李大强  男  79  76   77    78  70  70
17 2308024428 23080244   李侧通  男  64  96   91    69  60  77
18 2308024402 23080244   王慧    女  73  74   93    70  71  75
19 2308024422 23080244   李晓亮  男  85  60   85    72  72  83
20 2308024201 23080242   迟培    男  60  50   89    71  76  71
```

3. 导入 Excel 文件

read_excel 函数可以导入 Excel 文件。其命令格式如下：

```
read_excel (file, sheetname,header=0)
```

其中：

- file 为文件路径与文件名；
- sheetname 为 sheet 的名称，如 sheet1；
- header 为列名，默认为 0（只接收布尔型数据 0 和 1），一般以文件的第一行作为列名。

【例 2-3】读取（导入）Excel 文件。

示例代码如下：

```
In[7]: from pandas import read_excel
        df = read_excel(r'C:\Users\yubg\OneDrive\2018book\i_nuc
.xls',sheetname='Sheet3')
        df
Out[7]:
```

	学号	班级	姓名	性别	英语	体育	军训	数分	高代	解几
0	2308024241	23080242	成龙	男	76	78	77	40	23	60
1	2308024244	23080242	周怡	女	66	91	75	47	47	44
2	2308024251	23080242	张波	男	85	81	75	45	45	60
3	2308024249	23080242	朱浩	男	65	50	80	72	62	71
4	2308024219	23080242	封印	女	73	88	92	61	47	46
5	2308024201	23080242	迟培	男	60	50	89	71	76	71
6	2308024347	23080243	李华	女	67	61	84	61	65	78
7	2308024307	23080243	陈田	男	76	79	86	69	40	69
8	2308024326	23080243	余皓	男	66	67	85	65	61	71
9	2308024320	23080243	李嘉	女	62	作弊	90	60	67	77
10	2308024342	23080243	李上初	男	76	90	84	60	66	60
11	2308024310	23080243	郭窦	女	79	67	84	64	64	79
12	2308024435	23080244	姜毅涛	男	77	71	缺考	61	73	76
13	2308024432	23080244	赵宇	男	74	74	88	68	70	71
14	2308024446	23080244	周路	女	76	80	77	61	74	80
15	2308024421	23080244	林建祥	男	72	72	81	63	90	75
16	2308024433	23080244	李大强	男	79	76	77	78	70	70
17	2308024428	23080244	李侧通	男	64	96	91	69	60	77
18	2308024402	23080244	王慧	女	73	74	93	70	71	75
19	2308024422	23080244	李晓亮	男	85	60	85	72	72	83
20	2308024201	23080242	迟培	男	60	50	89	71	76	71

 注意

header 取 0 和 1 的差别，取 0 表示以文件第一行作为表头显示，取 1 表示把文件第一行丢弃，不作为表头显示。有时可以跳过首行或者读取多个表，例如：

`df = pd.read_excel(filefullpath, sheetname=[0,2],skiprows=[0])`

sheetname 可以指定为读取几个 sheet，sheet 数目从 0 开始，如果 sheetname=[0,2]，则代表读取第 1 页和第 3 页的 sheet；skiprows=[0]代表读取时跳过第 1 行。

Excel 文件有两种格式的后缀名，即 xls 和 xlsx，对这两种格式的文件 read_excel 命令都能读取，但比较敏感，在读取时注意文件的后缀名。

4．导入 MySQL 库

Python 中操作 MySQL 的模块是 PyMySQL，在导入 MySQL 数据之前，需要安装 PyMySQL 模块。目前 Python3.x 仅支持 PyMySQL，不支持 MySQLdb。安装 PyMySQL，命令为 pip install pymysql，如图 2-10 所示。

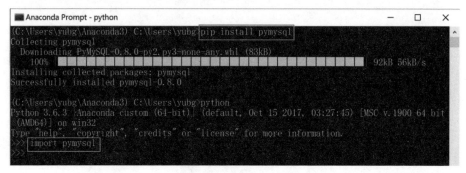

图 2-10　安装 PyMySQL

在 Python 编辑器中输入 import pymysql，如果编译未出错，即表示 pymysql 安装成功，如图 2-10 所示。

read_sql 函数可以导入 MySQL 库。其命令格式如下：

```
read_sql (sql,conn)
```

其中：

➥ sql 为从数据库中查询数据的 SQL 语句；

➥ conn 为数据库的连接对象，需要在程序中选创建。

示例代码如下：

```
import pandas as pd
import pymysql

dbconn=pymysql.connect(host="**********",
                       database="kimbo",
                       user="kimbo_test",
                       password="******",
                       port=3306,
                       charset='utf8')#加上字符集参数，防止中文乱码
sqlcmd="select * from table_name"    #SQL 语句
a=pd.read_sql(sqlcmd,dbconn)                #利用 pandas 模块导入 MySQL 数据
dbconn.close()
```

```
b=a.head()                                      #取前5行数据
print(b)
```

下面介绍读取 MySQL 数据的其他方法。

方法一：

```
import pymysql.cursors
import pymysql
import pandas as pd

#连接配置信息
config = { 'host':'127.0.0.1',
           'port':3306,                         #MySQL 默认端口
           'user':'root',                       #MySQL 默认用户名
           'password':'root',
           'db':'db_test',                      #数据库
           'charset':'utf8',
           'cursorclass':pymysql.cursors.DictCursor }

#创建连接
conn= pymysql.connect(**config)
#执行 SQL 语句
try:
    with conn.cursor() as cursor:
        sql="select * from table_name"
        cursor.execute(sql)
        result=cursor.fetchall()
finally:
    conn.close();
df=pd.DataFrame(result)                          #转换成 DataFrame 格式
print(df.head())
```

方法二：

```
import pandas as pd
from sqlalchemy import create_engine

engine = create_engine('mysql+pymysql://user:password@host:port/
databasename ')
    #user:password 是账户和密码，host:port 是访问地址和端口，databasename
是库名
df = pd.read_sql('table_name',engine)            #从 MySQL 库中读取表名
                                                  table_name
```

关于 Python 对 MySQL 的操作将在后续章节中介绍。

2.4.4 数据导出

1. 导出 csv 文件

to_csv 函数可以导出 csv 文件。其命令格式如下：

```
to_csv (file_path,sep= ", ", index=TRUE, header=TRUE)
```

其中：

➥ file_path 为文件路径；

➥ sep 为分隔符，默认是逗号；

➥ index 表示是否导出行序号，默认是 TRUE，导出行序号；

➥ header 表示是否导出列名，默认是 TRUE，导出列名。

【例 2-4】导出 csv 文件。

示例代码如下：

```
In[8]:from pandas import DataFrame
      from pandas import Series
      df = DataFrame({'age':Series([26,85,64]),
      'name':Series(['Ben','John','Jerry'])})
      df
Out[8]:
   age    name
0   26    Ben
1   85    John
2   64   Jerry


df.to_csv('e:\\01.csv')                        #默认带上 index
df.to_csv('e:\\02.csv',index=False)            #无 index
```

结果如图 2-11 所示。

	age	name		age	name
0	26	Ben		26	Ben
1	85	John		85	John
2	64	Jerry		64	Jerry
01.csv	默认带上 index		02.csv	index=False，无 index	

图 2-11　导出 01.csv 和 02.csv 的数据结果

2. 导出 Excel 文件

to_excel 函数可以导出 Excel 文件。其命令格式如下：

```
to_excel(file_path, index=TRUE,header=TRU
E)
```

其中：

- ⬆ file_path 表示文件路径；
- ⬆ index 表示是否导出行序号，默认是 TRUE，导出行序号；
- ⬆ header 表示是否导出列名，默认是 TRUE，导出列名。

【例 2-5】导出 Excel 文件。

示例代码如下：

```
from pandas import DataFrame
from pandas import Series
df = DataFrame(
    {'age':Series([26,85,64]),
    'name':Series(['Ben','John','Jerry'])})
df.to_excel('e:\\01.xlsx')                    #默认带上 index
df.to_excel('e:\\02.xlsx',index=False)        #无 index
```

结果如图 2-12 所示。

	age	name
0	26	Ben
1	85	John
2	64	Jerry

age	name
26	Ben
85	John
64	Jerry

01.xlsx 默认带上 index   02.xlsx index=False

图 2-12 导出 01.xlsx 和 02.xlsx 的数据结果

3. 导出到 MySQL 库

to_sql 函数可以将文件写入到 MySQL 数据库。其命令格式如下：

```
to_sql (tableName, con=数据库连接)
```

其中：

- ⬆ tableName 表示数据库中的表名；
- ⬆ con 表示数据库的连接对象，需要在程序中先创建。

示例代码如下：

```
#Python3.6 下利用 PyMySQL 将 DataFrame 文件写入到 MySQL 数据库
from pandas import DataFrame
from pandas import Series
from sqlalchemy import create_engine
```

```
#启动引擎
engine = create_engine("mysql+pymysql://user:password@host:port/
databasename?charset=utf8")
        #这里一定要写成 mysql+pymysql，不要写成 mysql+mysqldb
        #user:password 是账户和密码，host:port 是访问地址和端口，
databasename 是库名

#DataFrame 数据
df = DataFrame({'age':Series([26,85,64]),'name':Series(['Ben',
'John','Jerry'])})

#存入 MySQL
df.to_sql(name = 'table_name',
        con = engine,
        if_exists = 'append',
        index = False,
        index_label = False)
```

数据库引擎说明：

```
engine = create_engine("mysql+pymysql://user:password@host:port/
database- name?charset=utf8")
```

其中：

- mysql+pymysql 是要用的数据库和接口程序；
- root 是数据库登录名；
- password 是数据库密码；
- host 是数据库所在服务器的地址；
- port 是 MySQL 占用的端口；
- database-name 是数据库的名字；
- charset=utf8 是设置数据库的编码方式，这样可以防止 Latin 字符不被识别而报错。

2.5 数据处理

数据处理是一项复杂且繁琐的工作，同时也是整个数据分析过程中最为重要的环节。

数据处理一方面能提高数据的质量，另一方面能让数据更好地适应特定的

数据分析工具。数据处理的主要内容包括数据清洗、数据抽取、数据交换和数据计算等。

2.5.1　数据清洗

在数据分析时，海量的原始数据中存在着大量不完整、不一致、有异常的数据，严重影响到数据分析的结果，所以进行数据清洗就显得尤为重要。

数据清洗是数据价值链中最关键的步骤。垃圾数据，即使是通过最好的分析，也将产生错误的结果，并误导业务本身。因此在数据分析过程中，数据清洗占据了很大的工作量。

数据清洗就是处理缺失数据以及清除无意义的信息，如删除原始数据集中的无关数据、重复数据，平滑噪声数据，筛选掉与分析主题无关的数据，处理缺失值、异常值等。

1．重复值的处理

Python 的 Pandas 模块中去掉重复数据的步骤如下：

（1）利用 DataFrame 中的 duplicated 方法返回一个布尔型的 Series，显示是否有重复行，没有重复的行显示为 FALSE，有重复的行则从重复的第二行起均显示为 TRUE。

（2）再利用 DataFrame 中的 drop_duplicates 方法返回一个移除了重复行的 DataFrame。

duplicated 方法的格式如下：

```
duplicated(self, subset=None, keep='first')
```

其中：

❥　subset 用于识别重复的列标签或列标签序列，默认所有列标签；

❥　keep='frist'表示除了第一次出现外，其余相同的数据被标记为重复；

❥　keep='last'表示除了最后一次出现外，其余相同的数据被标记为重复；

❥　keep=False 表示所有相同的数据都被标记为重复。

如果 duplicated 方法和 drop_duplicates 方法中没有设置参数，则这两个方法默认判断全部列；如果在这两个方法中加入了指定的属性名（或者称为列名），例如 frame.drop_duplicates(['state'])，则指定部分列（state 列）进行重复项的判断。

drop_duplicates 方法用于把数据结构中行相同的数据去除（保留其中的一行）。

【例 2-6】 去掉重复数据。

示例代码如下：

```
In[1]:from pandas import DataFrame
      from pandas import Series
      df = DataFrame({'age':Series([26,85,64,85,85]),
                      'name':Series(['Ben','John','Jerry','John',
                      'John'])})
      df
Out[1]:
   age  name
0  26   Ben
1  85   John
2  64   Jerry
3  85   John
4  85   John

In[2]:df.duplicated()
Out[2]:
0   False
1   False
2   False
3   True
4   True
dtype: bool

In[3]:df.duplicated('name')
Out[3]:
0   False
1   False
2   False
3   True
4   True
dtype: bool

In[4]:df.drop_duplicates('age')
Out[4]:
   age   name
0  26    Ben
```

```
1    85    John
2    64    Jerry
```

上面的 df 中第 3 和第 4 行数据是与前面的有重复的相同行，去掉重复数据后第 3 和 4 行均被删除。

2．缺失值处理

从统计上说，缺失的数据可能会产生有偏估计，从而使样本数据不能很好地代表总体，而现实中绝大部分数据都包含缺失值，因此如何处理缺失值很重要。

一般说来，缺失值的处理包括两个步骤，即缺失数据的识别和缺失数据的处理。

1）缺失数据的识别

Pandas 使用浮点值 NaN 表示浮点和非浮点数组里的缺失数据，并使用.isnull 和.notnull 函数来判断缺失情况。

【例 2-7】缺失数据的识别。

示例代码如下：

```
In[1]:from pandas import DataFrame
      from pandas import read_excel
      df = read_excel(r'C:\Users\yubg\OneDrive\2018book\rz.
                xlsx',sheetname='Sheet2')
      df
Out[1]:
      学号         姓名   英语    数分     高代     解几
0   2308024241   成龙    76    40.0    23.0    60
1   2308024244   周怡    66    47.0    47.0    44
2   2308024251   张波    85    NaN     45.0    60
3   2308024249   朱浩    65    72.0    62.0    71
4   2308024219   封印    73    61.0    47.0    46
5   2308024201   迟培    60    71.0    76.0    71
6   2308024347   李华    67    61.0    65.0    78
7   2308024307   陈田    76    69.0    NaN     69
8   2308024326   余皓    66    65.0    61.0    71
9   2308024219   封印    73    61.0    47.0    46
```

```
In[2]:df.isnull()
Out[2]:
      学号      姓名      英语      数分      高代      解几
0    False    False    False    False    False    False
1    False    False    False    False    False    False
2    False    False    False    True     False    False
3    False    False    False    False    False    False
4    False    False    False    False    False    False
5    False    False    False    False    False    False
6    False    False    False    False    False    False
7    False    False    False    False    True     False
8    False    False    False    False    False    False
9    False    False    False    False    False    False

In[3]:df.notnull()
Out[3]:
      学号      姓名      英语      数分      高代      解几
0    True     True     True     True     True     True
1    True     True     True     True     True     True
2    True     True     True     False    True     True
3    True     True     True     True     True     True
4    True     True     True     True     True     True
5    True     True     True     True     True     True
6    True     True     True     True     True     True
7    True     True     True     True     False    True
8    True     True     True     True     True     True
9    True     True     True     True     True     True
```

2）缺失数据的处理

对于缺失数据的处理方式有数据补齐、删除对应行、不处理等方法。

（1）dropna(): 去除数据结构中值为空的数据行。

【例 2-8】删除数据为空所对应的行。

示例代码如下：

```
In[4]:newDF=df.dropna()
      newDF
Out[4]:
      学号          姓名    英语    数分     高代     解几
0    2308024241    成龙    76    40.0   23.0   60
1    2308024244    周怡    66    47.0   47.0   44
```

3	2308024249	朱浩	65	72.0	62.0	71
4	2308024219	封印	73	61.0	47.0	46
5	2308024201	迟培	60	71.0	76.0	71
6	2308024347	李华	67	61.0	65.0	78
8	2308024326	余皓	66	65.0	61.0	71
9	2308024219	封印	73	61.0	47.0	46

例 2-8 中的第 2、7 行因有空值（NaN）已经被删除。也可以指定参数 how='all'，表示只有行里的数据全部为空时才丢弃（删除）：df.dropna (how='all')。如果想以同样的方式按列丢弃，可以传入 axis=1，即 df.dropna (how='all',axis=1)。

（2）df.fillna()：用其他数值替代 NaN。

有些时候直接删除空数据会影响分析的结果，可以对数据进行填补。

【例 2-9】使用数值或者任意字符替代缺失值。

示例代码如下：

```
In[5]:df.fillna('?')
Out[5]:
```

	学号	姓名	英语	数分	高代	解几
0	2308024241	成龙	76	40	23	60
1	2308024244	周怡	66	47	47	44
2	2308024251	张波	85	?	45	60
3	2308024249	朱浩	65	72	62	71
4	2308024219	封印	73	61	47	46
5	2308024201	迟培	60	71	76	71
6	2308024347	李华	67	61	65	78
7	2308024307	陈田	76	69	?	69
8	2308024326	余皓	66	65	61	71
9	2308024219	封印	73	61	47	46

本例中第 2、7 行有空值，用"?"替代了缺失值。

（3）df.fillna(method='pad')：用前一个数据值替代 NaN。

【例 2-10】用前一个数据值替代缺失值。

示例代码如下：

```
In[6]:df.fillna(method='pad')
Out[6]:
```

	学号	姓名	英语	数分	高代	解几
0	2308024241	成龙	76	40.0	23.0	60
1	2308024244	周怡	66	47.0	47.0	44

2	2308024251	张波	85	47.0	45.0	60
3	2308024249	朱浩	65	72.0	62.0	71
4	2308024219	封印	73	61.0	47.0	46
5	2308024201	迟培	60	71.0	76.0	71
6	2308024347	李华	67	61.0	65.0	78
7	2308024307	陈田	76	69.0	65.0	69
8	2308024326	余皓	66	65.0	61.0	71
9	2308024219	封印	73	61.0	47.0	46

（4）df.fillna(method='bfill')：用后一个数据值替代 NaN。

与 pad 相反，bfill 表示用后一个数据代替 NaN。可以用 limit 限制每列可以替代 NaN 的数目。

【例 2-11】用后一个数据值替代 NaN。

示例代码如下：

```
In[7]:df.fillna(method='bfill')
Out[7]:
        学号       姓名   英语   数分   高代   解几
0   2308024241   成龙   76   40.0   23.0   60
1   2308024244   周怡   66   47.0   47.0   44
2   2308024251   张波   85   72.0   45.0   60
3   2308024249   朱浩   65   72.0   62.0   71
4   2308024219   封印   73   61.0   47.0   46
5   2308024201   迟培   60   71.0   76.0   71
6   2308024347   李华   67   61.0   65.0   78
7   2308024307   陈田   76   69.0   61.0   69
8   2308024326   余皓   66   65.0   61.0   71
9   2308024219   封印   73   61.0   47.0   46
```

（5）df.fillna(df.mean())：用平均数或者其他描述性统计量来代替 NaN。

【例 2-12】使用均值来填补数据。

示例代码如下：

```
In[8]:df.fillna(df.mean())
Out[8]:
        学号       姓名   英语     数分          高代        解几
0   2308024241   成龙   76   40.000000   23.000000   60
1   2308024244   周怡   66   47.000000   47.000000   44
2   2308024251   张波   85   60.777778   45.000000   60
3   2308024249   朱浩   65   72.000000   62.000000   71
4   2308024219   封印   73   61.000000   47.000000   46
```

5	2308024201	迟培	60	71.000000	76.000000	71
6	2308024347	李华	67	61.000000	65.000000	78
7	2308024307	陈田	76	69.000000	52.555556	69
8	2308024326	余皓	66	65.000000	61.000000	71
9	2308024219	封印	73	61.000000	47.000000	46

"数分"列中有一个空值，该列除空值外的9个数的均值为60.77777778，故以60.777778替代空值，"高代"列也一样。

（6）df.fillna(df.mean()['填补列名':'计算均值的列名'])：可以使用选择列的均值进行缺失值的处理。

【例2-13】使用选择列的均值为某列空值来填补数据。

示例代码如下：

```
In[9]:df.fillna(df.mean()['高代':'解几'])
Out[9]:
          学号      姓名    英语    数分      高代          解几
0   2308024241   成龙    76    40.0    23.000000   60
1   2308024244   周怡    66    47.0    47.000000   44
2   2308024251   张波    85    NaN     45.000000   60
3   2308024249   朱浩    65    72.0    62.000000   71
4   2308024219   封印    73    61.0    47.000000   46
5   2308024201   迟培    60    71.0    76.000000   71
6   2308024347   李华    67    61.0    65.000000   78
7   2308024307   陈田    76    69.0    52.555556   69
8   2308024326   余皓    66    65.0    61.000000   71
9   2308024219   封印    73    61.0    47.000000   46
```

用"解几"列的平均值来填补"高代"列的空缺值。

（7）df.fillna({'列名1':值1,'列名2':值2})：可以传入一个字典，对不同的列填充不同的值。

【例2-14】为不同的列填充不同的值来填补数据。

示例代码如下：

```
In[10]:df.fillna({'数分':100,'高代':0})
Out[10]:
          学号      姓名    英语    数分      高代     解几
0   2308024241   成龙    76    40.0    23.0    60
1   2308024244   周怡    66    47.0    47.0    44
2   2308024251   张波    85    100.0   45.0    60
3   2308024249   朱浩    65    72.0    62.0    71
4   2308024219   封印    73    61.0    47.0    46
```

5	2308024201	迟培	60	71.0	76.0	71
6	2308024347	李华	67	61.0	65.0	78
7	2308024307	陈田	76	69.0	0.0	69
8	2308024326	余皓	66	65.0	61.0	71
9	2308024219	封印	73	61.0	47.0	46

"数分"列填充值为100，"高代"列填充值为0。

（8）strip()：清除字符型数据左右（首尾）指定的字符，默认为空格，中间的不清除。

【例 2-15】删除字符串左、右或首、尾指定的字符。

示例代码如下：

```
In[11]:from pandas import DataFrame
       from pandas import Series
       df = DataFrame({'age':Series([26,85,64,85,85]),
             'name':Series(['Ben','John ',' Jerry','John ',
             'John'])})
       df
Out[11]:
   age      name
0   26      Ben
1   85      John
2   64      Jerry
3   85      John
4   85      John

In[12]:df['name'].str.strip()
Out[12]:
0     Ben
1     John
2     Jerry
3     John
4     John
Name: name, dtype: object
```

如果要删除右边的字符，则使用命令 df['name'].str.rstrip()；删除左边的字符，使用命令 df['name'].str. lstrip()，默认为删除空格，也可以带参数，如删除右边的"n"。示例代码如下：

```
In[13]:df['name'].str.rstrip('n')
Out[13]:
0     Be
```

```
1       John
2       Jerry
3       John
4       Joh
Name: name, dtype: object
```

2.5.2　数据抽取

1．字段抽取

字段抽取是指抽出某列上指定位置的数据做成新的列。其命令格式如下：
```
slice(start,stop)
```
其中：

ↆ　start 表示开始位置；

ↆ　stop 表示结束位置。

【例 2-16】从数据中抽出某列。

手机号码一般为 11 位，如 18603518513，前三位 186 为品牌（中国联通），中间四位 0315 表示地区区域（太原），后四位 8513 才是手机号码。下面我们把手机号码数据分别进行抽取。

示例代码如下：

```
In[1]:from pandas import DataFrame
      from pandas import read_excel
      df = read_excel(r'C:\Users\yubg\OneDrive\2018book\i_nuc.
      ls', sheetname='Sheet4')
         df.head()   #展示数据表的前5行,如显示后5行,则为df.tail()
Out[1]:
      学号           电话              IP
0   2308024241   1.892225e+10   221.205.98.55
1   2308024244   1.352226e+10   183.184.226.205
2   2308024251   1.342226e+10   221.205.98.55
3   2308024249   1.882226e+10   222.31.51.200
4   2308024219   1.892225e+10   120.207.64.3
In[2]:df['电话']=df['电话'].astype(str)       #astype()转化类型
   df['电话']
Out[2]:
0    18922254812.0
1    13522255003.0
```

```
2      13422259938.0
3      18822256753.0
4      18922253721.0
5           nan
6      13822254373.0
7      13322252452.0
8      18922257681.0
9      13322252452.0
10     18922257681.0
11     19934210999.0
12     19934210911.0
13     19934210912.0
14     19934210913.0
15     19934210914.0
16     19934210915.0
17     19934210916.0
18     19934210917.0
19     19934210918.0
Name: 电话, dtype: object
```

In[3]:bands = df['电话'].str.slice(0,3)   #抽取手机号码的前三位,
                                                  便于判断号码的品牌

```
        bands
Out[3]:
0       189
1       135
2       134
3       188
4       189
5       nan
6       138
7       133
8       189
9       133
10      189
11      199
12      199
13      199
14      199
15      199
16      199
```

```
17    199
18    199
19    199
Name: 电话, dtype: object

In[4]:areas= df['电话'].str.slice(3,7)        #抽取手机号码的中间四位,
                                               以判断号码的地域

      areas
Out[4]:
0     2225
1     2225
2     2225
3     2225
4     2225
5
6     2225
7     2225
8     2225
9     2225
10    2225
11    3421
12    3421
13    3421
14    3421
15    3421
16    3421
17    3421
18    3421
19    3421
Name: 电话, dtype: object

In[5]: tell= df['电话'].str.slice(7,11)        #抽取手机号码的后四位
      tell
Out[5]:
0     4812
1     5003
2     9938
3     6753
4     3721
```

```
5
6      4373
7      2452
8      7681
9      2452
10     7681
11     0999
12     0911
13     0912
14     0913
15     0914
16     0915
17     0916
18     0917
19     0918
Name: 电话, dtype: object
```

2. 字段拆分

字段拆分是指按指定的字符 sep，拆分已有的字符串。其命令格式如下：

```
split(sep,n,expand=False)
```

参数说明：

⤷ sep 表示用于分隔字符串的分隔符；

⤷ n 表示分割后新增的列数；

⤷ expand 表示是否展开为数据框，默认为 FALSE。

返回值：expand 为 TRUE，返回 DaraFrame；expand 为 False，返回 Series。

【例 2-17】拆分字符串为指定的列数。

示例代码如下：

```
In[6]:from pandas import DataFrame
from pandas import read_excel
df = read_excel(r'C:\Users\yubg\OneDrive\2018book\i_nuc.xls',
sheetname='Sheet4')
df
Out[6]:
       学号            电话                    IP
0   2308024241  1.892225e+10      221.205.98.55
1   2308024244  1.352226e+10      183.184.226.205
2   2308024251  1.342226e+10      221.205.98.55
3   2308024249  1.882226e+10      222.31.51.200
```

```
4    2308024219  1.892225e+10  120.207.64.3
5    2308024201         NaN     222.31.51.200
6    2308024347  1.382225e+10  222.31.59.220
7    2308024307  1.332225e+10  221.205.98.55
8    2308024326  1.892226e+10  183.184.230.38
9    2308024320  1.332225e+10  221.205.98.55
10   2308024342  1.892226e+10  183.184.230.38
11   2308024310  1.993421e+10  183.184.230.39
12   2308024435  1.993421e+10  185.184.230.40
13   2308024432  1.993421e+10  183.154.230.41
14   2308024446  1.993421e+10  183.184.231.42
15   2308024421  1.993421e+10  183.154.230.43
16   2308024433  1.993421e+10  173.184.230.44
17   2308024428  1.993421e+10         NaN
18   2308024402  1.993421e+10  183.184.230.4
19   2308024422  1.993421e+10  153.144.230.7
```

In[7]: df['IP'].str.strip()　　　#IP 先转为 str，再删除首尾空格
Out[7]:
```
0          221.205.98.55
1          183.184.226.205
2          221.205.98.55
3          222.31.51.200
4          120.207.64.3
5          222.31.51.200
6          222.31.59.220
7          221.205.98.55
8          183.184.230.38
9          221.205.98.55
10         183.184.230.38
11         183.184.230.39
12         185.184.230.40
13         183.154.230.41
14         183.184.231.42
15         183.154.230.43
16         173.184.230.44
17               NaN
18         183.184.230.4
19         153.144.230.7
Name: IP, dtype: object
```

```
In[8]: newDF= df['IP'].str.split('.',1,True)
                                              #按第一个"."分成两列，1 表
                                               示新增的列数
newDF
Out[8]:
        0          1
0       221        205.98.55
1       183        184.226.205
2       221        205.98.55
3       222        31.51.200
4       120        207.64.3
5       222        31.51.200
6       222        31.59.220
7       221        205.98.55
8       183        184.230.38
9       221        205.98.55
10      183        184.230.38
11      183        184.230.39
12      185        184.230.40
13      183        154.230.41
14      183        184.231.42
15      183        154.230.43
16      173        184.230.44
17      NaN        None
18      183        184.230.4
19      153        144.230.7

In[9]: newDF.columns = ['IP1','IP2-4']   #给第 1 列、第 2 列增加列名称
newDF
Out[9]:
        IP1        P2-4
0       221        205.98.55
1       183        184.226.205
2       221        205.98.55
3       222        31.51.200
4       120        207.64.3
5       222        31.51.200
6       222        31.59.220
7       221        205.98.55
8       183        184.230.38
9       221        205.98.55
```

```
10        183        184.230.38
11        183        184.230.39
12        185        184.230.40
13        183        154.230.41
14        183        184.231.42
15        183        154.230.43
16        173        184.230.44
17        NaN          None
18        183        184.230.4
19        153        144.230.7
```

3．重置索引

重置索引是指指定某列为索引，以便于对其他数据进行操作。其命令格式如下：

```
df.set_index('列名')
```

在后面章节还会详细讲解该命令。

【例 2-18】对数据框进行重置索引。

示例代码如下：

```
In[10]: from pandas import DataFrame
  from pandas import Series
  df = DataFrame({'age':Series([26,85,64,85,85]),

'name':Series(['Ben','John','Jerry','John','John'])})
  df1=df.set_index('name')        #以 name 列为新的索引
  df1
Out[10]:
      age
name
Ben     26
John    85
Jerry   64
John    85
John    85

In[11]: df1.ix['John']          #使用 ix 函数对 John 用户信息进行提取
Out[11]:
      age
name
John    85
```

```
John    85
John    85
```

注意

上面代码中 ix 函数是指通过行标签或者行号索引行数据。后面还会介绍 loc、iloc、ix 函数，下面简单介绍他们的区别。

（1）loc——通过索引抽取行数据；

（2）iloc——通过**索引号**抽取行数据；

（3）ix——通过索引抽取行数据（基于 loc 和 iloc 的混合）。

同理，索引列数据也是如此！

4．记录抽取

记录抽取是指根据一定的条件，对数据进行抽取。其命令格式如下：

```
df[condition]
```

参数说明：

condition 表示过滤条件。

返回值：DataFrame。

常用的 condition 类型有：

➤ 比较运算：==、<、>、>=、<=、!=，如 df[df.comments>10000)]；

➤ 范围运算：between(left,right)，如 df[df.comments.between(1000,10000)]；

➤ 空置运算：pandas.isnull(column)，如 df[df.title.isnull()]；

➤ 字符匹配：str.contains(patten,na = False)，如 df[df.title.str.contains('电台',na=False)]；

➤ 逻辑运算：&(与)、|(或)、not(取反)，如 df[(df.comments>=1000)&(df.comments<=10000)]与 df[df.comments.between(1000,10000)]等价。

【例 2-19】 按条件抽取数据。

示例代码如下：

```
In[11]: import pandas
  from pandas import read_excel
  df = read_excel(r'C:\Users\yubg\OneDrive\2018book\i_nuc.xls',
sheetname='Sheet4')
  df.head()
```

```
Out[11]:
        学号          电话              IP
0  2308024241   1.892225e+10    221.205.98.55
1  2308024244   1.352226e+10    183.184.226.205
2  2308024251   1.342226e+10    221.205.98.55
3  2308024249   1.882226e+10    222.31.51.200
4  2308024219   1.892225e+10    120.207.64.3

In[12]: df[df.电话==13322252452]
Out[12]:
        学号          电话              IP
7  2308024307   1.332225e+10    221.205.98.55
9  2308024320   1.332225e+10    221.205.98.55

In[13]: df[df.电话>13500000000]
Out[13]:
         学号          电话              IP
0   2308024241   1.892225e+10    221.205.98.55
1   2308024244   1.352226e+10    183.184.226.205
3   2308024249   1.882226e+10    222.31.51.200
4   2308024219   1.892225e+10    120.207.64.3
6   2308024347   1.382225e+10    222.31.59.220
8   2308024326   1.892226e+10    183.184.230.38
10  2308024342   1.892226e+10    183.184.230.38
11  2308024310   1.993421e+10    183.184.230.39
12  2308024435   1.993421e+10    185.184.230.40
13  2308024432   1.993421e+10    183.154.230.41
14  2308024446   1.993421e+10    183.184.231.42
15  2308024421   1.993421e+10    183.154.230.43
16  2308024433   1.993421e+10    173.184.230.44
17  2308024428   1.993421e+10         NaN
18  2308024402   1.993421e+10    183.184.230.4
19  2308024422   1.993421e+10    153.144.230.7

In[14]: df[df.电话.between(13400000000,13999999999)]
Out[14]:
        学号          电话              IP
1  2308024244   1.352226e+10    183.184.226.205
2  2308024251   1.342226e+10    221.205.98.55
6  2308024347   1.382225e+10    222.31.59.220
```

```
In[15]: df[df.IP.isnull()]
Out[15]:
        学号            电话              IP
17  2308024428   1.993421e+10        NaN

In[16]: df[df.IP.str.contains('222.',na=False)]
Out[16]:
        学号            电话              IP
3   2308024249   1.882226e+10     222.31.51.200
5   2308024201       NaN         222.31.51.200
6   2308024347   1.382225e+10     222.31.59.220
```

5. 随机抽样

随机抽样是指随机从数据中按照一定的行数或者比例抽取数据。

随机抽样函数格式如下：

```
numpy.random.randint(start,end,num)
```

参数说明：

❧ startg 表示范围的开始值；

❧ end 表示范围的结束值；

❧ num 表示抽样个数。

返回值：行的索引值序列。

【例 2-20】逻辑条件切片。

示例代码如下：

```
In[1]: from pandas import read_excel
df  =  read_excel(r'C:\Users\yubg\OneDrive\2018book\i_nuc.xls',
sheetname='Sheet4')
df.head()
Out[1]:
        学号            电话              IP
0   2308024241   1.892225e+10     221.205.98.55
1   2308024244   1.352226e+10     183.184.226.205
2   2308024251   1.342226e+10     221.205.98.55
3   2308024249   1.882226e+10     222.31.51.200
4   2308024219   1.892225e+10     120.207.64.3

In[2]:df[df.电话 >= 18822256753]              #单个逻辑条件
Out[2]:
```

```
        学号              电话                IP
0   2308024241      1.892225e+10      221.205.98.55
3   2308024249      1.882226e+10      222.31.51.200
4   2308024219      1.892225e+10      120.207.64.3
8   2308024326      1.892226e+10      183.184.230.38
10  2308024342      1.892226e+10      183.184.230.38
11  2308024310      1.993421e+10      183.184.230.39
12  2308024435      1.993421e+10      185.184.230.40
13  2308024432      1.993421e+10      183.154.230.41
14  2308024446      1.993421e+10      183.184.231.42
15  2308024421      1.993421e+10      183.154.230.43
16  2308024433      1.993421e+10      173.184.230.44
17  2308024428      1.993421e+10             NaN
18  2308024402      1.993421e+10      183.184.230.4
19  2308024422      1.993421e+10      153.144.230.7

In[3]:df[(df.电话>=13422259938 )&(df.电话 < 13822254373)]
Out[3]:
        学号              电话                IP
1   2308024244      1.352226e+10      183.184.226.205
2   2308024251      1.342226e+10      221.205.98.55
```

这种方式获取的数据切片都是 DataFrame。

【例 2-21】随机抽取数据。

示例代码如下：

```
In[1]: from pandas import read_excel
  df = read_excel(r'C:\Users\yubg\OneDrive\2018book\i_nuc.xls',
sheetname='Sheet4')
  df.head()

Out[1]:
        学号              电话                IP
0   2308024241      1.892225e+10      221.205.98.55
1   2308024244      1.352226e+10      183.184.226.205
2   2308024251      1.342226e+10      221.205.98.55
3   2308024249      1.882226e+10      222.31.51.200
4   2308024219      1.892225e+10      120.207.64.3

In[2]:r = numpy.random.randint(0,10,3)
r
Out[2]: array([3, 4, 9])
```

```
In[3]:df.loc[r,:]                                    #抽取 r 行数据,也可以直接
                                                       写成 df.loc[r]

Out[3]:
     学号              电话                    IP
3  2308024249    1.882226e+10    222.31.51.200
4  2308024219    1.892225e+10    120.207.64.3
9  2308024320    1.332225e+10    221.205.98.55
```

6. 通过索引抽取数据

（1）使用索引名（标签）选取数据：df.loc[行标签,列标签]

示例代码如下：

```
In[41]: df=df.set_index('学号')                      #更改"学号"列为新的索引
df.head()
Out[4]:
    学号              电话                    IP
2308024241    1.892225e+10    221.205.98.55
2308024244    1.352226e+10    183.184.226.205
2308024251    1.342226e+10    221.205.98.55
2308024249    1.882226e+10    222.31.51.200
2308024219    1.892225e+10    120.207.64.3


In[5]: df.loc[2308024241:2308024201]                 #选取 a 到 b 行的数据:
df.loc['a':'b']
Out[5]:
    学号              电话                    IP
2308024241    1.892225e+10    221.205.98.55
2308024244    1.352226e+10    183.184.226.205
2308024251    1.342226e+10    221.205.98.55
2308024249    1.882226e+10    222.31.51.200
2308024219    1.892225e+10    120.207.64.3
2308024201         NaN        222.31.51.200


In[6]: df.loc[:,'电话'].head()                        #选取"电话"列的数据
Out[6]:
学号
2308024241    1.892225e+10
2308024244    1.352226e+10
```

```
2308024251    1.342226e+10
2308024249    1.882226e+10
2308024219    1.892225e+10
Name: 电话, dtype: float64
```

df.loc 的第一个参数是行标签，第二个参数为列标签（**可选参数，默认为所有列标签**），两个参数既可以是列表也可以是单个字符，如果两个参数都为列表则返回的是 DataFrame，否则为 Series。

示例代码如下：

```
In[7]: import pandas as pd
df = pd.DataFrame({'a': [1, 2, 3], 'b': ['a', 'b', 'c'],'c':
["A","B","C"]})
df
Out[7]:
   a  b  c
0  1  a  A
1  2  b  B
2  3  c  C

In[8]: df.loc[1]              #抽取 index=1 的行，但返回的是 Series,
                               而不是 DaTa Frame
Out[8]:
a    2
b    b
c    B
Name: 1, dtype: object

In[9]: df.loc[[1,2]]          #抽取 index=1 和 2 的两行
Out[9]:
   a  b  c
1  2  b  B
2  3  c  C
```

 注意

当同时抽取多行时，行的索引必须是列表的形式，而不能简单地用逗号分隔，如 df.loc[1,2]，会提示出错。

（2）使用索引号选取数据：df.iloc[行索引号,列索引号]

【例 2-22】使用索引号抽取数据。

示例代码如下：

```
In[1]: from pandas import read_excel
df = read_excel(r'C:\Users\yubg\OneDrive\2018book\i_nuc.xls',
sheetname='Sheet4')
df=df.set_index('学号')
df.head()
Out[1]:
    学号          电话              IP
2308024241   1.892225e+10   221.205.98.55
2308024244   1.352226e+10   183.184.226.205
2308024251   1.342226e+10   221.205.98.55
2308024249   1.882226e+10   222.31.51.200
2308024219   1.892225e+10   120.207.64.3


In[2]: df.iloc[1,0]         #选取第2行、第1列的值，返回的为单个值
Out[2]: 13522255003.0


In[3]: df.iloc[[0,2],:]     #选取第1行和第3行的数据
Out[3]:
    学号          电话              IP
2308024241   1.892225e+10   221.205.98.55
2308024251   1.342226e+10   221.205.98.55


In[4]: df.iloc[0:2,:]       #选取第1行到第3行(不包含第3行)的数据
Out[4]:
    学号          电话              IP
2308024241   1.892225e+10   221.205.98.55
2308024244   1.352226e+10   183.184.226.205


In[5]: df.iloc[:,1]         #选取所有记录的第2列的值，返回的为一个
                              Series
Out[5]:
    学号
2308024241      221.205.98.55
2308024244      183.184.226.205
2308024251      221.205.98.55
2308024249      222.31.51.200
2308024219      120.207.64.3
```

```
2308024201        222.31.51.200
2308024347        222.31.59.220
2308024307        221.205.98.55
2308024326        183.184.230.38
2308024320        221.205.98.55
2308024342        183.184.230.38
2308024310        183.184.230.39
2308024435        185.184.230.40
2308024432        183.154.230.41
2308024446        183.184.231.42
2308024421        183.154.230.43
2308024433        173.184.230.44
2308024428              NaN
2308024402        183.184.230.4
2308024422        153.144.230.7
Name: IP, dtype: object

In[6]: df.iloc[1,:]              #选取第 2 行数据，返回的为一个 Series
Out[6]:
电话      1.35223e+10
IP      183.184.226.205
Name: 2308024244, dtype: object
```

 说明

　　loc 为 location 的缩写，iloc 则为 integer & location 的缩写。更广义的切片方式是使用 .ix，它自动根据所给的索引类型判断是使用索引号还是索引名（标签）进行切片。即 iloc 为整型索引（只能是索引号索引）；loc 为字符串索引（索引名索引）；ix 是 iloc 和 loc 的合体，根据索引号或者索引名索引皆可，但是当索引名是 int 类型时，只能用索引名索引，不能用索引号索引。

【例 2-23】ix 的使用。

示例代码如下：

```
In[1]: import pandas as pd
  index_loc = ['a','b']
  index_iloc = [1,2]
  data = [[1,2,3,4],[5,6,7,8]]
```

```
columns = ['one','two','three','four']
df1 = pd.DataFrame(data=data,index=index_loc,columns=columns)
df2 = pd.DataFrame(data=data,index=index_iloc,columns=columns)


In[2]:df1.ix['a']                      #按索引名提取
Out[2]:
one      1
two      2
three    3
four     4
Name: a, dtype: int64


In[3]:df1.ix[0]                        #按索引号提取
Out[3]:
one      1
two      2
three    3
four     4
Name: a, dtype: int64


In[4]:df2.ix[1]                        #按索引名提取
Out[4]:
one      1
two      2
three    3
four     4
Name: 1, dtype: int64


In[4]:df2.ix[0]                   #按索引号提取，会报错，因索引名是 int
Traceback (most recent call last):
  File "<ipython-input-58-ef3ad73f7bd0>", line 1, in <module>
    df2.ix[0]                           #按索引号提取
    ......
  File "pandas\_libs\hashtable_class_helper.pxi", line 765, in
pandas._libs.hashtable.Int64HashTable.get_item
KeyError: 0
```

7. 字典数据抽取

字典数据抽取是指将字典数据抽取为 dataframe，有以下三种方法。

（1）字典的 key 和 value 各作为一列

示例代码如下：

```
In[1]:import pandas
  from pandas import DataFrame

d1={'a':'[1,2,3]','b':'[0, 1,2]'}
a1=pandas.DataFrame.from_dict(d1, orient='index')
                            #将字典转为dataframe，且 key 列做成了 index
a1.index.name = 'key'                #将 index 的列名改成'key'
b1=a1.reset_index()                  #重新增加 index，并将原 index
                                     做成了'key'列
b1.columns=['key','value']           #对列重新命名为'key'和'value'
b1
Out[1]:
   key    value
0   b    [0, 1,2]
1   a    [1,2,3]
```

（2）字典里的每一个元素作为一列（同长）

示例代码如下：

```
In[2]:d2={'a':[1,2,3],'b':[4,5,6]}       #字典的 value 必须长度相等
  a2= DataFrame(d2)
  a2
Out[2]:
   a  b
0  1  4
1  2  5
2  3  6
```

（3）字典里的每一个元素作为一列（不同长）

示例代码如下：

```
In[3]:d = {'one' : pandas.Series([1, 2, 3]),'two' : pandas. Series
([1, 2, 3, 4])}
                            #字典的 value 长度可以不相等
df = pandas.DataFrame(d)
df
Out[3]:
   one  two
0  1.0   1
```

```
1  2.0   2
2  3.0   3
3  NaN   4
```

也可以做如下处理：

```
In[4]:import pandas
from pandas import Series
import numpy as np
from pandas import DataFrame

d = dict( A = np.array([1,2]), B = np.array([1,2,3,4]) )
DataFrame(dict([(k,Series(v)) for k,v in d.items()]))

Out[4]:
    A  B
0  1.0  1
1  2.0  2
2  NaN  3
3  NaN  4
```

还可以处理为：

```
In[5]:import numpy as np
  import pandas as pd

my_dict = dict( A = np.array([1,2]), B = np.array([1,2,3,4]) )
df = pd.DataFrame.from_dict(my_dict, orient='index').T
df
Out[5]:
    A    B
0  1.0  1.0
1  2.0  2.0
2  NaN  3.0
3  NaN  4.0
```

2.5.3 插入记录

Pandas 里并没有直接指定索引的插入行的方法，所以要用户自行设置。
示例代码如下：

```
In[1]: import pandas as pd
```

```
df = pd.DataFrame({'a': [1, 2, 3], 'b': ['a', 'b', 'c'],'c':
["A","B","C"]})
df
Out[1]:
   a  b  c
0  1  a  A
1  2  b  B
2  3  c  C


In[2]:line  =  pd.DataFrame({df.columns[0]:"--",  df.columns[1]:
"--",df.columns[2]:"--"},
index=[1]) #抽取 df 的 index=1 的行，并将此行第一列 columns[0]赋值"--"，
第二、三列同样赋值"--"
line
Out[2]:
    a   b   c
1  --  --  --


In[3]:df0 = pd.concat([df.loc[:0],line,df.loc[1:]])
df0
Out[3]:
    a   b   c
0   1   a   A
1  --  --  --
1   2   b   B
2   3   c   C
```

这里 df.loc[:0]不能写成 df.loc[0]，因为 df.loc[0]表示抽取 index=0 的行，返回的是 Series 而不是 DataFrame。

df0 的索引没有重新给出新的索引，需要对索引进行重新设定。

方法一：

先利用 reset_index()函数给出新的索引，但是原索引将作为新增加的 index 列，再对新增加的列利用 drop 函数，删除新增的 index 列。

此方法虽然有点繁琐笨拙，但是有时候确实有输出原索引的需求。

示例代码如下：

```
In[4]: df1=df0.reset_index()              #重新给出索引，后面详细解释
df1
Out[4]:
   index  a  b  c
```

```
0      0   1   a   A
1      1  --  --  --
2      2   2   b   B
3      3   3   c   C

In[5]: df2=df1.drop('index', axis=1)                    #删除 index 列
df2
Out[5]:
       a   b   c
0      1   a   A
1     --  --  --
2      2   b   B
3      3   c   C
```

方法二：

直接对 reset_index()函数添加 drop=True 参数，即删除了原索引并给出新的索引。

示例代码如下：

```
In[6]:    df2=pd.concat([df.loc[:,0],line,df.loc[1:]]).reset_index
(drop=True)
df2
Out[6]:
       a   b   c
0      1   a   A
1     --  --  --
2      2   b   B
3      3   c   C
```

方法三：

先找出 df0 的索引长度：lenth=len(df0.index)，再利用整数序列函数生成索引：range(lenth)，然后把生成的索引赋值给 df0.index。

示例代码如下：

```
In[7]: df0.index=range(len(df0.index))
df0
Out[7]:
       a   b   c
0      1   a   A
1     --  --  --
2      2   b   B
3      3   c   C
```

2.5.4 修改记录

修改记录（数据）是常有的事情，比如数据中有些需要整体替换，有些需要个别修改等情况经常会出现。

1. 整体替换

整列、整行的替换这里不多说，很容易做到。例如执行语句：df['平时成绩']=score_2，该语句中 score_2 是将被填进去的数据列（可以是列表或者Series）。

2. 个别修改

这里要说的是整个 df（数据框）中可能各列都有 NaN，现在需要把 NaN 替换成 0 以便于计算，类似于 Word 软件中"查找替换"（Ctrl+H）功能。

【例 2-24】替换。

示例代码如下：

```
In[1]: from pandas import read_excel
df = pd.read_excel(r'C:\Users\yubg\OneDrive\2018book\i_nuc.xls',
sheetname='Sheet3')
df.head()
Out[1]:
```

	学号	班级	姓名	性别	英语	体育	军训	数分	高代	解几
0	2308024241	23080242	成龙	男	76	78	77	40	23	60
1	2308024244	23080242	周怡	女	66	91	75	47	47	44
2	2308024251	23080242	张波	男	85	81	75	45	45	60
3	2308024249	23080242	朱浩	男	65	50	80	72	62	71
4	2308024219	23080242	封印	女	73	88	92	61	47	46

（1）单值替换

其命令格式如下：

```
df.replace('B', 'A')              #用 A 替换 B,也可以用 df.replace
                                  ({'B': 'A'})命令实现
```

示例代码如下：

```
In[2]: df.replace('作弊',0)       #用 0 替换"作弊"
Out[2]:
```

	学号	班级	姓名	性别	英语	体育	军训	数分	高代	解几
0	2308024241	23080242	成龙	男	76	78	77	40	23	60

1	2308024244	23080242	周怡	女	66	91	75	47	47	44
2	2308024251	23080242	张波	男	85	81	75	45	45	60
3	2308024249	23080242	朱浩	男	65	50	80	72	62	71
4	2308024219	23080242	封印	女	73	88	92	61	47	46
5	2308024201	23080242	迟培	男	60	50	89	71	76	71
6	2308024347	23080243	李华	女	67	61	84	61	65	78
7	2308024307	23080243	陈田	男	76	79	86	69	40	69
8	2308024326	23080243	余皓	男	66	67	85	65	61	71
9	2308024320	23080243	李嘉	女	62	0	90	60	67	77
10	2308024342	23080243	李上初	男	76	90	84	60	66	60
11	2308024310	23080243	郭窦	女	79	67	84	64	64	79
12	2308024435	23080244	姜毅涛	男	77	71	缺考	61	73	76
13	2308024432	23080244	赵宇	男	74	74	88	68	70	71
14	2308024446	23080244	周路	女	76	80	77	61	74	80
15	2308024421	23080244	林建祥	男	72	72	81	63	90	75
16	2308024433	23080244	李大强	男	79	76	77	78	70	70
17	2308024428	23080244	李侧通	男	64	96	91	69	60	77
18	2308024402	23080244	王慧	女	73	74	93	70	71	75
19	2308024422	23080244	李晓亮	男	85	60	85	72	72	83
20	2308024201	23080242	迟培	男	60	50	89	71	76	71

（2）指定列单值替换

下面用具体的例子说明，例如：

```
df.replace({'体育':'作弊'},0)                    #用0替换"体育"列中"作弊"
df.replace({'体育':'作弊','军训':'缺考'},0)   #用0替换"体育"列中"作弊"
                                                以及"军训"列中的"缺考"
```

示例代码如下：

```
In[3]: df.replace({'体育':'作弊'},0)  #用0替换"体育"列中"作弊"
Out[3]:
```

	学号	班级	姓名	性别	英语	体育	军训	数分	高代	解几
0	2308024241	23080242	成龙	男	76	78	77	40	23	60
1	2308024244	23080242	周怡	女	66	91	75	47	47	44
2	2308024251	23080242	张波	男	85	81	75	45	45	60
3	2308024249	23080242	朱浩	男	65	50	80	72	62	71
4	2308024219	23080242	封印	女	73	88	92	61	47	46
5	2308024201	23080242	迟培	男	60	50	89	71	76	71
6	2308024347	23080243	李华	女	67	61	84	61	65	78
7	2308024307	23080243	陈田	男	76	79	86	69	40	69
8	2308024326	23080243	余皓	男	66	67	85	65	61	71
9	2308024320	23080243	李嘉	女	62	0	90	60	67	77
10	2308024342	23080243	李上初	男	76	90	84	60	66	60

11	2308024310	23080243	郭寡	女	79	67	84	64	64	79
12	2308024435	23080244	姜毅涛	男	77	71	缺考	61	73	76
13	2308024432	23080244	赵宇	男	74	74	88	68	70	71
14	2308024446	23080244	周路	女	76	80	77	61	74	80
15	2308024421	23080244	林建祥	男	72	72	81	63	90	75
16	2308024433	23080244	李大强	男	79	76	77	78	70	70
17	2308024428	23080244	李侧通	男	64	96	91	69	60	77
18	2308024402	23080244	王慧	女	73	74	93	70	71	75
19	2308024422	23080244	李晓亮	男	85	60	85	72	72	83
20	2308024201	23080242	迟培	男	60	50	89	71	76	71

（3）多值替换

多值替换可用如下命令：

```
df.replace(['成龙','周怡'],['陈龙','周毅'])
                        #用“陈龙”替换“成龙”，用“周毅”替换“周怡”
```

还可以用下面两种命令方式，效果一样：

```
df.replace({'成龙':'陈龙','周怡':'周毅'})
df.replace({'成龙','周怡'},{'陈龙','周毅'})
```

示例代码如下：

```
In[4]: df.replace({'成龙':'陈龙','周怡':'周毅'})
                        #用“陈龙”替换“成龙”，用“周毅”替换“周怡”
Out[4]:
```

	学号	班级	姓名	性别	英语	体育	军训	数分	高代	解几
0	2308024241	23080242	陈龙	男	76	78	77	40	23	60
1	2308024244	23080242	周毅	女	66	91	75	47	47	44
2	2308024251	23080242	张波	男	85	81	75	45	45	60
3	2308024249	23080242	朱浩	男	65	50	80	72	62	71
4	2308024219	23080242	封印	女	73	88	92	61	47	46
5	2308024201	23080242	迟培	男	60	50	89	71	76	71
6	2308024347	23080243	李华	女	67	61	84	61	65	78
7	2308024307	23080243	陈田	男	76	79	86	69	40	69
8	2308024326	23080243	余皓	男	66	67	85	65	61	71
9	2308024320	23080243	李嘉	女	62	作弊	90	60	67	77
10	2308024342	23080243	李上初	男	76	90	84	60	66	60
11	2308024310	23080243	郭寡	女	79	67	84	64	64	79
12	2308024435	23080244	姜毅涛	男	77	71	缺考	61	73	76
13	2308024432	23080244	赵宇	男	74	74	88	68	70	71
14	2308024446	23080244	周路	女	76	80	77	61	74	80
15	2308024421	23080244	林建祥	男	72	72	81	63	90	75
16	2308024433	23080244	李大强	男	79	76	77	78	70	70
17	2308024428	23080244	李侧通	男	64	96	91	69	60	77

18	2308024402	23080244	王慧	女	73	74	93	70	71	75
19	2308024422	23080244	李晓亮	男	85	60	85	72	72	83
20	2308024201	23080242	迟培	男	60	50	89	71	76	71

2.5.5 交换行或列

可以直接使用 df.reindex 方法交换数据中的两行或两列，读者可以自己
DIY。reindex 函数后面将详细讲解。

【例 2-25】行、列交换。

示例代码如下：

```
In[1]: import pandas as pd
  df = pd.DataFrame({'a': [1, 2, 3], 'b': ['a', 'b', 'c'],'c':
["A","B","C"]})
  df
Out[1]:
  a  b  c
0  1  a  A
1  2  b  B
2  3  c  C


In[2]: hang=[0,2,1]
  df.reindex(hang)                                #交换行
Out[2]:
  a  b  c
0  1  a  A
2  3  c  C
1  2  b  B


In[3]:lie=['a','c','b']
  df.reindex(columns=lie)                         #交换列
Out[3]:
  a  c  b
0  1  A  a
1  2  B  b
2  3  C  c
```

下面我们自己再来DIY一个方法，有点绕，但是也是个交换两行和两列的
方法。

示例代码如下：

```
In[4]: df.loc[[0,2],:]=df.loc[[2,0],:].values     #交换第 0、2 行两行
  df
Out[4]:
   a b c
0  3 c C
1  2 b B
2  1 a A

In[5]: df.loc[:,['b','a']] = df.loc[:,['a', 'b']].values
                                                  #交换两列
  df
Out[5]:
   a b c
0  c 3 C
1  b 2 B
2  a 1 A

In[6]: name=list(df.columns)                       #提取列名并做成列表
  i=name.index("a")                                #提取 a 的 index
  j=name.index("b")                                #提取 b 的 index
  name[i],name[j]=name[j],name[i]                  #交换 a、b 的位置

  df.columns=name                                  #将 a、b 交换位置后的
                                                      list 作为 df 的列名

  df
Out[6]:
   b a c
0  c 3 C
1  b 2 B
2  a 1 A
```

有了交换两列的方法，那么插入列就方便了。如要在 b、c 两列之间插入 d
列，操作步骤如下：

（1）先增加列 df0['d']='新增的值';

（2）再交换 b、d 两列的值；

（3）再交换 b、d 两列的列名。

示例代码如下：

```
In[11]: df0['d']=range(len(df0.index))
  df0
```

```
Out[11]:
   b    a    c  d
0  a    1    A  0
1  c    3    C  1
2  b    2    B  2
3  --   --   -- 3

In[12]:df0.loc[:,['b','d']]=df0.loc[:,['d','b']].values
 df0
Out[12]:
   b    a    c  d
0  0    1    A  a
1  1    3    C  c
2  2    2    B  b
3  3    --   -- --

In[13]:Lie=list(df0.columns)
  i=Lie.index("b")
  j=Lie.index("d")
  Lie[i],Lie[j]=Lie[j],Lie[i]

  df0.columns=Lie
  df0
Out[13]:
   d    a    c  b
0  0    1    A  a
1  1    3    C  c
2  2    2    B  b
3  3    --   -- --
```

2.5.6　排名索引

1. sort_index：重新排序

Series 的 sort_index(ascending=True)方法可以对 index 进行排序操作，ascending 参数用于控制升序（ascending=True）或降序（ascending=False），默认为升序。

在 DataFrame 上，.sort_index(axis=0, by=None, ascending=True) 方法多了

一个轴向的选择参数与一个 by 参数，by 参数的作用是针对某一（些）列进行排序（不能对行使用 by 参数）。

【例 2-26】重新排序。

示例代码如下：

```
In[1]:from pandas import DataFrame
df0={'Ohio':[0,6,3],'Texas':[7,4,1],'California':[2,8,5]}
df=DataFrame(df0,index=['a','d','c'])
df
Out[1]:
   California  Ohio  Texas
a      2         0      7
c      8         6      4
d      5         3      1

n [2]: df.sort_index()              #默认按index升序排序,降序: df.sort_
                                     index(ascending=False)
Out[2]:
   California  Ohio  Texas
a      2         0      7
c      5         3      1
d      8         6      4

In[3]:df.sort_index(by='Ohio')    #按Ohio列升序排序,也可以是多列by=
                                   ['Ohio','Texas']
Out[3]:
   California  Ohio  Texas
a      2         0      7
c      5         3      1
d      8         6      4

In[4]:df.sort_index(by=['California','Texas'])
Out[4]:
   California  Ohio  Texas
a      2         0      7
c      5         3      1
d      8         6      4

In[5]:df.sort_index(axis=1)
Out[5]:
```

```
    California  Ohio  Texas
a       2         0      7
c       8         6      4
d       5         3      1
```

排名方法（Series.rank(method='average', ascending=True)）与排序的不同之处在于，它会把对象的 values 替换成名次（从 1 到 n），对于平级项可以通过该方法里的 method 参数来处理，method 参数有四个可选项：average、min、max、first。举例如下：

```
In[1]:from pandas import Series
ser=Series([3,2,0,3],index=list('abcd'))
ser
Out[18]:
a    3
b    2
c    0
d    3
dtype: int64

In[2]:ser.rank()
Out[2]:
a    3.5
b    2.0
c    1.0
d    3.5
dtype: float64

In[3]:ser.rank(method='min')
Out[3]:
a    3.0
b    2.0
c    1.0
d    3.0
dtype: float64

In[4]:ser.rank(method='max')
Out[4]:
a    4.0
b    2.0
c    1.0
d    4.0
```

```
dtype: float64

In[5]:ser.rank(method='first')
Out[5]:
a    3.0
b    2.0
c    1.0
d    4.0
dtype: float64
```

注意

在 ser[0]和 ser[3]这对平级项上，不同 method 参数表现出不同的名次。DataFrame 的 .rank(axis=0, method='average', ascending=True) 方法多了 axis 参数，可选择按行或列分别进行排名，暂时好像没有针对全部元素的排名方法。

2．reindex：重新索引

Series 对象的重新索引通过其 reindex(index=None,**kwargs) 方法实现。**kwargs 中常用的参数有两个：method=None 和 fill_value=np.NaN。

【例 2-27】 排序。

示例代码如下：

```
In[1]:import pandas as pd
  df = pd.DataFrame({'a': [1, 2, 3, 0], 'c': ["A","E","B","C"],'d':
['a','b','d','c'], 'b':[1,3,2,5],},index=[1,3,2,4])
  df
Out[1]:
   a  b  c  d
1  1  1  A  a
3  2  3  E  b
2  3  2  B  d
4  0  5  C  c

In[2]:df.sort_index()              #默认对索引进行升序排序
Out[2]:
   a  b  c  d
1  1  1  A  a
2  3  2  B  d
```

```
3  2  3  E  b
4  0  5  C  c


In[3]:df.sort_index(axis=1)                    #队列进行排序，降序添加
                                                ascending=False

Out[3]:
   a  b  c  d
1  1  1  A  a
3  2  3  E  b
2  3  2  B  d
4  0  5  C  c
5
In[4]:df.sort_index(by='a')                     #对 a 列进行排序，by 仅用于列
__main__:1: FutureWarning: by argument to sort_index is deprecated,
pls use .sort_values(by=...)
Out[4]:
   a  b  c  d
4  0  5  C  c
1  1  1  A  a
3  2  3  E  b
2  3  2  B  d


In[5]:df.sort_index(by=['a','b'])               #对 a、b 两列依次排序
__main__:1: FutureWarning: by argument to sort_index is deprecated,
pls use .sort_values(by=...)
Out[5]:
   a  b  c  d
4  0  5  C  c
1  1  1  A  a
3  2  3  E  b
2  3  2  B  d
```

df.sort_index(by='a')对列进行排序时也可以使用 df.sort_values('a')。

```
In[6]: df.sort_values(['a','b'])
Out[6]:
   a  b  c  d
4  0  5  C  c
1  1  1  A  a
3  2  3  E  b
2  3  2  B  d
```

【例 2-28】 重新索引。

示例代码如下：

```
In[1]:from pandas import Series
    ser = Series([4.5,7.2,-5.3,3.6],index=['d','b','a','c'])
  A = ['a','b','c','d','e']
  ser.reindex(A)
Out[1]:
a   -5.3
b    7.2
c    3.6
d    4.5
e    NaN
dtype: float64

In[2]:ser = ser.reindex(A,fill_value=0)
    ser
Out[2]:
a   -5.3
b    7.2
c    3.6
d    4.5
e    0.0
dtype: float64

In[3]:ser.reindex(A,method='ffill')
Out[3]:
a   -5.3
b    7.2
c    3.6
d    4.5
e    0.0
dtype: float64

In[4]:ser.reindex(A,fill_value=0,method='ffill')
Out[4]:
a   -5.3
b    7.2
c    3.6
d    4.5
```

```
e     0.0
dtype: float64
```

reindex()方法会返回一个新对象，其 index 严格遵循给出的参数，method:
{'backfill', 'bfill', 'pad', 'ffill', None} 参数用于指定插值（填充）方式，当没有给
出时，默认用 fill_value 填充，值为 NaN（ffill = pad，bfill = back fill，分别指
插值时向前还是向后取值）。

参数说明如下：

- pad/ffill：用前一个非缺失值去填充该缺失值；
- backfill/bfill：用下一个非缺失值填充该缺失值；
- None：指定一个值去替换缺失值。

在 DataFrame 中，reindex 更多的不是修改 DataFrame 对象的索引，而是修
改索引的顺序。如果修改的索引不存在，就会使用默认的 None 代替此行，且
不会修改原数组，要修改原数组需要使用赋值语句。

示例代码如下：

```
>>> import numpy as np
>>> import pandas as pd
>>>df= pd.DataFrame(np.arange(9).reshape((3,3)),index=['a','d',
'c'],columns=['c1','c2','c3'])
>>> df
   c1  c2  c3
a  0   1   2
d  3   4   5
c  6   7   8

#按照给定的索引重新排序（索引）
>>>df_na=df.reindex(index=['a', 'c', 'b', 'd'])
>>>df_na
    c1   c2   c3
a  0.0  1.0  2.0
c  6.0  7.0  8.0
b  NaN  NaN  NaN
d  3.0  4.0  5.0

#对原来没有的新产生的索引行按给定的method方法赋值
>>>df_na.fillna(method='ffill',axis=0)
    c1   c2   c3
```

```
a  0.0  1.0  2.0
c  6.0  7.0  8.0
b  6.0  7.0  8.0
d  3.0  4.0  5.0
```

```
#对列按照给定列名索引重新排序（索引）
>>>states = ['c1', 'b2', 'c3']
>>>df1=df.reindex(columns=states)
>>>df1
   c1  b2  c3
a   0  NaN   2
d   3  NaN   5
c   6  NaN   8
```

```
#对原来没有的新产生的列名按给定的 method 方法赋值
>>>df1.fillna(method='ffill',axis=1)
    c1   b2   c3
a  0.0  0.0  2.0
d  3.0  3.0  5.0
c  6.0  6.0  8.0
```

```
#也可对列按照给定列名索引重新排序（索引）并为新产生的列名赋值
>>>df2=df.reindex(columns=states,fill_value=1)
>>>df2
   c1  b2  c3
a   0   1   2
d   3   1   5
c   6   1   8
```

3. set_index：重置索引

前面介绍重置索引时讲过 **set_index()**，可以对 DataFrame 重新设置某列为索引。其命令格式如下：

```
DataFrame.set_index(keys,
                    drop=True,
                    append=False,
                    inplace=False)
```

其中：

↘ append=True 时，保留原索引并添加新索引；

➥ drop 为 False 时，保留被作为索引的列；

➥ inplace 为 True 时，在原数据集上修改。

DataFrame 可以通过 set_index 方法不仅可以设置单索引，而且可以设置复合索引，打造层次化索引。

【例 2-29】 复合索引。

示例代码如下：

```
In[1]: import pandas as pd
df = pd.DataFrame({'a': [1, 2, 3], 'b': ['a', 'b', 'c'],'c':
["A","B","C"]})
df
Out[1]:
   a  b  c
0  1  a  A
1  2  b  B
2  3  c  C

In[2]:df.set_index(['b','c'],
        drop=False,            #保留 b、c 两列
        append=True,           #保留原来的索引
        inplace=False)         #保留原 df，即不在原 df 上修改，生成新的
                                数据框
Out[2]:
      a  b  c
 b c
0 a A  1  a  A
1 b B  2  b  B
2 c C  3  c  C
```

注意

默认情况下，设置成索引的列会从 DataFrame 中移除，可设置 drop=False 将其保留下来。

4. reset_index：索引还原

reset_index 可以还原索引，使索引重新变为默认的整型索引，即 reset_index 是 set_index 的"逆运算"。其命令格式如下：

```
df.reset_index(level=None, drop=False, inplace=False, col_level=0,
col_fill='')
```

参数 level 控制了具体要还原的那个等级的索引。

【例 2-30】索引还原。

示例代码如下：

```
In[1]: import pandas as pd
  df = pd.DataFrame({'a':[1,2,3],'b':['a','b','c'],'c':["A","B",
"C"]})
  df1=df.set_index(['b','c'],drop=False, append=True, inplace=False)
  df1
Out[1]:
      a  b  c
  b c
0 a A  1  a  A
1 b B  2  b  B
2 c C  3  c  C

In[2]:df1.reset_index(level='b',drop=True,inplace=False,
ol_level=0)
Out[2]:
      a  b  c
  c
0 A  1  a  A
1 B  2  b  B
2 C  3  c  C
```

注意在使用 sort_index 对 DataFrame 进行排序的时候，不能直接对 index 和 columns 都含有的字段进行排序，会报错。

2.5.7　数据合并

1．记录合并

记录合并是指两个结构相同的数据框合并成一个数据框，也就是在一个数据框中追加另一个数据框的数据记录。其命令格式如下：

```
concat([dataFrame1, dataFrame2,…])
```

参数说明：DataFrame1 表示数据框。

返回值：DataFrame。

【例 2-31】合并两个数据框的记录。

示例代码如下：

```
In[1]: from pandas import read_excel
    df1 = read_excel(r'C:\Users\yubg\OneDrive\2018book\i_nuc.xls',
sheetname='Sheet3')
    df1.head()
Out[1]:
```

	学号	班级	姓名	性别	英语	体育	军训	数分	高代	解几
0	2308024241	23080242	成龙	男	76	78	77	40	23	60
1	2308024244	23080242	周怡	女	66	91	75	47	47	44
2	2308024251	23080242	张波	男	85	81	75	45	45	60
3	2308024249	23080242	朱浩	男	65	50	80	72	62	71
6	2308024219	23080242	封印	女	73	88	92	61	47	46

```
In[2]:df2=read_excel(r'C:\Users\yubg\OneDrive\2018book\i_nuc.
xls',sheetname='Sheet5')
    df2
Out[2]:
```

	学号	班级	姓名	性别	英语	体育	军训	数分	高代	解几
0	2308024501	23080245	李同	男	64	96	91	69	60	77
1	2308024502	23080245	王致意	女	73	74	93	70	71	75
2	2308024503	23080245	李同维	男	85	60	85	72	72	83
3	2308024504	23080245	池莉	男	60	50	89	71	76	71

```
In[3]:df=pandas.concat([df1,df2])
    df
Out[3]:
```

	学号	班级	姓名	性别	英语	体育	军训	数分	高代	解几
0	2308024241	23080242	成龙	男	76	78	77	40	23	60
1	2308024244	23080242	周怡	女	66	91	75	47	47	44
2	2308024251	23080242	张波	男	85	81	75	45	45	60
3	2308024249	23080242	朱浩	男	65	50	80	72	62	71
4	2308024219	23080242	封印	女	73	88	92	61	47	46
5	2308024201	23080242	迟培	男	60	50	89	71	76	71
6	2308024347	23080243	李华	女	67	61	84	61	65	78
7	2308024307	23080243	陈田	男	76	79	86	69	40	69
8	2308024326	23080243	余皓	男	66	67	85	65	61	71
9	2308024320	23080243	李嘉	女	62	作弊	90	60	67	77
10	2308024342	23080243	李上初	男	76	90	84	60	66	60
11	2308024310	23080243	郭窦	女	79	67	84	64	64	79
12	2308024435	23080244	姜毅涛	男	77	71	缺考	61	73	76
13	2308024432	23080244	赵宇	男	74	74	88	68	70	71

```
14 2308024446 23080244   周路    女   76   80   77   61   74   80
15 2308024421 23080244   林建祥  男   72   72   81   63   90   75
16 2308024433 23080244   李大强  男   79   76   77   78   70   70
17 2308024428 23080244   李侧通  男   64   96   91   69   60   77
18 2308024402 23080244   王慧    女   73   74   93   70   71   75
19 2308024422 23080244   李晓亮  男   85   60   85   72   72   83
20 2308024201 23080242   迟培    男   60   50   89   71   76   71
0  2308024501 23080245   李同    男   64   96   91   69   60   77
1  2308024502 23080245   王致意  女   73   74   93   70   71   75
2  2308024503 23080245   李同维  男   85   60   85   72   72   83
3  2308024504 23080245   池莉    男   60   50   89   71   76   71
```

可以看到两个数据框的数据记录都合并到一起了，实现了数据记录的追加，但是记录的索引并没有顺延，仍然保持着原有的状态。前面讲过合并两个数据框的 append 方法，再复习一下。其命令格式如下：

```
df.append(df2, ignore_index=True) #把 df2 追加到 df 上，index 直接顺延
```

同样，在 concat 方法中加一个 ignore_index=True 参数，index 即可顺延。其命令格式如下：

```
pandas.concat([df1,df2] ,ignore_index=True)
```

2．字段合并

字段合并是指将同一个数据框中的不同列进行合并，形成新的列。其命令格式如下：

```
X = x1+x2+…
```

参数说明：

➥ x1 表示数据列 1；

➥ x2 表示数据列 2。

返回值：Series。合并前的系列，要求合并的系列长度一致。

【例 2-32】多个字段合并成一个新的字段。

示例代码如下：

```
In[1]:from pandas import DataFrame
  df = DataFrame({'band':[189,135,134,133],
          'area':['0351','0352','0354','0341'],
          'num':[2190,8513,8080,7890]})
  df
Out[1]:
  area   band   num
```

```
0   0351    189    2190
1   0352    135    8513
2   0354    134    8080
3   0341    133    7890

In[2]:df = df.astype(str)
  tel=df['band']+df['area']+df['num']
  tel
Out[2]:
0    18903512190
1    13503528513
2    13403548080
3    13303417890
dtype: object

In[3]:df['tel']=tel
  df
Out[3]:
   area   band   num        tel
0  0351   189    2190   18903512190
1  0352   135    8513   13503528513
2  0354   134    8080   13403548080
3  0341   133    7890   13303417890
```

3. 字段匹配

字段匹配是指不同结构的数据框（两个或两个以上的数据框），按照一定的条件进行匹配合并，即追加列，类似于 Excel 中的 VLOOKUP 函数。例如，有两个数据表，第一个表中有学号、姓名，第二个表中有学号、手机号，现需要整理一份数据表，包含学号、姓名、手机号，此时则需要用到 merge 函数。其命令格式如下：

```
merge(x,y,left_on,right_on)
```

参数说明：

➘ x 表示第一个数据框；

➘ y 表示第二个数据框；

➘ left_on 表示第一个数据框的用于匹配的列；

➘ right_on 表示第二个数据框的用于匹配的列。

返回值：DataFrame。

【例 2-33】 按指定唯一字段匹配增加列。

示例代码如下：

```
In[1]:import pandas as pd
  from pandas import read_excel
  df1= pd.read_excel(r' C:\Users\yubg\OneDrive\2018book\i_nuc.
xls',sheetname ='Sheet3')
  df1.head()
Out[1]:
       学号          班级       姓名  性别  英语  体育  军训  数分  高代  解几
0  2308024241  23080242   成龙   男   76   78   77   40   23   60
1  2308024244  23080242   周怡   女   66   91   75   47   47   44
2  2308024251  23080242   张波   男   85   81   75   45   45   60
3  2308024249  23080242   朱浩   男   65   50   80   72   62   71
4  2308024219  23080242   封印   女   73   88   92   61   47   46

In[2]:df2=pd.read_excel(r'C:\Users\yubg\OneDrive\2018book\i_nuc
.xls',sheetname ='Sheet4')
df2.head()
Out[2]:
       学号          电话              IP
0   2308024241   1.892225e+10   221.205.98.55
1   2308024244   1.352226e+10   183.184.226.205
2   2308024251   1.342226e+10   221.205.98.55
3   2308024249   1.882226e+10   222.31.51.200
4   2308024219   1.892225e+10   120.207.64.3

In[3]:df=pd.merge(df1,df2,left_on='学号',right_on='学号')
df.head()
Out[3]:
       学号          班级      姓名 性别 英语 体育 军训 数分 高代 解几  电话 \
0 2308024241  23080242  成龙  男  76  78  77  40  23  60 1.892225e+10
1 2308024244  23080242  周怡  女  66  91  75  47  47  44 1.352226e+10
2 2308024251  23080242  张波  男  85  81  75  45  45  60 1.342226e+10
3 2308024249  23080242  朱浩  男  65  50  80  72  62  71 1.882226e+10
4 2308024219  23080242  封印  女  73  88  92  61  47  46 1.892225e+10
5 2308024201  23080242  迟培  男  60  50  89  71  76  71  NaN
6 2308024201  23080242  迟培  男  60  50  89  71  76  71  NaN

          IP
0   221.205.98.55
```

```
1    183.184.226.205
2    221.205.98.55
3    222.31.51.200
4    120.207.64.3
5    222.31.51.200
6    222.31.51.200
```

这里匹配了有相同序号的行，对于相同的重复记录也进行了重复操作。但假若第一个数据框 df1 中有"学号=2308024200"，第二个数据框 df2 中没有"学号=2308024200"，在结果中则不会有"学号=2308024200"的记录。

merge 函数还有以下参数。

- ↘ how：连接方式，包括 inner（默认，取交集）；outer（取并集）、left（左侧 DataFrame 取全部）、right（右侧 DataFrame 取全部）

- ↘ on：用于连接的列名，必须同时存在于左、右两个 DataFrame 对象中。如果未指定，则以 left 和 right 列名的交集作为连接键。如果左、右侧 DataFrame 的连接键列名不一致，但是取值有重叠，这就用上面示例的方法，使用 left_on、right_on 来指定左、右连接键（列名）。

示例代码如下：

```
In[1]:import pandas as pd
   df1 = pd.DataFrame({'key':['b','b','a','c','a','a','b'],'data1':
range(7)})
   df1
Out[1]:
   data1 key
0     0   b
1     1   b
2     2   a
3     3   c
4     4   a
5     5   a
6     6   b
In[2]:df2 = pd.DataFrame({'key':['a','b','d'],'data2':range(3)})
     df2
Out[2]:
   data2 key
0     0   a
1     1   b
2     2   d
```

```
In[3]:df1.merge(df2,on = 'key',how = 'right')
                    #右连接，右侧 DataFrame 取全部，左侧 DataFrame 取部分
Out[3]:
   data1 key data2
0   0.0   b     1
1   1.0   b     1
2   6.0   b     1
3   2.0   a     0
4   4.0   a     0
5   5.0   a     0
6   NaN   d     2

In[4]:df1.merge(df2,on = 'key',how = 'outer')
                    #外链接，取并集，并用 NaN 填充
Out[4]:
   data1 key data2
0   0.0   b    1.0
1   1.0   b    1.0
2   6.0   b    1.0
3   2.0   a    0.0
4   4.0   a    0.0
5   5.0   a    0.0
6   3.0   c    NaN
7   NaN   d    2.0
```

2.5.8 数据计算

1．简单计算

简单计算是指通过对各字段进行加、减、乘、除等四则算术运算，得出的结果作为新的字段，如图 2-13 所示。

学号	姓名	高代	解几
2308024241	成龙	23	60
2308024244	周怡	47	44
2308024251	张波	45	60
2308024249	朱浩	62	71
2308024219	封印	47	46

学号	姓名	高代	解几	高代+解几
2308024241	成龙	23	60	83
2308024244	周怡	47	44	91
2308024251	张波	45	60	105
2308024249	朱浩	62	71	133
2308024219	封印	47	46	93

图 2-13 字段之间的运算结果作为新的字段

【例 2-34】数据框的计算。

示例代码如下：

```
In[1]:from pandas import read_excel
  df = read_excel(r'c:\Users\yubg\OneDrive\2018book\i_nuc.xls',
sheetname='Sheet3')
  df.head()
Out[1]:
      学号          班级       姓名   性别   英语   体育   军训   数分   高代   解几
0 2308024241  23080242   成龙    男    76   78   77   40   23   60
1 2308024244  23080242   周怡    女    66   91   75   47   47   44
2 2308024251  23080242   张波    男    85   81   75   45   45   60
3 2308024249  23080242   朱浩    男    65   50   80   72   62   71
4 2308024219  23080242   封印    女    73   88   92   61   47   46

In[1]:jj=df['解几'].astype(int)          #将 df 中的 "解几" 转化为 int 类型
  gd=df['高代'].astype(int)

  df['数分+解几']=jj+gd                    #在 df 中新增 "数分+解几" 列，值为：
                                           jj+gd
  df.head()
Out[112]:
      学号          班级       姓名  性别  英语  体育  军训  数分  高代  解几  数分+解几
0 2308024241  23080242   成龙   男    76   78   77   40   23   60    83
1 2308024244  23080242   周怡   女    66   91   75   47   47   44    91
2 2308024251  23080242   张波   男    85   81   75   45   45   60   105
3 2308024249  23080242   朱浩   男    65   50   80   72   62   71   133
4 2308024219  23080242   封印   女    73   88   92   61   47   46    93
```

2. 数据标准化

数据标准化（归一化）处理是数据分析和挖掘的一项基础工作，不同评价指标往往具有不同的量纲和量纲单位，这样的情况会影响到数据分析的结果，为了消除指标之间的量纲影响，需要进行数据标准化处理，以解决数据指标之间的可比性。原始数据经过数据标准化处理后，各指标处于同一数量级，适合进行综合对比评价。

首先回答一个问题：为什么要将数据标准化？

由于不同变量常常具有不同的单位和不同的变异程度。不同的单位常使系数的实践解释发生困难。例如，第 1 个变量的单位是 kg，第 2 个变量的单位是 cm，那么在计算绝对距离时将出现两个问题。第 1 个变量观察值之差的绝对值（单位是 kg）与第 2 个变量观察值之差的绝对值（单位是 cm ）相加的情况，5kg 的差异怎么可以与 3cm 的差异相加？不同变量自身具有相差较大的变异时，不同变量所占的比重也大不相同。例如第 1 个变量的数值范围在 2%~4% 之间，而第 2 个变量的数值范围在 1000~5000 之间。为了消除量纲影响和变量自身变异大小和数值大小的影响，故将数据标准化。

数据标准化常用的方法为：

（1）min-max 标准化（Min-Max Normalization）

又名离差标准化，是对原始数据的线性转化，公式如下：

$$X^*=(x-min)/(max-min)$$

其中，max 为样本最大值；min 为样本最小值。当有新数据加入时需要重新进行数据归一化。

【例 2-35】数据标准化。

```
In[1]: from pandas import read_excel
    df = read_excel(r'C:\Users\yubg\OneDrive\2018book\i_nuc.xls',
sheetname='Sheet3')
    df.head()
Out[1]:
        学号          班级      姓名  性别  英语  体育  军训  数分  高代  解几
0  2308024241  23080242  成龙   男   76   78   77   40   23   60
1  2308024244  23080242  周怡   女   66   91   75   47   47   44
2  2308024251  23080242  张波   男   85   81   75   45   45   60
3  2308024249  23080242  朱浩   男   65   50   80   72   62   71
4  2308024219  23080242  封印   女   73   88   92   61   47   46

In[2]:scale=(df.数分.astype(int)-df.数分.astype(int).min())/(
          df.数分.astype(int).max()-df.数分.astype(int).min())
    scale.head()
Out[2]:
0    0.000000
1    0.184211
2    0.131579
3    0.842105
4    0.552632
Name: 数分, dtype: float64
```

（2）Z-score 标准化方法

Z-score 标准化方法适用于属性 A 的最大值和最小值未知的情况，或有超出取值范围的离群数据的情况。这种方法给予原始数据的均值（Mean）和标准差（Standard Deviation）进行数据的标准化。经过处理的数据符合标准正态分布，即均值为 0，标准差为 1，转化函数为：

$$X^* = (x-\mu)/\sigma$$

其中，μ 为所有样本数据的均值，σ 为所有样本数据的标准差。

将数据按其属性（按列进行）减去其均值，并除以其标准差，得到的结果是，对于每个属性（每列）来说所有数据都聚集在 0 附近，标准差为 1。

使用 sklearn.preprocessing.scale()函数，可以直接将给定数据进行标准化：

```
In[3]: from sklearn import preprocessing
       import numpy as np

       df1=df['数分']
       df_scaled = preprocessing.scale(df1)
       df_scaled
Out[3]:
       array([-2.50457384, -1.75012229, -1.96567988, 0.94434751,
              -0.2412192, 0.83656872, -0.2412192, 0.62101114,
              0.18989597, -0.34899799, -0.34899799, 0.08211717,
              -0.2412192 , 0.51323234, -0.2412192, -0.02566162,
              1.59102027, 0.62101114, 0.72878993, 0.94434751,
              0.83656872])
```

也可以使用 sklearn.preprocessing.StandardScaler 类，使用该类的好处在于可以保存训练集中的参数（均值、标准差），直接使用其对象转换测试集数据：

```
In[4]:X = np.array([[ 1., -1., 2.],[ 2., 0., 0.],[ 0., 1., -1.]])
    X
Out[4]:
    array([[ 1., -1.,  2.],
 [ 2.,  0.,  0.],
 [ 0.,  1., -1.]])

In[5]:scaler = preprocessing.StandardScaler().fit(X)
      scaler
Out[5]: StandardScaler(copy=True, with_mean=True, with_std=True)
```

```
In[6]:scaler.mean_
Out[6]: array([ 1.      , 0.      , 0.33333333])

In[7]:scaler.scale_
Out[7]: array([ 0.81649658, 0.81649658, 1.24721913])

In[8]:scaler.transform(X)
Out[8]:
    array([[ 0.      , -1.22474487, 1.33630621],
 [ 1.22474487, 0.      , -0.26726124],
 [-1.22474487, 1.22474487, -1.06904497]])

In[9]:#可以直接使用训练集对测试集数据进行转换
    scaler.transform([[-1., 1., 0.]])
Out[9]: array([[-2.44948974, 1.22474487, -0.26726124]])
```

2.5.9　数据分组

数据分组是指根据数据分析对象的特征，按照一定的数据指标，把数据划分为不同的区间来进行研究，以揭示其内在的联系和规律性。简单来说，就是新增一列，将原来的数据按照其性质归入新的类别中。其命令格式如下：

```
cut(series,bins,right=True,labels=NULL)
```

其中：

- series 表示需要分组的数据；
- bins 表示分组的依据数据；
- right 表示分组的时候右边是否闭合；
- labels 表示分组的自定义标签，可以不自定义。

现有数据如图 2-14 所示，将数据进行分组。

学号	解几
2308024241	60
2308024244	44
2308024251	60
2308024249	71
2308024219	46

学号	解几	类别
2308024241	60	及格
2308024244	44	不及格
2308024251	60	及格
2308024249	71	良好
2308024219	46	不及格

图 2-14　数据分组

【例 2-36】数据分组。

示例代码如下：

```
In[1]:from pandas import read_excel
  import pandas as pd
  df = pd.read_excel(r'C:\Users\yubg\OneDrive\2018book\rz.xlsx')
  df.head()                           #查看前5行数据
Out[1]:
    学号        班级     姓名 性别 英语 体育 军训 数分 高代 解几
0 2308024241  23080242  成龙  男  76  78  77  40  23  60
1 2308024244  23080242  周怡  女  66  91  75  47  47  44
2 2308024251  23080242  张波  男  85  81  75  45  45  60
3 2308024249  23080242  朱浩  男  65  50  80  72  62  71
4 2308024219  23080242  封印  女  73  88  92  61  47  46

In[2]:df.shape                        #查看数据df的"形状"
Out[2]:(21, 10)                       #df共有21行10列

In[3]:bins=[min(df.解几)-1,60,70,80,max(df.解几)+1]
  lab=["不及格","及格","良好","优秀"]
  demo=pd.cut(df.解几,bins,right=False,labels=lab)
  demo.head()                         #仅显示前5行数据
Out[3]:
0    及格
1    不及格
2    及格
3    良好
4    不及格
Name: 解几, dtype: category
Categories (4, object): [不及格 < 及格 < 良好 < 优秀]

In[4]:df['demo']=demo
  df.head()
Out[4]:
    学号         班级     姓名 性别 英语 体育 军训 数分 高代 解几 demo
0 2308024241 23080242 成龙  男   76   78   77   40   23   60  及格
1 2308024244 23080242 周怡  女   66   91   75   47   47   44  不及格
2 2308024251 23080242 张波  男   85   81   75   45   45   60  及格
3 2308024249 23080242 朱浩  男   65   50   80   72   62   71  良好
4 2308024219 23080242 封印  女   73   88   92   61   47   46  不及格
```

上面代码中 bins 有个"坑点"：最大值的取法，即 max(df.解几)+1 中要有

一个大于前一个数（80），否则会提示出错。如本例中最大的分值为 84，若设置 bins 为 bins=[min(df.解几)-1,60,70,80,90，max(df.解几)+1]，貌似"不及格""及格""中等""良好""优秀"都齐了，但是会报错，因为最后一项"max(df.解几)+1"其实等于 84+1，也就是 85，比前一项 90 小，这不符合单调递增原则。遇到这种情况，最好先把最大值和最小值求出来，再分段。

2.5.10 日期处理

1. 日期转换

日期转换是指将字符型的日期格式转换为日期格式数据的过程。其命令格式如下：

```
to_datetime(dateString,format)
```

其中，format 格式有：

➘ %Y：年份；

➘ %m：月份；

➘ %d：日期；

➘ %H：小时；

➘ %M：分钟；

➘ %S：秒。

【例 2-37】to_datetime(df.注册时间,format='%Y/%m/%d')。

示例代码如下：

```
from pandas import read_csv
from pandas import to_datetime
df = read_csv('e://rz3.csv',sep=',',encoding='utf8')
df
Out[1]:
   num   price   year   month    date
0  123    159    2016     1    2016/6/1
1  124    753    2016     2    2016/6/2
2  125    456    2016     3    2016/6/3
3  126    852    2016     4    2016/6/4
4  127    210    2016     5    2016/6/5
5  115    299    2016     6    2016/6/6
```

```
6   102     699     2016      7      2016/6/7
7   201     599     2016      8      2016/6/8
8   154     199     2016      9      2016/6/9
9   142     899     2016      10     2016/6/10

df_dt = to_datetime(df.date,format="%Y/%m/%d")
df_dt
Out[2]:
0    2016-06-01
1    2016-06-02
2    2016-06-03
3    2016-06-04
4    2016-06-05
5    2016-06-06
6    2016-06-07
7    2016-06-08
8    2016-06-09
9    2016-06-10
Name: date, dtype: datetime64[ns]
```

 注意

csv 的格式是否是 utf-8 格式，否则会报错。另外，csv 里 date 的格式是文本（字符串）格式。

2. 日期格式化

日期格式化是指将日期型的数据按照给定的格式转化为字符型的数据。其命令格式如下：

```
apply(lambda x:处理逻辑)
datetime.strftime(x,format)
```

【例 2-38】日期型数据转化为字符型数据。

示例代码如下：

```
df_dt = to_datetime(df.注册时间, format='%Y/%m/%d');
 df_dt _str = df_dt.apply(df.注册时间, format='%Y/%m/%d')

from pandas import read_csv
```

```
from pandas import to_datetime
from datetime import datetime

df = read_csv('e://rz3.csv',sep=',',encoding='utf8')
df_dt = to_datetime(df.date,format="%Y/%m/%d")

df_dt_str=df_dt.apply(lambda x: datetime.strftime(x,"%Y/%m/%d"))
                              #apply用法见下面的注意提示
df_dt_str
Out[1]:
0    2016/06/01
1    2016/06/02
2    2016/06/03
3    2016/06/04
4    2016/06/05
5    2016/06/06
6    2016/06/07
7    2016/06/08
8    2016/06/09
9    2016/06/10
Name: date, dtype: object
```

注意

当希望将函数 f 应用到 DataFrame 对象的行或列时，可以使用 .apply(f, axis=0, args=(), **kwds) 方法，axis=0 表示按列运算，axis=1 时表示按行运算。例如：

```
from pandas import DataFrame
df=DataFrame({'ohio':[1,3,6],'texas':[1,4,5],'california':[2,5,
8]},index=['a','c','d'])
df
Out[1]:
  california  ohio  texas
a         2     1      1
c         5     3      4
d         8     6      5

f = lambda x:x.max()-x.min()
```

```
df.apply(f)                              #默认按列运算,同 df.apply(f,axis=0)
Out[2]:
california      6
ohio           5
texas          4
dtype: int64

df.apply(f,axis=1)                       #按行运算
Out[3]:
a    1
c    2
d    3
dtype: int64
```

3. 日期抽取

日期抽取是指从日期格式里面抽取出需要的部分属性。其命令格式如下:

```
data_dt.dt.property
```

其中,property 有:

- ➥ second 表示 1~60 秒,从 1 开始到 60;
- ➥ minute 表示 1~60 分,从 1 开始到 60;
- ➥ hour 表示 1~24 小时,从 1 开始到 24;
- ➥ day 表示 1~31 日,一个月中第几天,从 1 开始到 31;
- ➥ month 表示 1~12 月,从 1 开始到 12;
- ➥ year 表示年份;
- ➥ weekday 表示 1~7,一周中的第几天,从 1 开始,最大为 7。

【例 2-39】对日期进行抽取。

示例代码如下:

```
from pandas import read_csv;
from pandas import to_datetime;
df = read_csv('e://rz3.csv',sep=',',encoding='utf8')
df
Out[1]:
   num   price   year   month      date
0  123     159   2016       1   2016/6/1
1  124     753   2016       2   2016/6/2
2  125     456   2016       3   2016/6/3
```

```
3   126    852    2016    4     2016/6/4
4   127    210    2016    5     2016/6/5
5   115    299    2016    6     2016/6/6
6   102    699    2016    7     2016/6/7
7   201    599    2016    8     2016/6/8
8   154    199    2016    9     2016/6/9
9   142    899    2016    10    2016/6/10
```

```
df_dt =to_datetime(df.date,format='%Y/%m/%d')
df_dt
Out[2]:
0    2016-06-01
1    2016-06-02
2    2016-06-03
3    2016-06-04
4    2016-06-05
5    2016-06-06
6    2016-06-07
7    2016-06-08
8    2016-06-09
9    2016-06-10
Name: date, dtype: datetime64[ns]


df_dt.dt.year
Out[3]:
0    2016
1    2016
2    2016
3    2016
4    2016
5    2016
6    2016
7    2016
8    2016
9    2016
Name: date, dtype: int64


df_dt.dt.day
Out[4]:
```

```
0      1
1      2
2      3
3      4
4      5
5      6
6      7
7      8
8      9
9     10
Name: date, dtype: int64

df_dt.dt.month
df_dt.dt.weekday
df_dt.dt.second
df_dt.dt.hour
```

带你飞（数据处理案例）

有人说，一个分析项目 80%的工作量都是在清洗数据。这听起来有些匪夷所思，但在实际工作中确实如此。数据清洗的目的有两个：第一是通过清洗让数据可用；第二是让数据变得更适合后续的分析工作。无论是线下人工填写的手工表，还是线上通过工具收集到的数据，又或者是系统中导出的数据，很多数据源都有一些这样或者那样的问题。例如：数据中的重复值、异常值、空值，以及多余的空格等问题。下面就针对数据处理看以下案例。

现有数据，如表 2-4 所示，请帮助处理下列两种情况。

（1）将数据表添加两列：每位同学的各科成绩总分（score）和每位同学的整体情况（类别），类别按照[df.score.min()-1,400,450,df.score.max()+1]分为"一般""较好""优秀"三种情况。

（2）由于"军训"这门课程的成绩与其他科目成绩差异较大，并且给分较为随意，为了避免给同学评定奖学金带来不公平，请将每位同学的各科成绩标准化，再汇总，并标出"一般""较好""优秀"三种类别。

表 2-4 学习成绩

学　　号	姓　名	性　别	英　语	体　育	军　训	数　分	高　代	解　几
2308024241	成龙	男	76	78	77	**40**	**23**	60
2308024244	周怡	女	66	91	75	**47**	**47**	**44**
2308024251	张波	男	85	81	75	**45**	**45**	60
2308024249	朱浩	男	65	**50**	80	72	62	71
2308024219	封印	女	73	88	92	61	**47**	**46**
2308024201	迟培	男	60	**50**	89	71	76	71
2308024347	李华	女	67	61	84	61	65	78
2308024307	陈田	男	76	79	86	69	**40**	69
2308024326	余皓	男	66	67	85	65	61	71
2308024320	李嘉	女	62	作弊	90	60	67	77
2308024342	李上初	男	76	90	84	60	66	60
2308024310	郭窦	女	79	67	84	64	64	79
2308024435	姜毅涛	男	77	71	缺考	61	73	76
2308024432	赵宇	男	74	74	88	68	70	71
2308024446	周路	女	76	80		61	74	80
2308024421	林建祥	男	72	72	81	63	90	75
2308024433	李大强	男	79	76	77	78	70	70
2308024428	李侧通	男	64	96	91	69	60	77
2308024402	王慧	女	73	74	93	70	71	75
2308024422	李晓亮	男	85	60	85	72	72	83
2308024201	迟培	男	60	**50**	89	71	76	71

本案例的处理过程如下。

（1）数据处理。

导入数据，并查看数据的"形状"。具体代码如下：

```
In[1]:import pandas as pd
  df = pd.read_excel(r'C:\Users\yubg\OneDrive\2018book\rz.xlsx')
  df.shape                    #查看数据的"形状"（21 行 10 列）
Out[1]:(21, 10)
```

（2）对数据进行查找重复行的操作。

```
In[2]:df.duplicated().tail()          #第二次出现及其以后出现的重复行均
                                       显示为重复，取后 5 行显示
Out[2]:
16    False
17    False
18    False
19    False
20    True
dtype:  bool

In[3]:df[df.duplicated()]              #显示重复的行
Out[3]:
        学号          班级        姓名  性别  英语  体育  军训  数分  高代  解几
20 2308024201   23080242   迟培   男   60   50   89   71   76   71
In[4]: df1 = df.drop_duplicates()      #删除重复数据行
 df1.shape                             #查看数据的"形状"
Out[4]:(20, 10)                        #少了一行
```

（3）查看空数据，并以 0 填充。

由于 isnull()筛选空值后返回的是逻辑真、假矩阵，如果数据庞大很难发现空数据的位置，所以要显示缺失值的位置，再进行填充。具体代码如下：

```
In[5]:df.isnull().tail()              #查看空值返回的是逻辑真、假数据矩
                                       阵，为了方便，取后 5 行显示
Out[5]:
     学号    班级    姓名    性别    英语    体育    军训    数分    高代    解几
16 False False False False False False False False False False
17 False False False False False False False False False False
18 False False False False False False False False False False
19 False False False False False False False False False False
20 False False False False False False False False False False

In[6]:df1.isnull().any()              #判断哪些列存在缺失值
Out[6]:
学号     False
班级     False
姓名     False
性别     False
英语     False
```

```
体育      False
军训      True
数分      False
高代      False
解几      False
dtype: bool
```

```
In[7]:df1[df1.isnull().values==True]          #显示存在缺失值的行
Out[7]:
        学号          班级        姓名      性别  英语  体育  军训  数分  高代  解几
14  2308024446  23080244    周路      女    76   80   NaN   61   74   80
```

```
In[8]:df2 = df1.fillna(0)                      #将空数据填充为 0
    df2.tail(8)                                #查看后 8 行数据
Out[8]:
        学号          班级        姓名      性别  英语  体育  军训  数分  高代  解几
12  2308024435  23080244    姜毅涛    男    77   71   缺考  61   73   76
13  2308024432  23080244    赵宇      男    74   74   88   68   70   71
14  2308024446  23080244    周路      女    76   80   0    61   74   80
15  2308024421  23080244    林建祥    男    72   72   81   63   90   75
16  2308024433  23080244    李大强    男    79   76   77   78   70   70
17  2308024428  23080244    李侧通    男    64   96   91   69   60   77
18  2308024402  23080244    王慧      女    73   74   93   70   71   75
19  2308024422  23080244    李晓亮    男    85   60   85   72   72   83
```

（4）处理数据中的空格。

空格会影响我们后续数据的统计和计算。去除空格的方法有三种：第一种是去除数据两边的空格，第二种是单独去除左边的空格，第三种是单独去除右边的空格。代码如下：

```
In[9]:df0 = df2.copy()                    #为了数据安全，先复制一份再操作
    df0['解几'] = df2['解几'].astype(str).map(str.strip)
#仅删除左边的空格用 lstrip，仅删除右边的空格用 rstrip，其他列可以同样操作
```

（5）查看列数据类型。

查看数据框各列中的数据类型是否是 int，若不是则需要处理。对于数据类型不一致的列抛出列名，以便进一步对此列数据进行处理。代码如下：

```
In[10]:for i in list(df0.columns):
    if df0[i].dtype=='O':      #若某列全部是 int，则显示该列为 int 类
                                 型，否则为 object
```

```
        print(i)                    #结果显示姓名、性别、体育、军训、解几 5 列
                                       数据不是 int
姓名
性别
体育
军训
解几
```

"姓名、性别、体育、军训、解几"5 列数据不是 int 格式，分析其原因有：

①"解几"列不是 int 格式，是因为前面处理空格时进行了格式转化，转化为 str，所以"解几"列只需要整体转换为 int 即可；

②"姓名""性别"两列都是 str，后续不参加运算，所以无须转化，不需要处理；

③ 查看"体育""军训"两列数据类型，发现数据类型不是 int，用 df['体育']、df['军训']查看数据，发现其中包含了"作弊"和"缺考"，所以需要把数据用 0 替换。代码如下：

```
In[11]: df0['解几'].dtype      #查看"解几"列的数据类型为 object
Out[11]: dtype('int32')

In[12]:df0['解几']= df2['解几'].astype(int)
                            #将"解几"列转换成 int
        df0['解几'].dtype    #查看"解几"列的数据类型为 int
Out[12]: dtype('int32')
```

（6）以 0 填充非 int 型数据。

以"体育"列为例，将"体育"列中的值进行遍历，若不是 int 格式，就替换为 0，并显示其行号。代码如下：

```
In[13]: ty=list(df0.体育)     #将"体育"列中的数据做成列表
        j=0
        for i in ty:
     if type(i) != int:         #判断"体育"列中的数据是否均为 int 格式
       print('第'+str(ty.index(i))+'行有非 int 数据：',i)
                               #如不是，则打印非 int 值及其行号
       ty[j]=0                  #用 0 替换该非 int 值
     j =j+1
```

第 9 行有非 int 数据：作弊

```
In[14]:ty                          #查看 index=9 的行数据"作弊"是否替换
                                   成了 0
Out[14]: [78, 91, 81, 50, 88, 50, 61, 79, 67, 0, 90, 67, 71, 74,
80, 72, 76, 96, 74, 60]


In[15]:df0['体育'] = ty             #再将替换过的 ty 放回原 df0 列中

In[16]:jx=list(df0.军训)           #对"军训"列用同"体育"列同样的方法处理
   k=0
   for i in jx:
   if type(i) != int:             #判断"军训"列中的数据是否均为 int 类型
      print('第'+str(jx.index(i))+'行有非 int 数据：',i)
                                   #如不是，则打印非 int 值及其行号
      jx[k]=0                     #用 0 替换该非 int 类型的值
   k =k+1
   df0['军训'] = jx                #再将替换过的 list 放回原 df0 列中
   df0
```

第 12 行有非 int 数据： 缺考
Out[16]:

	学号	班级	姓名	性别	英语	体育	军训	数分	高代	解几
0	2308024241	23080242	成龙	男	76	78	77	40	23	60
1	2308024244	23080242	周怡	女	66	91	75	47	47	44
2	2308024251	23080242	张波	男	85	81	75	45	45	60
3	2308024249	23080242	朱浩	男	65	50	80	72	62	71
4	2308024219	23080242	封印	女	73	88	92	61	47	46
5	2308024201	23080242	迟培	男	60	50	89	71	76	71
6	2308024347	23080243	李华	女	67	61	84	61	65	78
7	2308024307	23080243	陈田	男	76	79	86	69	40	69
8	2308024326	23080243	余皓	男	66	67	85	65	61	71
9	2308024320	23080243	李嘉	女	62	0	90	60	67	77
10	2308024342	23080243	李上初	男	76	90	84	60	66	60
11	2308024310	23080243	郭窦	女	79	67	84	64	64	79
12	2308024435	23080244	姜毅涛	男	77	71	0	61	73	76
13	2308024432	23080244	赵宇	男	74	74	88	68	70	71

```
14  2308024446  23080244   周路    女   76   80   0    61   74   80
15  2308024421  23080244   林建祥   男   72   72   81   63   90   75
16  2308024433  23080244   李大强   男   79   76   77   78   70   70
17  2308024428  23080244   李侧通   男   64   96   91   69   60   77
18  2308024402  23080244   王慧    女   73   74   93   70   71   75
19  2308024422  23080244   李晓亮   男   85   60   85   72   72   83
```

说明

当然这里数据量小，一眼就能发现"作弊"和"缺考"数据项，对于这种情况可以使用下面方式处理：

```
df.replace({'体育':'作弊','军训':'缺考'},0)
```

但是更多的时候需要处理的数据庞大，无法一眼看到，所以还得使用前面的方法处理。

（7）对问题 1 的处理。

下面可以对该数据框进行统计了。先计算每位同学的总分，再排出"优秀""较好""一般"的类别。具体代码如下：

```
In[17]: df3 = df0.copy()          #为了方便问题 2 的处理，复制一份 df0
        df3['score']=df3.英语 + df3.体育 + df3.军训 + df3.数分 + df3.
        高代 + df3.解几
df3.score.describe()              #查看 score 的最大、最小值以及总记录数
                                   等信息，后面会详细讲解

Out[17]:
count    20.000000
mean     413.250000
std      36.230076
min      354.000000
25%      386.000000
50%      416.500000
75%      446.250000
max      457.000000
Name: score, dtype: float64
In[18]:bins=[df3.score.min()-1,400,450,df3.score.max()+1]
                                   #分组的区域划分
```

```
        label=["一般","较好","优秀"]                #各组的标签
        df4=pd.cut(df3.score,bins,right=False,labels=label)
                                  #数据分组
        df3['类别']=df4            #在df3中增加一列"类别"，用df4赋值
    df3
Out[18]:
```

	学号	班级	姓名	性别	英语	体育	军训	数分	高代	解几	score	类别
0	2308024241	23080242	成龙	男	76	78	77	40	23	60	354	一般
1	2308024244	23080242	周怡	女	66	91	75	47	47	44	370	一般
2	2308024251	23080242	张波	男	85	81	75	45	45	60	391	一般
3	2308024249	23080242	朱浩	男	65	50	80	72	62	71	400	较好
4	2308024219	23080242	封印	女	73	88	92	61	47	46	407	较好
5	2308024201	23080242	迟培	男	60	50	89	71	76	71	417	较好
6	2308024347	23080243	李华	女	67	61	84	61	65	78	416	较好
7	2308024307	23080243	陈田	男	76	79	86	69	40	69	419	较好
8	2308024326	23080243	余皓	男	66	67	85	65	61	71	415	较好
9	2308024320	23080243	李嘉	女	62	0	90	60	67	77	356	一般
10	2308024342	23080243	李上初	男	76	90	84	60	66	60	436	较好
11	2308024310	23080243	郭窦	女	79	67	84	64	64	79	437	较好
12	2308024435	23080244	姜毅涛	男	77	71	0	61	73	76	358	一般
13	2308024432	23080244	赵宇	男	74	74	88	68	70	71	445	较好
14	2308024446	23080244	周路	女	76	80	0	61	74	80	371	一般
15	2308024421	23080244	林建祥	男	72	72	81	63	90	75	453	优秀
16	2308024433	23080244	李大强	男	79	76	77	78	70	70	450	优秀
17	2308024428	23080244	李侧通	男	64	96	91	69	60	77	457	优秀
18	2308024402	23080244	王慧	女	73	74	93	70	71	75	456	优秀
19	2308024422	23080244	李晓亮	男	85	60	85	72	72	83	457	优秀

（8）对问题 2 的处理。

基于问题 1 的方法，这一步主要是把清洗干净的数据 df0 的每列数据进行标准化，之后继续使用问题 1 的方法即可。具体代码如下：

```
In[19]:for i in list(df0.columns[4:]):
       df0[i]=(df0[i]-df0[i].min())/(df0[i].max()-df0[i].
min())
  df0.tail()
Out[19]:
       学号         班级        姓名  性别  英语     体育       军训       数分 \
15 2308024421 23080244 林建祥 男 0.48 0.750000 0.870968 0.605263
```

```
16 2308024433 23080244 李大强 男 0.76 0.791667 0.827957 1.000000
17 2308024428 23080244 李侧通 男 0.16 1.000000 0.978495 0.763158
18 2308024402 23080244 王慧    女 0.52 0.770833 1.000000 0.789474
19 2308024422 23080244 李晓亮 男 1.00 0.625000 0.913978 0.842105


       高代        解几
15  1.000000   0.794872
16  0.701493   0.666667
17  0.552239   0.846154
18  0.716418   0.794872
19  0.731343   1.000000
```

In[20]: df0['score']=df0.英语 + df0.体育 + df0.军训 + df0.数分 + df0.
高代 + df0.解几
    df0.score.describe()   #查看 score 的最大、最小值以及总记录数
                                   等信息

```
Out[20]:
count   20.000000
mean     3.892161
std      0.668808
min      2.536788
25%      3.534346
50%      3.823450
75%      4.431060
max      5.112427
Name: score, dtype: float64
```

In[21]: bins=[df0.score.min()-1,3,4,df0.score.max()+1]
label=["一般","较好","优秀"]
    df_0=pd.cut(df0.score,bins,right=False,labels=label)
    df0['类别']=df_0   #在 df0 中增加一列"类别"，用 df_0 赋值
    df0

Out[21]:

	学号	班级	姓名	性别	英语	体育	军训	数分 \
0	2308024241	23080242	成龙	男	0.64	0.812500	0.827957	0.000000
1	2308024244	23080242	周怡	女	0.24	0.947917	0.806452	0.184211
2	2308024251	23080242	张波	男	1.00	0.843750	0.806452	0.131579
3	2308024249	23080242	朱浩	男	0.20	0.520833	0.860215	0.842105

4	2308024219	23080242	封印	女	0.52	0.916667	0.989247	0.552632
5	2308024201	23080242	迟培	男	0.00	0.520833	0.956989	0.815789
6	2308024347	23080243	李华	女	0.28	0.635417	0.903226	0.552632
7	2308024307	23080243	陈田	男	0.64	0.822917	0.924731	0.763158
8	2308024326	23080243	余皓	男	0.24	0.697917	0.913978	0.657895
9	2308024320	23080243	李嘉	女	0.08	0.000000	0.967742	0.526316
10	2308024342	23080243	李上初	男	0.64	0.937500	0.903226	0.526316
11	2308024310	23080243	郭窦	女	0.76	0.697917	0.903226	0.631579
12	2308024435	23080244	姜毅涛	男	0.68	0.739583	0.000000	0.552632
13	2308024432	23080244	赵宇	男	0.56	0.770833	0.946237	0.736842
14	2308024446	23080244	周路	女	0.64	0.833333	0.000000	0.552632
15	2308024421	23080244	林建祥	男	0.48	0.750000	0.870968	0.605263
16	2308024433	23080244	李大强	男	0.76	0.791667	0.827957	1.000000
17	2308024428	23080244	李侧通	男	0.16	1.000000	0.978495	0.763158
18	2308024402	23080244	王慧	女	0.52	0.770833	1.000000	0.789474
19	2308024422	23080244	李晓亮	男	1.00	0.625000	0.913978	0.842105

	高代	解几	score	类别
0	0.000000	0.410256	2.690713	一般
1	0.358209	0.000000	2.536788	一般
2	0.328358	0.410256	3.520395	较好
3	0.582090	0.692308	3.697551	较好
4	0.358209	0.051282	3.388037	较好
5	0.791045	0.692308	3.776965	较好
6	0.626866	0.871795	3.869935	较好
7	0.253731	0.641026	4.045563	优秀
8	0.567164	0.692308	3.769262	较好
9	0.656716	0.846154	3.076928	较好
10	0.641791	0.410256	4.059089	优秀
11	0.611940	0.897436	4.502098	优秀
12	0.746269	0.820513	3.538996	较好
13	0.701493	0.692308	4.407712	优秀
14	0.761194	0.923077	3.710236	较好
15	1.000000	0.794872	4.501103	优秀
16	0.701493	0.666667	4.747783	优秀
17	0.552239	0.846154	4.300045	优秀
18	0.716418	0.794872	4.591597	优秀
19	0.731343	1.000000	5.112427	优秀

【附本案例完整代码】：

#【一】数据处理

```
import pandas as pd
df = pd.read_excel(r'C:\Users\yubg\OneDrive\2018book\rz.xlsx')
df.shape    #查看数据的"形状"
```

#【二】对数据进行查找重复行的操作

```
df.duplicated().tail()           #第二次及以后出现的重复行均显示为重复，
                                   为了方便，取后 5 行显示

df[df.duplicated()]              #显示重复行
df1 = df.drop_duplicates()       #删除重复数据行
df1.shape                        #查看数据的"形状"
```

#【三】查看空数据，并以 0 填充

```
df1.isnull().tail()              #产生的是逻辑真、假数据矩阵。如果数据庞
                                   大，则无法知道空值的位置

df1.isnull().any()               #判断哪些列存在缺失值
df1[df1.isnull().values==True]   #显示存在缺失值的行
df2 = df1.fillna(0)              #将空数据填充为 0，并显示后 8 行进行查看
df2.tail(8)
```

#【四】处理数据中的空格

```
#空格会影响我们后续对数据的统计和计算。去除空格的方法有三种：第一种是去除数
据两边的空格，第二种是单独去除左边的空格，第三种是单独去除右边的空格
df0 = df2.copy()                         #为了数据安全，先拷贝一份再操作
df0['解几'] = df2['解几'].astype(str).map(str.strip)
                                          #删除左边的空格用 lstrip，删除右边的空
                                            格用 rstrip，其他列同此
```

#【五】查看列数据类型

```
#查看数据框各列中的数据类型是否是 int，若不是则需要处理。并抛出列名
for i in list(df0.columns):
    if df0[i].dtype=='O':                #若某列数据类型全部是 int，则显示该列为
                                           int，否则为 object

        print(i)                         #结果显示姓名、性别、体育、军训、解几 5
                                           列数据不是 int 类型

# "解几"列不是 int 格式，整体转换为 int
df0['解几'].dtype                        #查看"解几"的数据类型为 object
```

```
df0['解几']= df2['解几'].astype(int)                    #转换成int
df0['解几'].dtype

#查看"体育""军训"两列，发现数据中包含了"作弊"和"缺考"
#下面这两步可以省略，毕竟数据量大时也是无法一一查看的
df0['体育']
df0['军训']
```

#【六】以 0 填充非 int 型数据

```
#发现"体育""军训"列数据中除了"作弊""缺考"外，均是int类型,把"作弊""缺
考"用0替换
#方法是将"体育"列中的值进行遍历，若不是int，就替换为0
ty=list(df0.体育)                  #将"体育"列中的数据做成列表
j=0
for i in ty:
    if type(i) != int:          #判断"体育"列中的数据是否均为int类型
        print('第'+str(ty.index(i))+'行有非int数据: ',i)
                                #若不是，则打印非int值及其所在的行号
        ty[j]=0                 #用0替换该非int格式的值
    j =j+1

print(ty)

df0['体育'] = ty                    #再将替换过的list放回原df0列中
df0


#对"军训"列用同样的方法处理
jx=list(df0.军训)
k=0
for i in jx:
    if type(i) != int:          #判断"军训"列中的数据是否均为int类型
        print('第'+str(jx.index(i))+'行有非int数据: ',i)
                                #若不是，则打印出该值及其所在的行号
        jx[k]=0                 #用0替换该非int格式的值
    k =k+1

jx
df0['军训'] = jx                    #再将替换过的list放回原df0列中
df0
```

159

#【七】对问题 1 的处理

```
#下面可以对该数据框进行统计了
#先计算一下每位同学的总分并排出"一般""较好""优秀"的类别
df3 = df0.copy()                  #为了方便问题 2 的处理,复制一份 df0
df3['score']=df3.英语 + df3.体育 + df3.军训 + df3.数分 + df3.高代 +
df3.解几
df3.score.describe()              #查看 score 的最大、最小值以及总记录数等信
                                    息,或者用 df3.score.max()仅查看最大值
bins=[df3.score.min()-1,400,450,df3.score.max()+1]
label=["一般","较好","优秀"]
df4=pd.cut(df3.score,bins,right=False,labels=label)
df3['类别']=df4                    #在 df3 中增加一列"类别",用 df4 赋值
df3
```

#【八】对问题 2 的处理

```
#继续使用清洗干净的数据 df0,将各数据列标准化
for i in list(df0.columns[4:]):
    df0[i] = (df0[i]-df0[i].min())/(df0[i].max()-df0[i].min())

df0.tail()
df0['score']= df0.英语 + df0.体育 + df0.军训 + df0.数分 + df0.高代 +
df0.解几
df0.score.describe()              #查看 score 的最大、最小值以及总记录数等信息
bins=[df0.score.min()-1,3,4,df0.score.max()+1]
label=["一般","较好","优秀"]
df_0=pd.cut(df0.score,bins,right=False,labels=label)
df0['类别']=df_0                   #在 df0 中增加一列"类别",用 df_0 赋值
df0
```

本章小结

  本章主要学习了利用 Pandas 库进行数据准备、数据处理等内容,尤其是数据清洗工作,在数据分析工作量中占到了很大的比重。如何快速处理数据是本章的重点。

习惯上，我们会按下面的格式引入所需要的包：

```
import pandas as pd
import numpy as np
import matplotlib.pyplot as plt
```

1．查看数据

（1）查看数据的头部和尾部：

```
df.head()
df.tail(3)
```

（2）显示索引、列和底层的 Numpy 数据：

```
df.index
df.columns
df.values
```

（3）对数据快速统计汇总：

```
df.describe()
```

（4）对数据转置：

```
df.T
```

（5）按轴进行排序：

```
df.sort_index(axis=1, ascending=False)
```

（6）按值进行排序：

```
df.sort_values(by='B')
```

2．选择

1）通过标签选择

（1）使用标签来获取一个交叉的区域：

```
df.loc[dates[0]]
```

（2）通过标签在多个轴上进行选择：

```
df.loc[:,['A','B']]
```

（3）标签切片：

```
df.loc['20130102':'20130104',['A','B']]
```

（4）对于返回的对象进行维度缩减：

```
df.loc['20130102',['A','B']]
```

（5）获取一个标量：

```
df.loc[dates[0],'A']
```

（6）快速访问一个标量（与上一个方法等价）：

```
df.at[dates[0],'A']
```

2）通过位置选择

（1）通过传递数值进行位置选择（选择的是行）：

```
df.iloc[3]
```

（2）通过数值进行切片，与 Numpy 中的情况类似：

```
df.iloc[3:5,0:2]
```

（3）通过指定一个位置的列表进行位置选择，与 Numpy 中的情况类似：

```
df.iloc[[1,2,4],[0,2]]
```

（4）对行进行切片：

```
df.iloc[1:3,:]
```

（5）对列进行切片：

```
df.iloc[:,1:3]
```

（6）获取特定的值：

```
df.iloc[1,1]
df.iat[1,1]
```

3）布尔索引

（1）使用一个单独列的值来选择数据：

```
df[df.A > 0]
```

（2）使用 where 操作来选择数据：

```
np.where(df>0)
```

（3）使用 isin()方法来过滤：

```
df2 = df.copy()
df2['E'] = ['one', 'one','two','three','four','three']
df2[df2['E'].isin(['two','four'])]
```

4）设置

（1）通过标签设置新的值：

```
df.at[dates[0],'A'] = 0
```

（2）通过位置设置新的值：

```
df.iat[0,1] = 0
```

（3）通过一个 Numpy 数组设置一组新值：

```
df.loc[:,'D'] = np.array([5] * len(df))
```

3. 缺失值处理

（1）对指定轴上的索引进行改变\增加\删除操作，并返回原始数据的一个备份：

```
df1 = df.reindex(index=dates[0:4], columns=list(df.columns) +
['E'])
df1.loc[dates[0]:dates[1],'E'] = 1
```

（2）去掉包含缺失值的行：

```
df1.dropna(how='any')
```

（3）对缺失值进行填充：

```
df1.fillna(value=5)
```

（4）对数据进行布尔填充：

```
pd.isnull(df1)
```

4. 相关操作

1）统计（相关操作通常情况下不包括缺失值）

（1）执行描述性统计：

```
df.mean()
```

（2）在其他轴上进行相同的操作：

```
df.mean(1)
```

（3）对于拥有不同维度，需要对齐的对象进行操作。Pandas 会自动沿着指定的维度进行广播：

```
s = pd.Series([1,3,5,np.nan,6,8], index=dates).shift(2)
df.sub(s, axis='index')
```

2）对数据应用函数

```
df.apply(np.cumsum)
df.apply(lambda x: x.max() - x.min())
```

3）直方图

```
s = pd.Series(np.random.randint(0, 7, size=10))
s.value_counts()
```

5. 合并

（1）Concat：

```
df = pd.DataFrame(np.random.randn(10, 4))
pieces = [df[:3], df[3:7], df[7:]]
pd.concat(pieces)
```

（2）Join 类似于 SQL 类型的合并：

```
left = pd.DataFrame({'key': ['foo', 'foo'], 'lval': [1, 2]})
right = pd.DataFrame({'key': ['foo', 'foo'], 'rval': [4, 5]})
pd.merge(left, right, on='key')
```

（3）Append，将一行连接到一个 DataFrame 上：

```
df = pd.DataFrame(np.random.randn(8, 4),
columns=['A','B','C','D'])
s = df.iloc[3]
df.append(s, ignore_index=True)
```

6. 分组（Grouping）

```
cut（数据数组，面元数组）            #将数据分为几个部分，就称为几个面元
```

第 **3** 章

数据分析

本章主要利用前述的 Python 包，如 Numpy、Pandas 和 Scipy 等常用分析工具并结合常用的统计量来进行数据的描述，把数据的特征和内在结构展现出来。

3.1 基本统计分析

基本统计分析又叫描述性统计分析，一般统计某个变量的最小值、第一个四分位值、中值、第三个四分位值以及最大值。

数据的中心位置是我们最容易想到的数据特征。借由中心位置，我们可以知道数据的一个平均情况，如果要对新数据进行预测，那么平均情况是非常直观的选择。数据的中心位置可分为均值（Mean）、中位数（Median）和众数（Mode）。其中均值和中位数用于定量的数据，众数用于定性的数据。对于定量数据（Data）来说，均值是总和除以总量 N，中位数是数值大小位于中间（奇偶总量处理不同）的值，均值相对中位数来说，包含的信息量更大，但是容易受异常的影响。

描述性统计分析函数为 describe。该函数返回值有均值、标准差、最大值、最小值、分位数等。括号中可以带一些参数，如 percentitles= [0,2,0.4,0.6, 0.8]就是指定只计算 0.2、0.4、0.6、0.8 分位数，而不是默认的 1/4、1/2、3/4 分位数。

常用的统计函数有：

- ↘ size：计数（此函数不需要括号）。
- ↘ sum()：求和。
- ↘ mean()：平均值。
- ↘ var()：方差。
- ↘ std()：标准差。

【例 3-1】数据的基本统计。

示例代码如下：

```
In[1]: import pandas as pd
    df=pd.read_excel(r'C:\Users\yubg\OneDrive\2018book\i_nuc.
xls',sheetname='Sheet7')
    df.head()
Out[1]:
        学号          班级      姓名  性别  英语  体育  军训  数分  高代  解几
0 2308024241  23080242  成龙   男   76   78   77   40   23   60
1 2308024244  23080242  周怡   女   66   91   75   47   47   44
2 2308024251  23080242  张波   男   85   81   75   45   45   60
3 2308024249  23080242  朱浩   男   65   50   80   72   62   71
4 2308024219  23080242  封印   女   73   88   92   61   47   46

In[2]: df.数分.describe()                    #查看"数分"列的基本统计
Out[2]:
count    20.000000
mean     62.850000
std       9.582193
min      40.000000
25%      60.750000
50%      63.500000
75%      69.250000
max      78.000000
```

166

```
Name: 数分, dtype: float64

In[3]:df.describe()                    #所有各列的基本统计
Out[3]:
            学号              班级          英语        体育        军训        数分      \
count 2.000000e+01 2.000000e+01 20.000  20.000000 20.000000 20.000000
mean  2.308024e+09 2.308024e+07 72.550  70.250000 75.800000 62.850000
std   8.399160e+01 8.522416e-01  7.178  20.746274 26.486541  9.582193
min   2.308024e+09 2.308024e+07 60.000   0.000000  0.000000 40.000000
25%   2.308024e+09 2.308024e+07 66.000  65.500000 77.000000 60.750000
50%   2.308024e+09 2.308024e+07 73.500  74.000000 84.000000 63.500000
75%   2.308024e+09 2.308024e+07 76.250  80.250000 88.250000 69.250000
max   2.308024e+09 2.308024e+07 85.000  96.000000 93.000000 78.000000


            高代          解几
count   20.000000   20.000000
mean    62.150000   69.650000
std     15.142394   10.643876
min     23.000000   44.000000
25%     56.750000   66.750000
50%     65.500000   71.000000
75%     71.250000   77.000000
max     90.000000   83.000000

In[4]: df.解几.size                    #注意：这里没有括号()
Out[4]: 20

In[5]:df.解几.max()
Out[5]: 83

In[6]:df.解几.min()
Out[6]: 44

In[7]:df.解几.sum()
Out[7]: 1393

In[8]:df.解几.mean()
Out[8]: 69.65

In[9]:df.解几.var()
```

```
Out[9]: 113.29210526315788

In[10]:df.解几.std()
Out[10]: 10.643876420889049
```

Numpy 数组也可以使用 mean 函数计算样本均值，也可以使用 average 函数计算加权的样本均值。

用 mean 函数计算"数分"的平均成绩：

```
In[11]:import numpy as np
        np.mean(df['数分'])
Out[11]:
    62.85
```

还可以使用 average 函数计算"数分"的平均成绩：

```
In[12]:import numpy as np
  np.average(df['数分'])
Out[12]:
    62.850000000000001
```

也可以使用 pandas 的 DataFrame 对象的 mean 方法求均值：

```
In[13]:df['数分'].mean()
Out[13]:
    63.23809523809524
```

计算中位数：

```
In[14]: df.median()
Out[14]:
学号     2.308024e+09
班级     2.308024e+07
英语     7.350000e+01
体育     7.400000e+01
军训     8.400000e+01
数分     6.350000e+01
高代     6.550000e+01
解几     7.100000e+01
dtype: float64
```

对于定性数据来说，众数是出现次数最多的值，使用 mode()计算众数：

```
In[15]: df.mode()
Out[15]:
      学号          班级        姓名   性别  英语   体育    军训    数分    高代    解几
0 2308024201 23080244.0  余皓   男   76.0 50.0 84.0 61.0 47.0 71.0
```

1	2308024219	NaN	周怡	NaN	NaN	67.0	NaN	NaN	70.0	NaN
2	2308024241	NaN	周路	NaN	NaN	74.0	NaN	NaN	NaN	NaN
3	2308024244	NaN	姜毅涛	NaN	NaN	NaN	NaN	NaN	NaN	NaN
4	2308024249	NaN	封印	NaN	NaN	NaN	NaN	NaN	NaN	NaN

3.2　分组分析

分组分析是指根据分组字段将分析对象划分成不同的部分，以对比分析各组之间差异性的一种分析方法。

常用的统计指标有：计数、求和、平均值。

常用命令形式如下：

df.groupby(by=['分类1','分类2',...])['被统计的列'].agg({列别名1：统计函数1，列别名2：统计函数2,...})

其中：

➥　by 表示用于分组的列；

➥　[ ]表示用于统计的列；

➥　.agg 表示统计别名显示统计值的名称，统计函数用于统计数据。常用的统计函数有：size 表示计数；sum 表示求和；mean 表示求均值。

【例 3-2】分组分析。

示例代码如下：

```
In[1]:import numpy as np
      from pandas import read_excel
      df = read_excel(r' C:\Users\yubg\OneDrive\2018book\i_nuc.
xls',sheetname='Sheet7')
      df
Out[1]:
```

	学号	班级	姓名	性别	英语	体育	军训	数分	高代	解几
0	2308024241	23080242	成龙	男	76	78	77	40	23	60
1	2308024244	23080242	周怡	女	66	91	75	47	47	44
2	2308024251	23080242	张波	男	85	81	75	45	45	60
3	2308024249	23080242	朱浩	男	65	50	80	72	62	71
4	2308024219	23080242	封印	女	73	88	92	61	47	46
5	2308024201	23080242	迟培	男	60	50	89	71	76	71
6	2308024347	23080243	李华	女	67	61	84	61	65	78

169

7	2308024307	23080243	陈田	男	76	79	86	69	40	69
8	2308024326	23080243	余皓	男	66	67	85	65	61	71
9	2308024320	23080243	李嘉	女	62	0	90	60	67	77
10	2308024342	23080243	李上初	男	76	90	84	60	66	60
11	2308024310	23080243	郭窦	女	79	67	84	64	64	79
12	2308024435	23080244	姜毅涛	男	77	71	0	61	73	76
13	2308024432	23080244	赵宇	男	74	74	88	68	70	71
14	2308024446	23080244	周路	女	76	80	0	61	74	80
15	2308024421	23080244	林建祥	男	72	72	81	63	90	75
16	2308024433	23080244	李大强	男	79	76	77	78	70	70
17	2308024428	23080244	李侧通	男	64	96	91	69	60	77
18	2308024402	23080244	王慧	女	73	74	93	70	71	75
19	2308024422	23080244	李晓亮	男	85	60	85	72	72	83

```
In[2]: df.groupby( '班级')['军训','英语','体育', '性别'].mean()
Out[2]:
    班级         军训            英语           体育
23080242   81.333333    70.833333    73.000000
23080243   85.500000    71.000000    60.666667
23080244   64.375000    75.000000    75.375000
```

groupby 可将列名直接当作分组对象，分组中，数值列会被聚合，非数值列会从结果中排除，当 by 不止一个分组对象（列名）时，需要使用 list，例如：

```
df.groupby( ['班级', '性别'])['军训','英语','体育',].mean()
                                                    #by=可省略不写
```

当统计不止一个统计函数并用别名显示统计值的名称时，比如要同时计算各组数据的平均数、标准差、总数等，可以使用 agg()。代码如下：

```
In[3]:df.groupby(by=['班级','性别'])['军训'].agg({'总分':np.sum,
                                        '人数': np.size,
                                        '平均值':np.mean,
                                        '方差':np.var,
                                        '标准差':np.std,
                                        '最高分':np.max,
                                        '最低分':np.min})
Out[3]:
    班级     性别  总分  人数    平均值          方差          标准差      最高分  最低分
23080242   女   167   2   83.500000   144.500000   12.020815    92    75
           男   321   4   80.250000    38.250000    6.184658    89    75
23080243   女   258   3   86.000000    12.000000    3.464102    90    84
```

	男	255	3	85.000000	1.000000	1.000000	86	84
23080244	女	93	2	46.500000	4324.500000	65.760931	93	0
	男	422	6	70.333333	1211.866667	34.811875	91	0

3.3　分布分析

分布分析是指根据分析的目的，将数据（定量数据）进行等距或不等距的分组，研究各组分布规律的一种分析方法。

【例 3-3】分布分析。

示例代码如下：

```
In[1]: import pandas as pd
       import numpy
       from pandas import read_excel
       df = pd.read_excel(r'C:\Users\yubg\OneDrive\2018book\
i_nuc.xls',sheetname='Sheet7')
       df.head()

Out[1]:
          学号          班级        姓名   性别   英语   体育   军训   数分   高代   解几
0   2308024241   23080242      成龙    男    76   78   77   40   23   60
1   2308024244   23080242      周怡    女    66   91   75   47   47   44
2   2308024251   23080242      张波    男    85   81   75   45   45   60
3   2308024249   23080242      朱浩    男    65   50   80   72   62   71
4   2308024219   23080242      封印    女    73   88   92   61   47   46

In[2]: df['总分']=df.英语+df.体育+df.军训+df.数分+df.高代+df.解几
df['总分'].head()
Out[2]:
0    354
1    370
2    391
3    400
4    407
Name: 总分, dtype: int64

In[3]: df['总分'].describe()
Out[3]:
```

```
count     20.000000
mean     413.250000
std       36.230076
min      354.000000
25%      386.000000
50%      416.500000
75%      446.250000
max      457.000000
Name: 总分, dtype: float64

In[4]: bins = [min(df.总分)-1,400,450,max(df.总分)+1]
                                          #将数据分成三段
bins
Out[4]: [353, 400, 450, 458]
In[5]: labels=['400 及其以下','400 到 450','450 及其以上']
                                          #给三段数据贴标签
    labels
Out[5]: ['400 及其以下', '400 到 450', '450 及其以上']

In[6]: 总分分层 = pd.cut(df.总分,bins,labels=labels)
       总分分层.head()
Out[6]:
0     400 及其以下
1     400 及其以下
2     400 及其以下
3     400 及其以下
4     400 到 450
Name: 总分, dtype: category
Categories (3, object): [400 及其以下 < 400 到 450 < 450 及其以上]


In[7]: df['总分分层']= 总分分层
   df.tail()
Out[7]:
        学号          班级      姓名  性别 英语 体育 军训 数分 高代 解几 总分    总分分层
15 2308024421 23080244 林建祥  男  72  72  81  63  90  75  453 450 及其以上
16 2308024433 23080244 李大强  男  79  76  77  78  70  70  450 400 到 450
17 2308024428 23080244 李侧通  男  64  96  91  69  60  77  457 450 及其以上
18 2308024402 23080244 王慧   女  73  74  93  70  71  75  456 450 及其以上
19 2308024422 23080244 李晓亮  男  85  60  85  72  72  83  457 450 及其以上
```

```
In[8]:df.groupby(by=['总分分层'])['总分'].agg({'人数':numpy.size})
__main__:1: FutureWarning: using a dict on a Series for aggregation
is deprecated and will be removed in a future version
Out[8]:
            人数
总分分层
400 及其以下    7
400 到 450    9
450 及其以上    4
```

3.4　交叉分析

交叉分析通常用于分析两个或两个以上分组变量之间的关系，以交叉表形式进行变量间关系的对比分析。一般分为定量、定量分组交叉；定量、定性分组交叉；定性、定型分组交叉。常用命令格式如下：

```
pivot_table(values,index,columns,aggfunc,fill_value)
```

参数说明：

- ➥ values 表示数据透视表中的值；
- ➥ index 表示数据透视表中的行；
- ➥ columns 表示数据透视表中的列；
- ➥ aggfunc 表示统计函数；
- ➥ fill_value 表示 NA 值的统一替换。

返回值：数据透视表的结果。

【例 3-4】利用例 3-3 的数据做交叉分析。

示例代码如下：

```
In[1]: from pandas import pivot_table
       df.pivot_table(index=['班级','姓名'])
Out[1]:
```

班级	姓名	体育	军训	学号	数分	英语	解几	高代
23080242	周怡	91	75	2308024244	47	66	44	47
	封印	88	92	2308024219	61	73	46	47
	张波	81	75	2308024251	45	85	60	45
	成龙	78	77	2308024241	40	76	60	23
	朱浩	50	80	2308024249	72	65	71	62
	迟培	50	89	2308024201	71	60	71	76

23080243	余皓	67	85	2308024326	65	66	71	61
	李上初	90	84	2308024342	60	76	60	66
	李华	61	84	2308024347	61	67	78	65
	李嘉	0	90	2308024320	60	62	77	67
	郭窦	67	84	2308024310	64	79	79	64
	陈田	79	86	2308024307	69	76	69	40
23080244	周路	80	0	2308024446	61	76	80	74
	姜毅涛	71	0	2308024435	61	77	76	73
	李侧通	96	91	2308024428	69	64	77	60
	李大强	76	77	2308024433	78	79	70	70
	李晓亮	60	85	2308024422	72	85	83	72
	林建祥	72	81	2308024421	63	72	75	90
	王慧	74	93	2308024402	70	73	75	71
	赵宇	74	88	2308024432	68	74	71	70

默认对所有的数据列进行透视，非数值列自动删除，也可选取部分列进行透视，例如：

```
df.pivot_table(['军训','英语','体育', '性别'],index=['班级','姓名'])
```

更复杂一点的透视表如下：

```
In[2]: df.pivot_table(values=['总分'],index=['总分分层'],
                 columns=['性别'],aggfunc=[numpy.size,
numpy.mean])
Out[2]:
          size              mean
          总分                总分
性别        女  男      女          男
总分分层
400 及其以下  3  4   365.666667  375.750000
400 到 450  3  6   420.000000  430.333333
450 及其以上  1  3   456.000000  455.666667
```

3.5 结构分析

结构分析是在分组分析以及交叉分析的基础之上，计算各组成部分所占的比重，进而分析总体的内部特征的一种分析方法。

这里分组主要是指定性分组，定性分组一般看结构，它的重点在于计算各组成部分占总体的比重。

我们经常把市场比作蛋糕，市场占有率就是一个经典的应用。另外，股权也是结构的一种，如果股票比率大于 50%，那就有绝对的话语权。

参数 axis 说明：0 表示对列操作；1 表示对行操作。

【例 3-5】结构分析。

示例代码如下：

```
In[1]:import numpy as np
      import pandas as pd
      from pandas import read_excel
      from pandas import pivot_table        #在 spyder 下也可以不导入

      df=read_excel(r'C:\Users\yubg\OneDrive\2018book\i_nuc.xls',
sheetname='Sheet7')
      df['总分']=df.英语+df.体育+df.军训+df.数分+df.高代+df.解几
      df_pt = df.pivot_table(values=['总分'],
index=['班级'],columns=['性别'],aggfunc=[np.sum])
      df_pt
Out[1]:
                  sum
                  总分
性别              女       男
班级
23080242      777     1562
23080243      1209    1270
23080244      827     2620


In[2]: df_pt.sum()
Out[2]:
        性别
sum  总分  女    2813
        男    5452
dtype: int64

In[3]: df_pt.sum(axis=1)                    #按列合计
Out[3]:
班级
23080242    2339
23080243    2479
23080244    3447
dtype: int64
```

```
In[4]: df_pt.div(df_pt.sum(axis=1),axis=0)        #按列占比
Out[4]:
            sum
            总分
性别         女          男
班级
23080242  0.332193  0.667807
23080243  0.487697  0.512303
23080244  0.239919  0.760081

In[5]: df_pt.div(df_pt.sum(axis=0),axis=1)        #按行占比
Out[5]:
            sum
            总分
性别          女          男
班级
23080242  0.276218  0.286500
23080243  0.429790  0.232942
23080244  0.293992  0.480558
```

在第 4 个输出按列占比中，23080242 班级中女生成绩占比 0.332193，男生成绩占比 0.667807；其他班级数据同理，23080243 班女生成绩占比 0.487697，男生成绩占比 0.512303；23080244 班女生成绩占比 0.239919，男生成绩占比 0.760081。

在第 5 个输出女生成绩占比中，23080242 班占比 0.276218，23080243 班占比 0.429790，23080244 班占比 0.293992。

3.6 相关分析

判断两个变量是否具有线性相关关系最直观的方法是直接绘制散点图，看变量之间是否符合某个变化规律。当需要同时考察多个变量间的相关关系时，一一绘制他们间的简单散点图是比较麻烦的。此时可以利用散点矩阵图同时绘制各变量间的散点图，从而快速发现多个变量间的主要相关性，这在进行多元线性回归时显得尤为重要。

相关分析是研究现象之间是否存在某种依存关系，并对具体有依存关系的

现象探讨其相关方向以及相关程度，是研究随机变量之间的相关关系的一种统计方法。

为了更加准确地描述变量之间的线性相关程度，通过计算相关系数来进行相关分析，在二元变量的相关分析过程中，比较常用的有 Pearson 相关系数、Spearman 秩相关系数和判定系数。Pearson 相关系数一般用于分析两个连续变量之间的关系，要求连续变量的取值服从正态分布。不服从正态分布的变量、分类或等级变量之间的关联性可采用 Spearman 秩相关系数（也称等级相关系数）来描述。

相关系数可以用来描述定量变量之间的关系。

相关系数与相关程度之间的关系如表 3-1 所示。

表 3-1　相关系数与相关程度的关系

相关系数$|r|$取值范围	相 关 程 度
$0 \leqslant |r| < 0.3$	低度相关
$0.3 \leqslant |r| < 0.8$	中度相关
$0.8 \leqslant |r| \leqslant 1$	高度相关

相关分析函数有：

```
DataFrame.corr()
Series.corr(other)
```

如果由 DataFrame 调用 corr 方法，那么将会计算每列两两之间的相似度。如果由序列调用 corr 方法，那么只是计算该序列与传入的序列之间的相关度。

DataFrame 调用返回值：返回 DataFrame；

Series 调用返回值：返回一个数值型，大小为相关度。

【例 3-6】相关分析。

示例代码如下：

```
In[4]:import numpy as np
      import pandas as pd
      from pandas import read_excel

      df = read_excel(r'C:\Users\yubg\OneDrive\2018book\i_nuc.
xls',sheetname='Sheet7')

In[2]: df['高代'].corr(df['数分'])              #两列之间的相关度计算
```

```
Out[2]: 0.60774082332601076

In[3]: df.loc[:,['英语','体育','军训','解几','数分','高代']].corr()
Out[3]:
            英语          体育          军训          解几          数分          高代
英语     1.000000    0.375784   -0.252970    0.027452   -0.129588   -0.125245
体育     0.375784    1.000000   -0.127581   -0.432656   -0.184864   -0.286782
军训    -0.252970   -0.127581    1.000000   -0.198153    0.164117   -0.189283
解几     0.027452   -0.432656   -0.198153    1.000000    0.544394    0.613281
数分    -0.129588   -0.184864    0.164117    0.544394    1.000000    0.607741
高代    -0.125245   -0.286782   -0.189283    0.613281    0.607741    1.000000
```

第 2 个输出结果为 0.6077，处在 0.3 和 0.8 之间，相关度属于中度相关，比较符合实际。但是又存在差异，不像高等代数和线性代数，那应该是高度相关了。

小试牛刀（相关分析案例：电商数据分析）

现有某电商网站销售数据，现摘取了部分数据，包含了鼠标、键盘、音响等产品的销售记录。现对各产品之间的销售情况做相关分析。代码如下：

```
In[1]:
#−*− coding:utf-8 −*−
'''电商产品销量数据相关性分析'''
#导入数据
import pandas as pd
data = pd.read_excel(r'C:\Users\yubg\OneDrive\2018book\i_nuc.xls')
data
Out[1]:
   日期         优盘 电子表 电脑支架 插座 电池   音箱 鼠标usb 数据线\ 手机充电线 键盘
0 2017-01-01  17   6     8    24 13.0  13  18     10      10    27
1 2017-01-02  11  15    14    13  9.0  10  19     13      14    13
2 2017-01-03  10   8    12    13  8.0   3   7     11      10     9
3 2017-01-04   9   6     6     3 10.0   9   9     13      14    13
4 2017-01-05   4  10    13     8 12.0  10  17     11      13    14
5 2017-01-06  13  10    13    16  8.0   9  12     11       5     9
6 2017-01-07   9   7    13     8  5.0   7  10      8      10     7
7 2017-01-08   9  12    13     6  7.0   8   6     12      11     5
8 2017-01-12   6   8     8     3 NaN    4   5      5       7    10
```

上面给出了产品的部分销售记录数据。下面分析每个产品两两之间的相关系数。代码如下：

```
In[2]:
#计算相关系数矩阵，即计算出任意两个产品之间的相关系数
data.corr()
Out[2]:
              优盘      电子表     电脑支架      插座       电池      音箱       鼠标 \
优盘       1.000000  0.009206  0.016799  0.455638  0.098085  0.308496  0.204898
电子表     0.009206  1.000000  0.304434 -0.012279  0.058745 -0.180446 -0.026908
电脑支架   0.016799  0.304434  1.000000  0.035135  0.096218 -0.184290  0.187272
插座       0.455638 -0.012279  0.035135  1.000000  0.016006  0.325462  0.297692
电池       0.098085  0.058745  0.096218  0.016006  1.000000  0.308454  0.502025
音箱       0.308496 -0.180446 -0.184290  0.325462  0.308454  1.000000  0.369787
鼠标       0.204898 -0.026908  0.187272  0.297692  0.502025  0.369787  1.000000
usb 数据线 0.127448  0.062344  0.121543 -0.068866  0.155428  0.038233  0.095543
手机充电线 -0.090276  0.270276  0.077808 -0.030222  0.171005  0.049898  0.157958
键盘       0.428316  0.020462  0.029074  0.421878  0.527844  0.122988  0.567332

              usb 数据线   手机充电线     键盘
优盘        0.127448 -0.090276  0.428316
电子表      0.062344  0.270276  0.020462
电脑支架    0.121543  0.077808  0.029074
插座       -0.068866 -0.030222  0.421878
电池        0.155428  0.171005  0.527844
音箱        0.038233  0.049898  0.122988
鼠标        0.095543  0.157958  0.567332
usb 数据线  1.000000  0.178336  0.049689
手机充电线  0.178336  1.000000  0.088980
键盘        0.049689  0.088980  1.000000
```

从上面的数据分析可以看出，键盘和鼠标、电池以及插座等相关系数比较大，也就是说，消费者在购买键盘的时候大多数都购买了鼠标和电池，这也符合常识。下面再单独计算键盘和鼠标之间的相关系数。代码如下：

```
In[3]: data['键盘'].corr(data['鼠标'])
Out[22]: 0.56733190217166163
```

这个系数在各个产品之间相对来说还是比较高的。

下面再分析一下鼠标和其他产品之间的关系。代码如下：

```
In[4]:data.corr()['鼠标']
Out[4]:
```

```
优盘              0.204898
电子表           -0.026908
电脑支架         0.187272
插座             0.297692
电池             0.502025
音箱             0.369787
鼠标             1.000000
usb 数据线       0.095543
手机充电线       0.157958
键盘             0.567332
Name: 鼠标, dtype: float64
```

从数据分析来看，鼠标和键盘、电池之间的关联比较大。

本章小结

本章主要学习利用 Pandas 库对数据进行分析，要求读者掌握各种分析方法的特点，尤其是对数据的总体统计分析 describe 函数，从整体上了解数据的分布情况，熟练掌握 groupby、cut、pivot_table、div 等函数的使用方法。

第 **4** 章

数据可视化

数据可视化是关于图形或表格的数据展示，旨在借助图形化手段，清晰有效地传达与沟通信息。但这并不意味着数据可视化就一定要为了实现其功能而令人感到枯燥乏味，或者是为了看上去绚丽多彩而显得极端复杂。要有效地传达思想概念，美学形式与功能需要齐头并进，通过直观地传达关键内容与特征，从而实现对相当稀疏而又复杂的数据集的深入洞察。

▪ 4.1 使用 Python 对数据进行可视化处理

4.1.1 准备工作

Jupyter Notebook 是一种 Web 应用，能让用户将说明文本、数学方程、代码和可视化内容全部组合到一个易于共享的文档中。Notebook 已迅速成为数据处理的必备工具，其已知的功能包括数据清理和探索、可视化、机器学习和大数据分析。目前在各种 Python 研讨会上，一种流行的演示手段就是使用 Notebook，然后再将 .ipynb 文件发布到网上供所有人查阅。除了前面说过的可以内嵌 matplotlib 绘图外，Notebook 还同时提供了对 LaTex 和 MarkDown 的支持！

本章节的大部分例子将在 Jupyter Notebook 上完成。

安装 Jupyter Notebook 的最简单方法是安装 Anaconda。若已经安装了 Anaconda，在其目录下会有 Jupyter Notebook，直接单击即可打开。服务器主页会自动在浏览器中打开 Jupyter Notebook，其运行界面如图 4-1 所示。顶部的选项卡是 Files（文件）、Running（运行）和 Clusters（聚类）。Files（文件）显示当前目录中的所有文件和文件夹。Running（运行）选项卡会列出所有正在运行的 Notebook。可以在该选项卡中管理这些 Notebook。

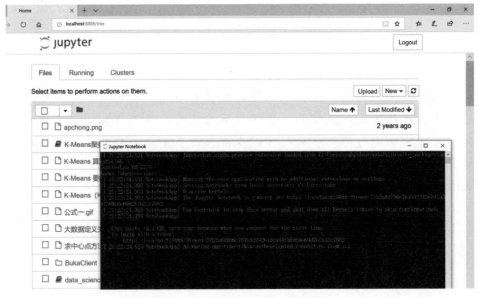

图 4-1　Jupyter Notebook 运行界面

启动后，如图 4-2 所示的 New 下拉菜单（见标记 A 处）中选择 Python3，就会生成一个代码交互界面，如图 4-2 所示。

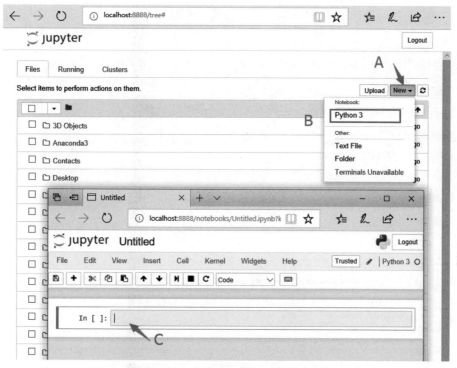

图 4-2　在 Jupyter 中选择 Python 界面

在 Jupyter 中设置显示图像的方式如下：

```
%matplotlib inline   #在jupyter 中嵌入显示
%config InlineBackend.figure_format = "retina"
```

注意

（1）在分辨率较高的屏幕（例如 Retina 显示屏）上，Notebook 中的默认图像可能会显得模糊。可以在%matplotlib inline 之后使用%config InlineBackend.figure_format = 'retina'来呈现分辨率较高的图像。

（2）%matplotlib inline 是在 Jupyter 中嵌入显示，这个命令在绘图时，将图片内嵌在交互窗口，而不是弹出一个图片窗口，但是有一个缺陷：除非将代码一次执行，否则无法叠加绘图。

试运行下面代码，结果如图 4-3 所示。

```
%matplotlib inline          #%matplotlib inline 是在 Jupyter 中嵌入显示
import pandas as pd
from ggplot import *         #需要安装 ggplot 库
meat_lng = pd.melt(meat[['date', 'beef', 'pork', 'broilers']],
id_vars='date')
ggplot(aes(x='date', y='value', colour='variable'), data=meat_lng)
+ geom_point(color='red')
```

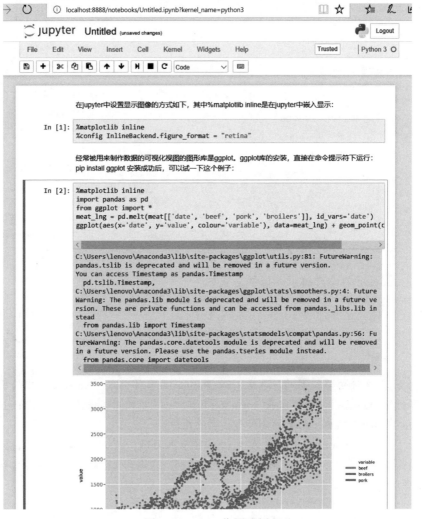

图 4-3　ggplot 作图示例

注意

ggplot 是一个 Python 的图形库，经常被用来制作数据的可视化视图。ggplot 库的安装，直接在命令提示符下运行：pip install ggplot。

Matplotlib 中显示中文的方式如下：

```python
import matplotlib.pyplot as plt
import numpy as np
##设置字体
from matplotlib.font_manager import FontProperties
font = FontProperties(fname = "C:/Windows/Fonts/Hiragino Sans GB W3.otf",size=14)
##在 Jupyter 中显示图像还需要添加以下两句代码
%matplotlib inline
%config InlineBackend.figure_format="retina"   #在屏幕上显示高清图片

                                               #绘制一个圆形散点图的
                                               # 示例
t = np.arange(1,10,0.05)
x = np.sin(t)
y = np.cos(t)
##定义一个图像窗口
plt.figure(figsize=(8,5))
##绘制一条线
plt.plot(x,y,"r-*")
##使坐标轴相等
plt.axis("equal")
plt.xlabel("正弦",fontproperties = font)
plt.ylabel("余弦",fontproperties = font)
plt.title("一个圆形",fontproperties = font)
##显示图像
plt.show()
```

结果如图 4-4 所示。

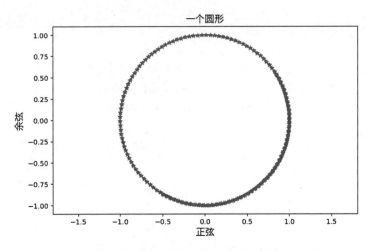

图 4-4　画一个圆并进行坐标轴标注

4.1.2　Matplotlib 绘图示例

以下例子大部分来自官方文档。

1. 点图和线图

点图和线图可以用来表示二维数据之间的关系，是查看两个变量之间关系的最直观的方法，可以通过 plot() 来得到。

使用 subplot() 函数能够绘制多个子图图像，并且可以添加 X,Y 坐标轴的名称，以及标题。代码如下：

```
##subplot()绘制多个子图
import numpy as np
import matplotlib.pyplot as plt
##生成X
x1 = np.linspace(0.0, 5.0)
x2 = np.linspace(0.0, 2.0)
##生成Y
y1 = np.cos(2 * np.pi * x1) * np.exp(-x1)
y2 = np.cos(2 * np.pi * x2)
##绘制第一个子图
plt.subplot(2, 1, 1)
plt.plot(x1, y1, 'yo-')
```

```
plt.title('A tale of 2 subplots')
plt.ylabel('Damped oscillation')
##绘制第二个子图
plt.subplot(2, 1, 2)
plt.plot(x2, y2, 'r.-')
plt.xlabel('time (s)')
plt.ylabel('Undamped')
plt.show()
```

运行上面的程序后，得到的结果如图 4-5 所示。

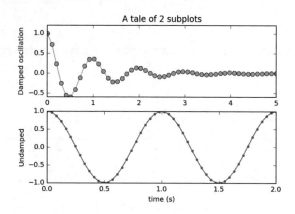

图 4-5　使用 subplot()函数绘制多个子图

绘图可以调用 matplotlib.pyplot 库来进行。plot 函数调用方式如下：

```
plt.plot(x,y,format_string,**kwargs)
```

参数说明：

➘ x 表示 x 轴数据，列表或数组，可选；

➘ y 表示 y 轴数据，列表或数组；

➘ format_string 表示控制曲线的格式字符串，可选；

➥ **kwargs 表示第二组或更多(x,y,format_string)。

 注意

当绘制多条曲线时，各条曲线的 x 参数不能省略。

在 matplotlib 下，一个 Figure 对象可以包含多个子图（Axes），可以使用 subplot() 快速绘制。其命令格式如下：

```
subplot(numRows, numCols, plotNum)
```

图表的整个绘图区域被分成 numRows 行和 numCols 列；然后按照从左到右、从上到下的顺序对每个子区域进行编号，左上的子区域的编号为 1；plotNum 参数指定创建的 Axes 对象所在的区域。

如果 numRows = 2, numCols = 3，那整个绘制图表平面会划分成 2×3 个图片区域，用坐标表示为：

(1, 1), (1, 2), (1, 3)

(2, 1), (2, 2), (2, 3)

图形表示如图 4-6 所示。

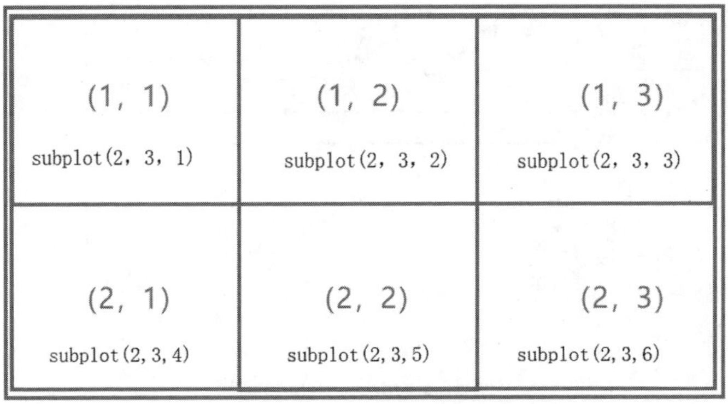

图 4-6　子图区域位置图

这时，当 plotNum = 3 时，表示的坐标为(1,3)，即第一行第三列的子图位置，如果 numRows、numCols 和 plotNum 这三个数都小于 10 的话，可以把它们缩写为一个整数，例如 subplot(323) 和 subplot(3,2,3) 是相同的。

subplot 在 plotNum 指定的区域中创建一个轴对象。如果新创建的轴和之前创建的轴重叠，之前的轴将被删除。

2．直方图

在统计学中，直方图（Histogram）是一种对数据分布情况的图形表示，是一种二维统计图表，它的两个坐标分别是统计样本和该样本对应的某个属性的度量。

我们使用 hist()函数来绘制向量的直方图，计算出直方图的概率密度，并且绘制出概率密度曲线，在标注中使用数学表达式。示例代码如下：

```
##直方图
import numpy as np
import matplotlib.mlab as mlab
import matplotlib.pyplot as plt
#example data
mu = 100                              #分布的均值
sigma = 15                            #分布的标准差
x = mu + sigma * np.random.randn(10000)
print("x:",x.shape)
##直方图的条数
num_bins = 50
#绘制直方图
n, bins, patches = plt.hist(x, num_bins, normed=1, facecolor=
'green', alpha=0.5)
#添加一个最佳拟合和曲线
y = mlab.normpdf(bins, mu, sigma) ##返回关于数据的 pdf 数值（概率密度
函数）
plt.plot(bins, y, 'r--')
plt.xlabel('Smarts')
plt.ylabel('Probability')
##在图中添加公式需要使用 latex 的语法（$ $）
plt.title('Histogram of IQ: $\mu=100$, $\sigma=15$')
#调整图像的间距，防止 y 轴数值与 label 重合
plt.subplots_adjust(left=0.15)
plt.show()
print("bind:\n",bins)
```

得到的结果如图 4-7 所示。

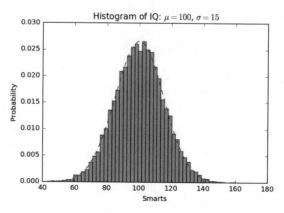

图 4-7　直方图

hist 函数命令格式如下：

```
n, bins, patches = plt.hist(arr,
                            bins=10,
                            normed=0,
                            facecolor='black',
                            edgecolor='black',
                            alpha=1,
                            histtype='bar')
```

hist 的参数非常多，但常用的只有这几个，除了第一个是必须的，后面四个都为可选项。

参数说明：

- arr：直方图的一维数组 x；
- bins：直方图的柱数，默认为 10；
- normed：是否将得到的直方图向量归一化，默认为 0；
- facecolor：直方图颜色；
- edgecolor：直方图边框颜色；
- alpha：透明度；
- histtype：直方图类型，有'bar', 'barstacked', 'step', 'stepfilled'几种类型。

返回值：

- n：直方图向量，是否归一化由参数 normed 设定；
- bins：返回各个 bin 的区间范围；
- patches：返回每个 bin 里面包含的数据，是一个 list。

3. 等值线图

等值线图又称为等量线图，是以相等数值点的连线表示连续分布且逐渐变化的数量特征的一种图型，是用数值相等各点连成的曲线（即等值线）在平面上的投影来表示被摄物体的外形和大小的图。

我们可以使用 contour()函数将三维图像在二维空间上表示，并且使用 clabel()在每条线上显示数据值的大小。代码如下：

```
##matplotlib 绘制三维图像
import numpy as np
from matplotlib import cm
import matplotlib.pyplot as plt
from mpl_toolkits.mplot3d import Axes3D
```

```
##生成数据
delta = 0.2
x = np.arange(-3, 3, delta)
y = np.arange(-3, 3, delta)
X, Y = np.meshgrid(x, y)
Z = X**2 + Y**2
x=X.flatten()
    #返回一维的数组，但该函数只能适用于 numpy 对象（array 或者 mat）
y=Y.flatten()
z=Z.flatten()
fig = plt.figure(figsize=(12,6))
ax1 = fig.add_subplot(121, projection='3d')
ax1.plot_trisurf(x,y,z, cmap=cm.jet, linewidth=0.01)
    #cmap 指颜色，默认绘制为 RGB(A) 颜色空间，jet 表示"蓝-青-黄-红"颜色
plt.title("3D")
ax2 = fig.add_subplot(122)
cs = ax2.contour(X, Y, Z,15,cmap='jet', )
    #注意这里是大写 X,Y,Z。15 代表的是显示等高线的密集程度，数值越大，画的等
高线数就越多
ax2.clabel(cs, inline=True, fontsize=10, fmt='%1.1f')
plt.title("Contour")
plt.show()
```

运行上面的程序，得到的图像如图 4-8 所示。

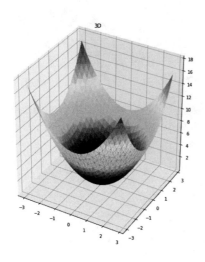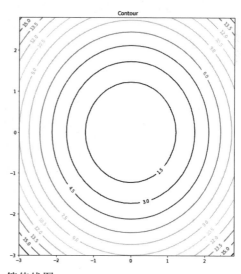

图 4-8　等值线图

4. 三维曲面图

三维曲面图通常用来描绘三维空间的数值分布和形状。可以通过 plot_surface()函数来得到想要的图像。示例代码如下：

```
##三维图像＋各个轴的投影等高线
from mpl_toolkits.mplot3d import axes3d
import matplotlib.pyplot as plt
from matplotlib import cm

fig = plt.figure(figsize=(8,6))
ax = fig.gca(projection='3d')
##生成三维测试数据
X, Y, Z = axes3d.get_test_data(0.05)
ax.plot_surface(X, Y, Z, rstride=8, cstride=8, alpha=0.3)
cset = ax.contour(X, Y, Z, zdir='z', offset=-100, cmap=cm.coolwarm)
cset = ax.contour(X, Y, Z, zdir='x', offset=-40, cmap=cm.coolwarm)
cset = ax.contour(X, Y, Z, zdir='y', offset=40, cmap=cm.coolwarm)
ax.set_xlabel('X')
ax.set_xlim(-40, 40)
ax.set_ylabel('Y')
ax.set_ylim(-40, 40)
ax.set_zlabel('Z')
ax.set_zlim(-100, 100)
plt.show()
```

运行上面的程序得到如图 4-9 所示图像。

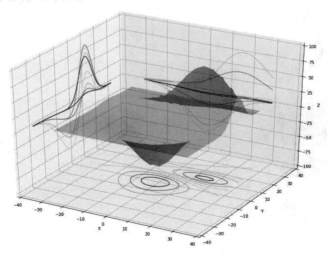

图 4-9　三维曲线图

想了解具体函数使用方法可用 help(function)命令查看，例如：

```
help(ax.plot_surface)
```

结果显示如下：

```
Help on method plot_surface in module mpl_toolkits.mplot3d.axes3d:

plot_surface(X, Y, Z, *args, **kwargs)
method of matplotlib.axes._subplots.Axes3DSubplot instance
    Create a surface plot.

    ° ° ° ° ° °

    Added in v2.0.0.
    ==================================================
    Argument      Description
    ==================================================
    *X*, *Y*, *Z* Data values as 2D arrays
    *rstride*     Array row stride (step size)
    *cstride*     Array column stride (step size)
    *rcount*      Use at most this many rows, defaults to 50
    *ccount*      Use at most this many columns, defaults to 50
    *color*       Color of the surface patches
    *cmap*        A colormap for the surface patches.
    *facecolors*  Face colors for the individual patches
    *norm*        An instance of Normalize to map values to colors
    *vmin*        Minimum value to map
    *vmax*        Maximum value to map
    *shade*       Whether to shade the facecolors
    ==================================================

Other arguments are passed on to
:class:`~mpl_toolkits.mplot3d.art3d.Poly3DCollection`
```

5．条形图

条形图（Bar Chart）亦称条图、条状图、棒形图、柱状图，是一种以长方形的长度为变量的统计图表。长条图用来比较两个或两个以上的数值（不同时间或者不同条件），只有一个变量，通常利用较小的数据集分析。长条图亦可横向排列，或用多维方式表达。示例代码如下：

```
##条形图
"""
```

```
Bar chart demo with pairs of bars grouped for easy comparison.
"""
import numpy as np
import matplotlib.pyplot as plt
##生成数据
n_groups = 5  ##组数
##平均分和标准差
means_men = (20, 35, 30, 35, 27)
std_men = (2, 3, 4, 1, 2)

means_women = (25, 32, 34, 20, 25)
std_women = (3, 5, 2, 3, 3)
##条形图
fig, ax = plt.subplots()
##生成 0, 1, 2, 3, …
index = np.arange(n_groups)
bar_width = 0.35 ##条的宽度

opacity = 0.4
error_config = {'ecolor': '0.3'}
##条形图中的第一类条
rects1 = plt.bar(index, means_men, bar_width,
            alpha=opacity,
            color='b',
            yerr=std_men,
            error_kw=error_config,
            label='Men')
##条形图中的第二类条
rects2 = plt.bar(index + bar_width, means_women, bar_width,
            alpha=opacity,
            color='r',
            yerr=std_women,
            error_kw=error_config,
            label='Women')

plt.xlabel('Group')
plt.ylabel('Scores')
plt.title('Scores by group and gender')
plt.xticks(index + bar_width, ('A', 'B', 'C', 'D', 'E'))
```

```
plt.legend()                                    #显示标注
##自动调整 subplot 的参数给指定的填充区
plt.tight_layout()
plt.show()
```

运行上面的程序得到的结果如图 4-10 所示。

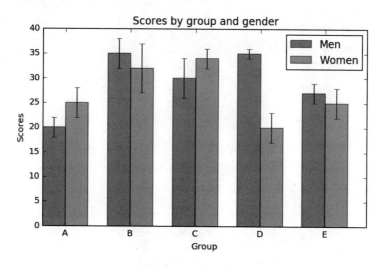

图 4-10　条形图

6. 饼图

饼图，或称饼状图，是一个划分为几个扇形的圆形统计图表，用于描述量、频率或百分比之间的相对关系。在饼图中，每个扇区的弧长（以及圆心角和面积）大小为其所表示的数量的比例。这些扇区合在一起刚好是一个完整的圆形。顾名思义，这些扇区拼成了一个切开的饼形图案。

可以使用 pie()函数来绘制饼图。示例代码如下：

```
##饼图
import matplotlib.pyplot as plt

##切片将按顺时针方向排列并绘制.
labels = 'Frogs', 'Hogs', 'Dogs', 'Logs'        ##标注
sizes = [15, 30, 45, 10]                        ##大小
colors = ['yellowgreen', 'gold', 'lightskyblue', 'lightcoral']
                                                ##颜色
```

```
##0.1 代表第二个块从圆中分离出来
explode = (0, 0.1, 0, 0)  #only "explode" the 2nd slice (i.e. 'Hogs')
##绘制饼图
plt.pie(sizes, explode=explode, labels=labels, colors=colors,
        autopct='%1.1f%%', shadow=True, startangle=90)

plt.axis('equal')
plt.show()
```

运行上面的程序，得到如图 4-11 所示的饼图。

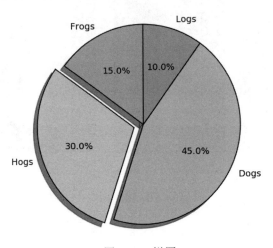

图 4-11　饼图

7. 气泡图（散点图）

气泡图是散点图的一种变体，通过每个点的面积大小，反映第三维数据。气泡图可以表示多维数据，并且可以通过对颜色和大小的编码表示不同的维度数据。如使用颜色对数据分组，使用大小来映射相应值的大小。可以通过 scatter() 函数得到散点图。示例代码如下：

```
## 气泡图（散点图）
import matplotlib.pyplot as plt
import pandas as pd

##导入数据
df_data = pd.read_excel(r'C:\Users\yubg\OneDrive\2018book\
```

```
i_nuc.xls',sheetname='iris')
df_data.head()

##作图
fig = plt.figure(figsize=(10,8))
```

#创建气泡图 SepalLength 为 x，SepalWidth 为 y，同时设置 PetalLength 为气泡大小，并设置颜色透明度等。

```
plt.scatter(df_data['SepalLength'], df_data['SepalWidth'],
s=df_data['PetalLength']*100,alpha=0.6)
```

第三个变量表明根据[PetalLength]*100 数据显示气泡的大小

```
plt.xlabel('SepalLength(cm)')
plt.ylabel('SepalWidth(cm)')
plt.title('PetalLength(cm)*100')
```

显示网格

```
plt.grid(True)
plt.show()
```

运行上面的程序，得到的结果如图 4-12 所示。

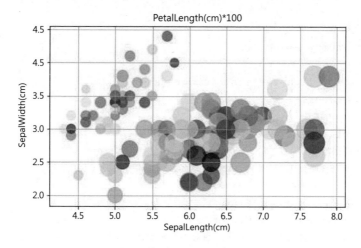

图 4-12　散点图

4.1.3 Seabon 中的图例

Seabon 是专门的统计数据可视化包。接下来的一些例子主要使用 Iris 数据。

1. 数据分布可视化

（1）直方图和密度函数。代码如下：

```
#获取鸢尾花数据，后面在运行代码时，都要先运行这段代码，以获取数据 df
from sklearn.datasets import load_iris
import numpy as np
iris = load_iris()                          #载入数据
iris.data                                   #查看数据
iris                                        #查看数据的详细记录信息
#把数据转化为 Data Frame
from pandas import DataFrame
df = DataFrame(iris.data, columns=iris.feature_names)
df['target']=iris.target                    #把分类也加上
df

#数据可视化
import numpy as np
import pandas as pd
from scipy import stats, integrate
import matplotlib.pyplot as plt
##在 Jupyter 中显示图像
%matplotlib inline
##在视网膜屏幕上显示高清图片
%config InlineBackend.figure_format = "retina"
import seaborn as sns
sns.set(color_codes=True)
#数据分布可视化，直方图和密度函数
##distplot()函数默认绘出数据的直方图和核密度估计
sns.distplot(df["petal length (cm)"],bins=15)
plt.show()
```

可以得到如图 4-13 所示的结果。

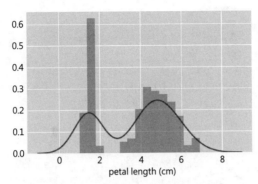

图 4-13　直方图与核密度估计图

（2）散点图和直方图。代码如下：

```
#使用 seaborn 的 jointplot()函数同时绘制散点图和直方图
sns.jointplot(x="sepal length (cm)", y="sepal width (cm)", data=df,
size=8)
plt.show()
```

结果如图 4-14 所示。

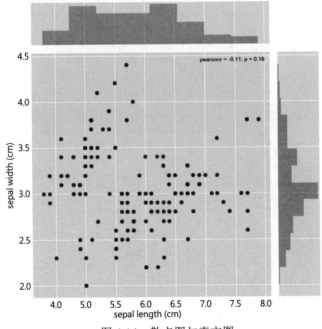

图 4-14　散点图与直方图

（3）分组散点图。代码如下：

```
##分组散点图
#用 seaborn's FacetGrid 标记不同的种类
sns.FacetGrid(df, hue='target', size=8).map(plt.scatter,
            "sepal length (cm)", "sepal width (cm)").add_legend()
plt.show()
```

结果如图 4-15 所示。

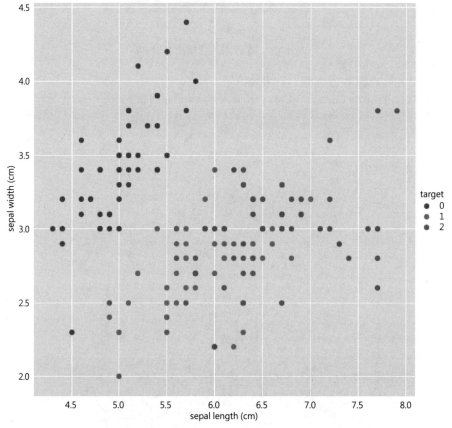

图 4-15　分组散点图

（4）六边形图。代码如下：

```
##六边形图
sns.axes_style("white")
sns.jointplot(x="sepal length (cm)", y="petal length (cm)",
```

```
data=df, kind="hex", color="k")
plt.show()
```

在六边形图中，每个六边形颜色块的颜色越深，说明该部分点的分布越密集，如图4-16所示。

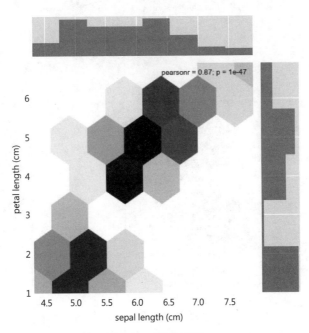

图4-16 六边形图

（5）二维核密度估计图。

核密度估计（Kernel Density Estimation，KDE）是在概率论中用来估计未知的密度函数，属于非参数检验方法之一。代码如下：

```
##二维核密度估计图
g = sns.jointplot(x="sepal length (cm)",
        y="petal length (cm)",
        data=df,
        kind="kde",
        color="m")
##添加散点图
g.plot_joint(plt.scatter, c="w", s=30, linewidth=1, marker="+")
g.ax_joint.collections[0].set_alpha(0)
```

结果如图 4-17 所示。

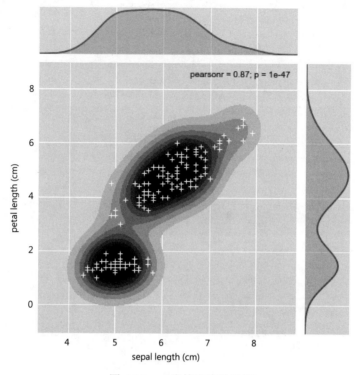

图 4-17　二维核密度估计图

（6）矩阵散点图。

当欲同时考察多个变量间的相关关系时，若一一绘制它们之间的简单散点图，十分麻烦。利用矩阵散点图来同时绘制各自变量间的散点图，这样可以快速发现多个变量间的主要相关性，这一点在进行多元线性回归时显得尤为重要。

下面用 PairGrid() 和 pairplot() 函数来绘制成对的关系图。

PairGrid() 允许使用相同的绘图类型快速绘制子图的网格，以在每个图形中显示数据。在一个 PairGrid 中，每个行和列分配给一个不同的变量，所以生成的图显示了数据集中的每个成对关系。这种风格的绘图有时被称为"散点矩阵图"，因为这是显示每个关系的最常见方式。使用 PairGrid() 可以为我们提供非常快速、非常高级的汇总数据集中有趣的关系。

　　首先初始化网格，然后将绘图函数传递给 map 方法，并在每个子图上调用它，还有一个配套功能，pairplot()提供了一些更好灵活性、更快的绘图。代码如下：

```
g = sns.PairGrid(df)
g.map(plt.scatter);
```

　　结果如图 4-18 所示。

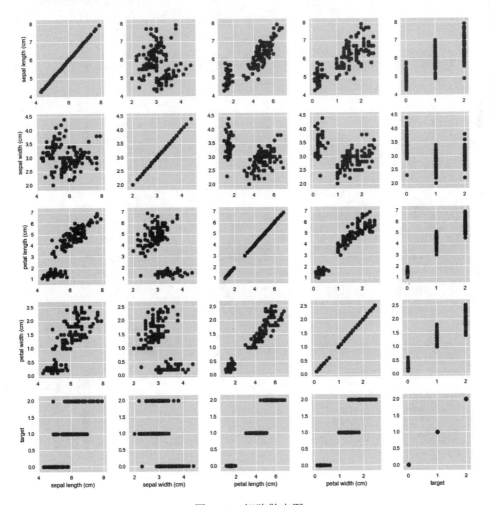

图 4-18　矩阵散点图

可以在对角线上绘制不同的函数，以显示每列中变量的单变量分布。请注意，轴刻度线将不对应于该图的计数或密度轴。代码如下：

```
g = sns.PairGrid(df)
g.map_diag(plt.hist)
g.map_offdiag(plt.scatter);
```

结果如图 4-19 所示。

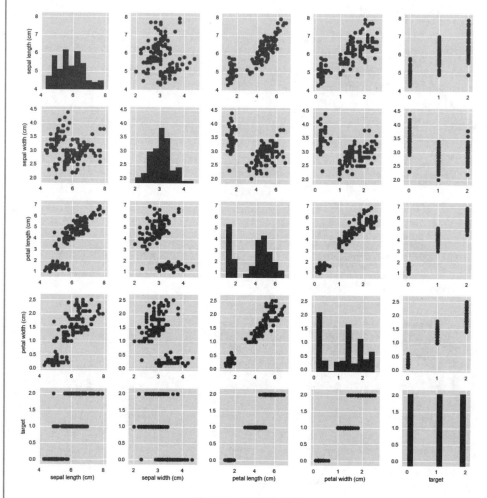

图 4-19　矩阵散点图

使用该图非常常见的方法是通过单独的分类变量来绘制观察值。例如，虹膜数据集对于三种不同种类的鸢尾花中的每一种进行四次测量，以便用户可以看到它们的不同。代码如下：

```
g = sns.PairGrid(df, hue="target")
g.map_diag(plt.hist)
g.map_offdiag(plt.scatter)
g.add_legend();
```

结果如图4-20所示。

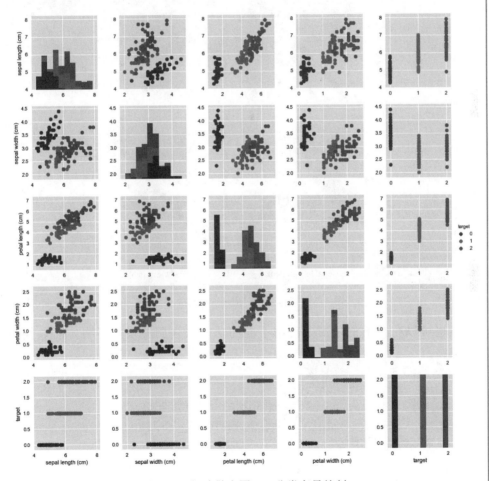

图4-20　矩阵散点图——分类变量绘制

默认情况下，会使用数据集中的每个数字列，但如果需要，可以专注于特定的关系。代码如下：

```
g = sns.PairGrid(df, vars=["sepal length (cm)", "sepal width (cm)"],
hue="target")
g.map(plt.scatter);
```

结果如图 4-21 所示。

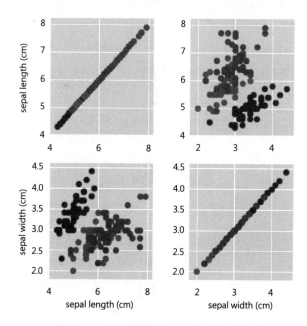

图 4-21　矩阵散点图——特定关系绘制

也可以在上下三角形中使用不同的功能来强调关系的不同方面。代码如下：

```
g = sns.PairGrid(df)
g.map_upper(plt.scatter)
g.map_lower(sns.kdeplot, cmap="Blues_d")
g.map_diag(sns.kdeplot, lw=3, legend=False);
```

结果如图 4-22 所示。

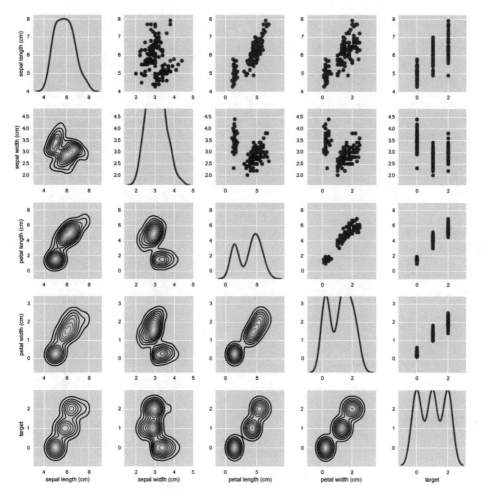

图 4-22　矩阵散点图——多功能绘制

　　PairGrid 是灵活的，但是要快速查看一个数据集，使用 pairplot()会更容易。默认情况下，该功能使用散点图和直方图。但是还可以添加其他几种（如绘制对角线上 KDEs 的回归图）。代码如下：

```
sns.pairplot(df, hue="target", size=2.5);
```

　　结果如图 4-23 所示。

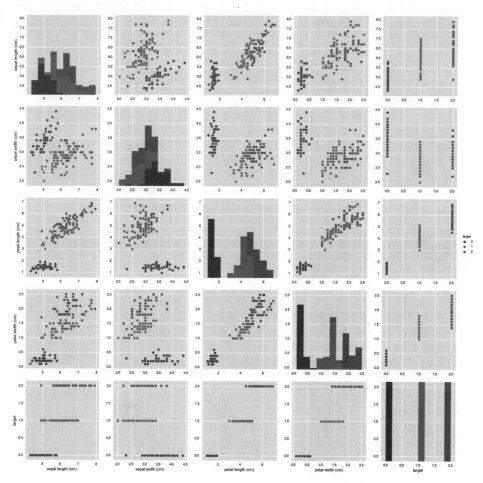

图 4-23　矩阵散点图——对角线直方图

还可以使用关键字参数控制显示细节，并返回 PairGrid 实例进行进一步的调整。代码如下：

```
g = sns.pairplot(df, hue="target", palette="Set2", diag_kind="kde",
size=2.5)
```

结果如图 4-24 所示。

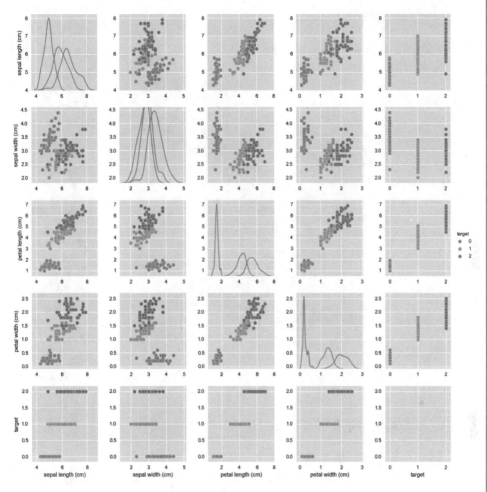

图 4-24　矩阵散点图——关键字控制

　　具体详细的内容可以参阅知乎上"Seaborn(sns)官方文档学习笔记"（https://zhuanlan.zhihu.com/p/27435863），这算是一个完整的、系统的学习 seanborn 的教程。

2.　线性相关图

绘制线形相关图。代码如下：

```
sns.lmplot(x="sepal length (cm)", y="petal length (cm)", data=df,
```

```
hue="target")
plt.show()
```

结果如图 4-25 所示。

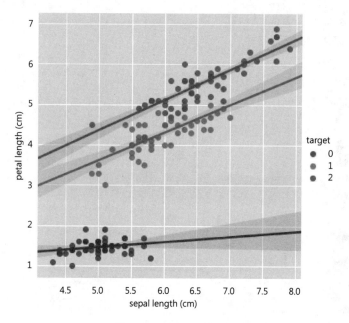

图 4-25　线性相关图

3. 分类数据可视化

（1）小提琴图（盒形图的变形）。

小提琴图是"箱线图"与"核密度图"的结合，箱线图展示了分位数的位置，小提琴图则展示了任意位置的密度，通过小提琴图可以知道哪些位置的密度较高。程序如下：

```
##小提琴图和散点图
##小提琴图
sns.violinplot(x="target", y="sepal length (cm)", data=df,
inner=None)
##散点图
sns.swarmplot(x="target", y="sepal length (cm)", data=df,
color="w", alpha=.5);
```

结果如图 4-26 所示。

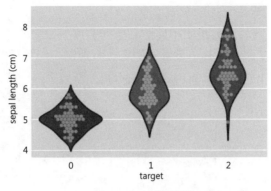

图 4-26　小提琴图

Seaborn 中的 boxplot 可以画箱线图，可以看出不同种类的分布情况，代码如下：

```
##盒形图
plt.figure(figsize=(8,6))
sns.boxplot(x="target", y="sepal width (cm)", data=df)
plt.title("Boxplot")
plt.show()
```

结果如图 4-27 所示。

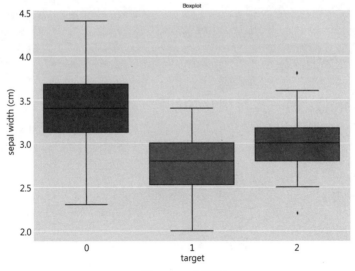

图 4-27　盒形图

211

（2）热力图。

热力图是在不同的地方按照不同的颜色（亮度）来表达该区域数据大小等的图形，应用在很多地方，其中最常见的有热力地图、相关系数矩阵的展示等。下面使用 Seaborn 中的 heatmap()函数来表示相关系数矩阵。代码如下：

```
##热力图
##相关系数大小的可视化
import numpy as np
newdata = df
datacor = np.corrcoef(newdata,rowvar=0)
datacor  =  pd.DataFrame(data=datacor,columns=newdata.columns,
index=newdata.columns)
##形式1
mask = np.zeros_like(datacor)
mask[np.triu_indices_from(mask)] = True
plt.figure(figsize=(8,8))
with sns.axes_style("white"):
    ax = sns.heatmap(datacor, mask=mask, square=True,annot=True)
ax.set_title("Iris data Variables Relation")
plt.show()
##形式2
plt.figure(figsize=(8,8))
with sns.axes_style("white"):
    ax = sns.heatmap(datacor,square=True,annot=True ,fmt = "f")
ax.set_title("Iris data Variables Relation")
plt.show()
```

结果如图 4-28 所示。

4.1.4 pandas 的一些可视化功能

1. 绘制箱线图

使用 pandas 绘制，箱线图。代码如下：

```
df.boxplot(by="target", figsize=(12, 6))
plt.show()
```

结果如图 4-29 所示。

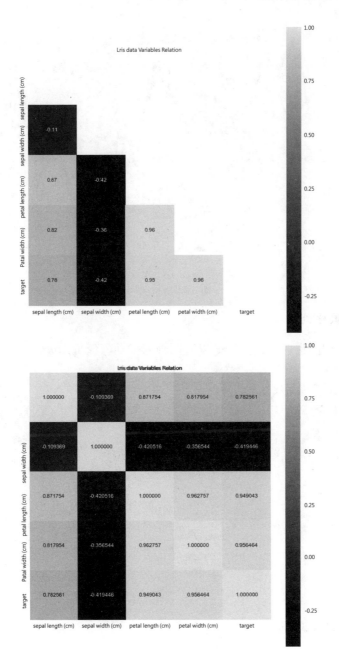

图 4-28 热力图

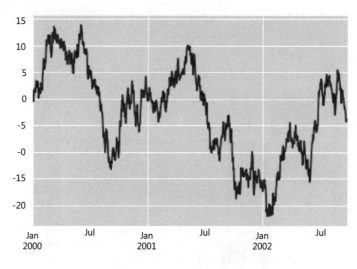

图 4-29　箱线图

2. 时间序列图

时间序列图也叫折线图，是以时间轴为横轴，变量为纵轴的一种图。代码
如下：

```
##pandas 绘制折线图
ts = pd.Series(np.random.randn(1000), index=pd.date_range
('1/1/2000', periods=1000))
ts = ts.cumsum()
ts.plot()
plt.show()
##多条折线图
df0 = pd.DataFrame(np.random.randn(1000, 4), index=ts.index,
columns=list('ABCD'))
df0 = df0.cumsum()
print("数据的前几行:\n",df0.head())
plt.figure()
df0.plot()
plt.show()
```

结果如图 4-30 所示。

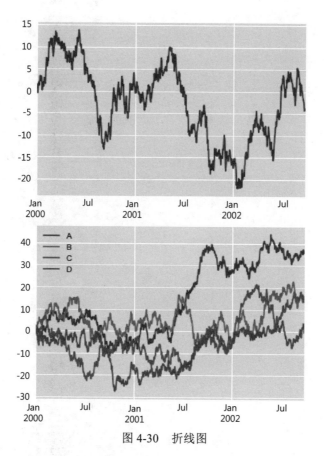

图 4-30　折线图

3. 安德鲁曲线和平行坐标图

在数据可视化中，安德鲁曲线是一种可视化高维数据结构的方法，可以看作平滑版本的平行坐标图。

平行坐标图是一种常用的可视化方法，一般用于对高维几何和多元数据的可视化。代码如下：

```
from pandas.tools.plotting import andrews_curves
from pandas.tools.plotting import parallel_coordinates
##andrews curves(安德鲁曲线)
plt.figure(figsize=(6,4))
andrews_curves(df, "target")
plt.title("andrews curves")
```

```
plt.show()                                    #如图 4-31(a)所示

##parallel coordinates(平行坐标图)
plt.figure(figsize=(6,4))
parallel_coordinates(df, "target")
plt.title("parallel coordinates")
plt.show()                                    #如图 4-31(b)所示
```

结果如图 4-31 所示。

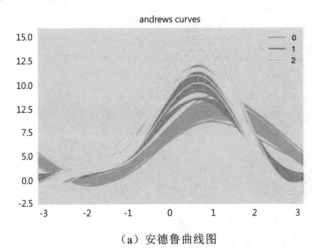

（a）安德鲁曲线图

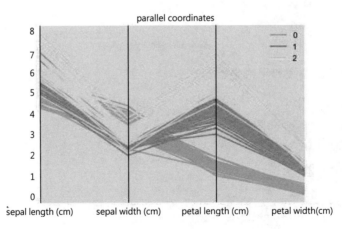

（b）平行坐标图

图 4-31　安德鲁曲线图和平行坐标图

4．基于弹簧张力高维数据可视化

弹簧张力高维数据图是基于一个简单的弹簧张力最小化算法。代码如下：

```
from pandas.tools.plotting import radviz
plt.figure(figsize=(8,6))
radviz(df, "target")
plt.show()
```

结果如图 4-32 所示。

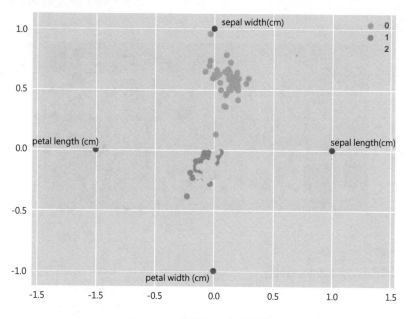

图 4-32　弹簧张力高维数据图

4.1.5　文本数据可视化

文本数据可视化技术综合了文本分析、数据挖掘、数据可视化、计算机图形学、人机交互、认知科学等学科的理论和方法，为人们理解复杂的文本内容、结构和内在的规律等信息提供了有效手段。

海量信息使人们处理和理解的难度日益增大，传统的文本分析技术提取的信息仍然无法满足人们利用浏览及筛选等方式对其进行合理的分析理解和应用的需求。

　　将文本中复杂的或者难以通过文字表达的内容和规律以视觉符号的形式表达出来，同时向人们提供与视觉信息进行快速交互的功能，使人们能够利用与生俱来的视觉感知并行化处理能力，快速获取大数据中所蕴含的关键信息。

　　"词云"就是对网络文本中出现频率较高的"关键词"予以视觉上的突出，形成"关键词云层"或"关键词渲染"，从而过滤掉大量不重要的文本信息，只要一眼扫过词云图（如图 4-33 所示）就可以领略文本的主旨。后面有章节专门讨论词云。

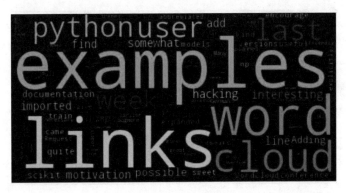

图 4-33　词云图

4.1.6　networkx 网络图

　　网络图（Network Planning）是一种图解模型，形状如同网络，故称为网络图。网络图是由边、节点构成的，如图 4-34 所示。主要分为有向图和无向图两种。代码如下：

```
import networkx as nx
import matplotlib.pyplot as plt
G=nx.random_geometric_graph(200,0.125)
#position is stored as node attribute data for random_geometric_
graph
pos=nx.get_node_attributes(G,'pos')
#find node near center (0.5,0.5)
dmin=1
ncenter=0
```

```
for n in pos:
    x,y=pos[n]
    d=(x-0.5)**2+(y-0.5)**2
    if d<dmin:
        ncenter=n
        dmin=d
#color by path length from node near center
p=nx.single_source_shortest_path_length(G,ncenter)

plt.figure(figsize=(8,8))
nx.draw_networkx_edges(G,pos,nodelist=[ncenter],alpha=0.4)
nx.draw_networkx_nodes(G,pos,nodelist=p.keys(),
                    node_size=80)
plt.xlim(-0.05,1.05)
plt.ylim(-0.05,1.05)
plt.axis('off')
plt.show()
```

运行上面的程序结果如图 4-34 所示。

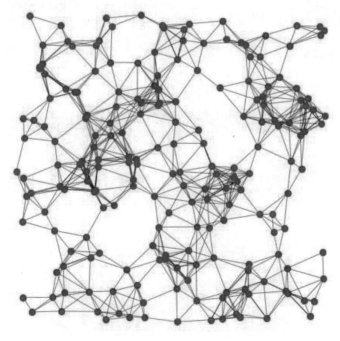

图 4-34　网络图

4.1.7 folium 绘制地图

folium 包用到的地图为可交互地图，并且可以绘制各种所需要的地图。下面为一个绘制热力地图的例子。首先要安装 folium 包。选择"开始"菜单中的 Anaconda 下的 Anaconda Prompt 命令，输入：conda install folium，若发现找不到包，试试输入：pip install folium 安装 folium 包。

安装完成后，用 folium 绘制地图。代码如下：

```
import folium
from folium import plugins
import numpy as np
import os
##生成数据
data = (np.random.normal(size=(100, 3)) *
        np.array([[1, 1, 1]]) +
        np.array([[48, 5, 1]])).tolist()
##绘制地图
mapa = folium.Map([48., 5.], tiles='stamentoner', zoom_start=6)
mapa.add_child(plugins.HeatMap(data))
mapa.save(os.path.join(r'C:\Users\yubg\Desktop',
'Heatmap.html'))
```

执行程序后在桌面上会生成一个网页 Heatmap.html 文件，打开后绘图比较慢，结果如图 4-35 所示。

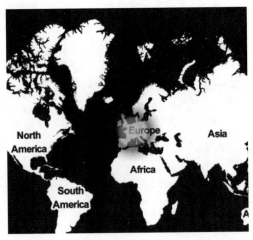

图 4-35 热力地图

4.2　Python 图像处理基础

4.2.1　PIL 图库

PIL 库在 Python3 中可以使用 pillow 库来替代，即安装 pillow，就可以使用 PIL。

1．读取图片

读取图片并将其转化为灰度图。代码如下：

```
from PIL import Image
##读取图片文件
pil_im = Image.open(r" C:\Users\yubg\OneDrive\2018book\zhouzhou.
                      jpg")
##读取图片并将它转化为灰度图
Pil_im = Image.open(r" C:\Users\yubg\OneDrive\2018book\zhouzhou.
                      jpg").convert("L")

pil_im
```

2．创建缩略图

thumbnail()方法可以接收一个元组参数（该参数指定生成缩略图的大小），然后将图像转换成符合元组参数指定大小的图像。代码如下：

```
pil_im.thumbnail((128,128))              #创建最长边为 128 像素的缩略图
pil_im
```

3．复制和粘贴图像区域

使用 crop()方法可以从一副图像中裁剪指定的区域。代码如下：

```
##读取图片文件
from PIL import Image
pil_im =  Image.open(r"C:\Users\yubg\OneDrive\2018book\zhouzhou.
jpg")
box = (150,350,400,600)
region = pil_im.crop(box)
region = region.transpose(Image.ROTATE_90)
```

```
pil_im.paste(region,box)
pil_im.show()
```

结果如图 4-36 所示。

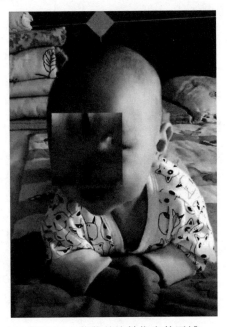

图 4-36　裁剪并旋转指定的区域

4．调整尺寸和旋转

要调整一幅图像的大小，可以调用 resize()方法，该方法的参数为一个元组，用来指定新图像的大小。使用 rotate()方法旋转图像，该方法的数值参数表示逆时针旋转角度。代码如下：

```
##读取图片文件
pil_im = Image.open(r"C:\Users\yubg\OneDrive\2018book\zhouzhou.
jpg")
##调整大小
out = pil_im.resize((128,128))
out
##旋转图像
out = out.rotate(45)
Out
```

结果如图 4-37 所示。

图 4-37　用 rotate()方法旋转图像

5. 图像轮廓和直方图

显示图像轮廓和直方图。代码如下：

```
import numpy as np
import matplotlib.pyplot as plt
im=np.array(Image.open(r"C:\Users\yubg\OneDrive\2018book\zhouzh
ou.jpg").convert("L"))
print("图片大小",im.shape)
##图像轮廓
plt.figure()
##不使用颜色信息
plt.gray()
## 在原点的左上角显示图像轮廓
plt.contour(im,origin = "image")
plt.axis("equal")                        #设置坐标轴位正方形
                                         #plt.axis("off")

plt.show()
##直方图
plt.hist(im.flatten(),128)
plt.show()
```

结果如图 4-38 所示。

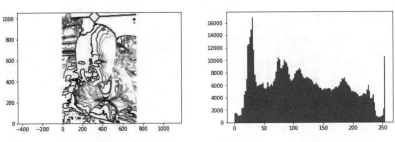

图 4-38　轮廓图与直方图

4.2.2　OpenCV 图库

OpenCV 是一个 C++库，用于实时处理计算视觉问题，即实时处理计算机视觉的 C++库。OpenCV 最初由英特尔公司开发，现由 Willow Garage 维护。OpenCV 是在 BSD 许可下发布的开源库，这意味着它对于学术研究和商业应用是免费的。

首先要安装OpenCV，打开 Anaconda 目录下的 Anaconda Prompt，并输入：

```
conda install opencv
```

如果没有更新到最新版，可能需要升级，输入 y 升级，如图 4-39 所示。

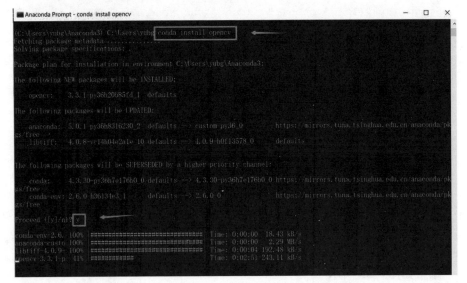

图 4-39　安装 OpenCV

1. 读取和写入图像

函数 imread()的返回图像是一个标准的 Numpy 数组，并且该函数能够处理很多不同格式的图像。如果用户愿意，可以将该函数作为 PIL 模块读取图像的备选方案。函数 imwrite()会根据文件后缀自动转换图像。代码如下：

```
import cv2
##读取图像
im = cv2.imread(r"C:\Users\yubg\OneDrive\2018book\zhouzhou.jpg")
print(im.shape)
##保存图像
cv2.imwrite(r"C:\Users\yubg\OneDrive\2018book\zhouzhou1.png",im)
```

2. 颜色空间

在 OpenCV 中，图像不是按传统的 RGB 颜色通道，而是按 BGR 顺序（即 RGB 的倒序）存储的。读取图像时默认的是 BGR，但是还有一些可用的转换函数。颜色空间的转换可以用函数 cvtColor()来实现。例如，可以通过下面的方式将原图像转换成灰度图像：

```
im = cv2.imread(r"C:\Users\yubg\OneDrive\2018book\zhouzhou.jpg")
##创建灰度图像
gray = cv2.cvtColor(im,cv2.COLOR_BGR2GRAY)
print(gray)
print(gray.shape)
```

在读取原图像之后，紧接其后的是 OpenCV 颜色转换代码，其中最有用的一些转换代码如下：

```
cv2.COLOR_BGR2GRAY
cv2.COLOR_BGR2RGB
cv2.COLOR_GRAY2BGR
```

上面每个转换代码中，转换后的图像颜色通道数与对应的转换代码相匹配，比如对于灰度图像只有一个通道，对于 RGB 和 BGR 图像则有三个通道。最后的 cv2.COLOR_GRAY2BGR 将灰度图像转换成 BGR 彩色图像；如果想在图像上绘制或覆盖有色彩的对象，CV2.COLOR_GAY2BGR 是非常有用的。

3. 图像显示

可以使用 matplotlib 来显示 OpenCV 中的图像。代码如下：

```
import matplotlib.pyplot as plt
import cv2
```

```
##读取图像
im = cv2.imread(r"C:\Users\yubg\OneDrive\2018book\zhouzhou.jpg")
gray = cv2.cvtColor(im,cv2.COLOR_BGR2GRAY)
##计算图像的积分
intim = cv2.integral(gray)
##归一化并保存
intim = (255*intim)/intim.max()
plt.figure(figsize=(12,6))
plt.subplot(1,2,1)
plt.imshow(gray)
plt.title("YTZ picture")
plt.subplot(1,2,2)
plt.imshow(intim)
plt.title("YTZ integral")
plt.show()
```

结果如图 4-40 所示。

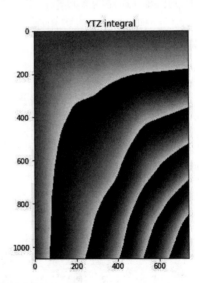

图 4-40　颜色转换图

本章小结

本章主要学习了数据的可视化方法，对各种图形所能展示的优势进行了介

绍，合理地选择对数据的可视化方法较为重要。在图形中进行中文或者符号标
注也是本章的重点内容。

坑点提示

Python 的主要作图库是 Matplotlib，而 pandas 基于 Matplotlib 并对某些
命令进行了简化，因此作图通常是 Matplotlib 和 pandas 相互结合使用。在作
图之前通常都要加载以下代码：

```
import matplotlib.pyplot as plt                #导入作图库
plt.rcParams['font.sans-serif']=['SimHei']     #用来正常显示中文标签
plt.rcParams['axes.unicode_minus']=False       #用来正常显示负号
plt.figure(figsize=(7,5))                       #创建图像区域，指定比例
```

做完图后，一般通过 plt.show() 来显示作图结果。

在 Jupyter Notebook 中，最好能够把作图代码完整输入，否则可能会出
现意想不到的问题。如果使用 Matplotlib 绘图，有时是弹不出图像框的，此
时别忘了在开头加入"%matplotlib inline"。

作图最容易出问题的就是在图上进行标注，标注内容是中文或者特殊
符号时，经常会出现意想不到的问题，故在作图之前通常都要加载以上 4 行
代码！关于显示图中中文标注的方法在后续章节《红楼梦》文本分析中还会
讲到。

第 **5** 章

字符串处理与网络爬虫

网络爬虫（又被称为网页蜘蛛、网络机器人）是一种按照一定的规则，自动地抓取 Web 信息的程序或者脚本。通俗地说，该程序或脚本就是按照一定的规则从页面中自动提取想要的数据，这个规则就涉及对字符串的处理。因此，本章将从字符串的处理开始介绍网络爬虫的入门知识。

5.1 字符串处理

5.1.1 字符串处理函数

字符串处理函数及其意义如表 5-1 所示。

表 5-1 字符串处理函数及其意义

函 数 名	意 义
str.capitalize()	首字母大写
str.casefold()	将字符串 str 中的大写字符转换为小写字符
str.lower()	同 str.casefold()，只能转换英文字母
str.upper()	将字符串 str 中的小写字符转换为大写字符
str.count(sub[, start[, end]])	返回字符串 str 的子字符串 sub 出现的次数
str.encode(encoding="utf-8", errors="strict")	返回字符串 str 经过 encoding 编码后的字节码，errors 指定了遇到编码错误时的处理方法
str.find(sub[, start[, end]])	返回字符串 str 的子字符串 sub 第一次出现的位置
str.format(*args, **kwargs)	格式化字符串
str.join(iterable)	用 str 连接可迭代对象 iterable，并返回连接后的结果
str.strip([chars])	去除 str 字符串两端的 chars 字符（默认去除 "\n", "\t", " "），并返回操作后的字符串
str.lstrip([chars])	同 strip 函数，去除字符串最左边的字符
str.rstrip([chars])	同 strip 函数，去除字符串最右边的字符
str.replace(old, new[, count])	将字符串 str 的子字符串 old 替换成新的子字符串 new，并返回操作后的字符串
str.split(sep=None, maxsplit=-1)	将字符串 str 按 sep 分隔符分隔 maxsplit 次，并返回分隔后的字符串数组

示例代码如下：

```
>>> s="Hello World !"
>>> c=s.capitalize()              #首字母大写
>>> c
'Hello world !'
>>> id(s),id(c)                   #id()函数用于查询变量的存储地址
(55219120, 73921264)
>>> s.casefold()
'hello world !'
>>> s.lower()
'hello world !'
>>> s.upper()
```

229

```
'HELLO WORLD !'
>>> s="111222asasas78asas"
>>> s.count("as")
5
>>> s.encode(encoding="gbk")
b'111222asasas78asas'
>>> s.find("as")
6
>>> s="This is {0} and {1} is good ! {word1} are {word2}"
>>> s
'This is {0} and {1} is good ! {word1} are {word2}'
>>> s.format("Python","Python3.x",word1="We",word2="happy !")
'This is Python and Python3.x is good ! We are happy !'
>>> it=["Join","the","str","!"]
>>> it
['Join','the','str','!']
>>> " ".join(it)
'Join the str !'
>>> '\n\t  aaa \n\t aaa \n\t'.strip()
'aaa \n\t aaa'
>>> '\n\t  aaa \n\t aaa \n\t'.lstrip()
'aaa \n\t aaa \n\t'
>>> '\n\t  aaa \n\t aaa \n\t'.rstrip()
'\n\t  aaa \n\t aaa'
>>> 'xx 你好'.replace('xx','小明')
'小明你好'
>>> '1,2,3,4,5,6,7'.split(',')
['1','2','3','4','5','6','7']
```

5.1.2　正则表达式

正则表达式，又称正规表示式、正规表示法、正规表达式、规则表达式、常规表示法（Regular Expression，在代码中常简写为 regex、regexp 或 re），是计算机科学的一个概念。正则表达式使用单个字符串来描述、匹配一系列符合某个句法规则的字符串。在很多文本编辑器里，正则表达式通常被用来检索、替换那些匹配某个模式的文本。

re 模块是 Python 的正则表达式模块，提供了对字符串正则的支持。

例如，从 HTML 标签中匹配网址。代码如下：

```
>>> import re
>>> html = """<meta http-equiv="X-UA-Compatible" content="IE=edge,
chrome=1">
<meta http-equiv="content-type" content="text/html;charset=utf-8">
<meta content="always" name="referrer">
<meta name="theme-color" content="#2932e1">
<link rel="shortcut icon" href="/favicon.ico" type="image/x-icon"
/>
<link  rel="icon"  sizes="any"  mask  href="//www.baidu.com/img/
baidu.svg">
<link rel="search" type="application/opensearchdescription+xml"
href="/content-search.xml" title="百度搜索" />"""
>>> pat = re.compile('href="(.{0,}?)"')
>>> res=re.findall(pat,html)
>>> res
['/favicon.ico', '//www.baidu.com/img/baidu.svg', '/content-search.
xml']
```

从结果可知，我们已经取得 href 所指向的所有网址了。

正则表达式是一种用来匹配字符串的强有力的武器。它的设计思想是用一种描述性的语言来给字符串定义一个规则，凡是符合规则的字符串，我们就认为它"匹配"了；否则，该字符串就是不合法的。例如判断一个字符串是否是合法 Email 的方法是：

（1）创建一个匹配 Email 的正则表达式；

（2）用该正则表达式去匹配用户的输入，判断是否合法。

因为正则表达式是用字符串表示的，所以要首先了解如何用字符来描述字符。

1. 准备知识

在正则表达式中，如果直接给出字符，就是精确匹配。用"\d"可以匹配一个数字，"\w"可以匹配一个字母或数字，"."可以匹配任意字符，所以如下正则表达式：

➥ '00\d'可以匹配'007'，但无法匹配'00A'，也就是说'00'后面只能是数字。

➥ '\d\d\d'可以匹配'010'，只可匹配 3 位数字。

➥ '\w\w\d'可以匹配'py3'，前两位可以是数字或者字母，但是第三位只能是数字。

➘ 'py.'可以匹配'pyc'、'pyo'、'py!'等。

在正则表达式中，用*表示任意个字符（包括 0 个），用+表示至少一个字符，用?表示 0 个或 1 个字符，用{n}表示 n 个字符，用{n,m}表示 n~m 个字符。

下面看一个复杂的例子：\d{3}\s+\d{3,8}。

从左到右解读如下：

（1）\d{3}表示匹配 3 个数字，如'010';

（2）\s 可以匹配一个空格（也包括 Tab 等空白符），所以\s+表示至少有一个空格，例如匹配' '，' '等;

（3）\d{3,8}表示 3~8 个数字，如'1234567'.

综合起来，上面的正则表达式可以匹配以任意个空格隔开的、区号为 3 个数字、号码为 3~8 个数字的电话号码，如'021   8234567'.

如果要匹配'010-12345'这样的号码呢？由于'-'是特殊字符，在正则表达式中，要用'\'转义，所以上面的正则式是\d{3}\-\d{3,8}。

但是，仍然无法匹配'010 - 12345'，因为'-'两侧带有空格。所以需要更复杂的匹配方式。

2. 进阶

要实现更精确的匹配，可以用[ ]表示范围。比如：

➘ [0-9a-zA-Z_]可以匹配一个数字、字母或者下划线。

➘ [0-9a-zA-Z_]+可以匹配至少由一个数字、字母或者下划线组成的字符串，如'a100', '0_Z', 'Py3000'等。

➘ [a-zA-Z_][0-9a-zA-Z_]*可以匹配由字母或下划线开头，后接任意个由一个数字、字母或者下划线组成的字符串，也就是 Python 合法的变量。

➘ [a-zA-Z_][0-9a-zA-Z_]{0,19}更精确地限制了变量的长度是 1~20 个字符（前面 1 个字符+后面最多 19 个字符）。

➘ A|B 可以匹配 A 或 B，所以(P|p)ython 可以匹配'Python'或者'python'。

➘ ^表示行的开头，^\d 表示必须以数字开头。

➘ $表示行的结束，\d$表示必须以数字结束。

需要注意，py 也可以匹配'python'，但若加上^、$，即^py$，就变成了整行匹配，只能匹配'py'.

　　具体的正则表达式常用符号见表 5-2。

表 5-2　正则表达式常用符号

符　号	含　义	例　子	匹配结果
*	匹配前面的字符、表达式或括号里的字符 0 次或多次	a*b*	aaaaaaa、aaaaabbb
+	匹配前面的字符、表达式或括号里的字符至少一次	a+b+	aabbb、abbbbb;aaaaab
?	匹配前面的字符一次或 0 次	Ab?	A、Ab
.	匹配任意单个字符，包括数字、空格和符号	b.d	bad、b3d、b#d
[ ]	匹配[ ]内的任意一个字符，即任选一个	[a-z]*	zero、hello
\	转义符，把后面的特殊意义的符号按原样输出	\.\/\\	.\
^	指字符串开始位置的字符或子表达式	^a	apple、aply、asdfg
$	经常用在表达式的末尾，表示从字符串的末端匹配。如果不用它，则每个正则表达式的实际表达形式都带有.*作为结尾。这个符号可以看成^符号的反义词	[A-Z]*[a-z]*$	ABDxerok、Gplu、yubg、YUBEG
|	匹配任意一个有|分隔的部分	b(i|ir|a)d	bid、bird、bad
?!	不包含。这个组合经常放在字符或者正则表达式前面，表示这些字符不能出现。如果在某个整个字符串中全部排除某个字符，就要加上^和$符号	^((?![A-Z]).)*$	除了大写字母以外的所有字母、字符均可，如 nu-here、&hu238-@
( )	表达式编组，()内的正则表达式会优先运行	(a*b)*	aabaaab、aaabab、abaaaabaaaabaaab
{m,n}	匹配前面的字符串或者表达式 m~n 次，包含 m 和 n 次	go{2,5}gle	gooogle、goooogle、gooooogle、goooooogle
[^]	匹配任意一个不在中括号内的字符	[^A-Z]*	sed、sead@、hes#23
\d	匹配一位数字	a\d	a3、a4、a9
\D	匹配一位非数字	3\D	3A、3a、3-
\w	匹配一个字母或数字	\w	3、A、a

233

3. re 模块

有了准备知识，就可以在 Python 中使用正则表达式了。Python 提供了 re 模块，包含所有正则表达式的功能。由于 Python 的字符串本身也用\转义，所以要特别注意。例如：

```
s = 'ABC\\-001' #Python 的字符串
```

对应的正则表达式字符串变成：

```
#'ABC\-001'
```

因此强烈建议使用 Python 的 r 前缀，就不用考虑转义的问题了。例如：

```
s = r'ABC\-001' #Python 的字符串
```

对应的正则表达式字符串不变：

```
#'ABC\-001'
```

先看看如何判断正则表达式是否匹配。代码如下：

```
>>> import re
>>> re.match(r'^\d{3}\-\d{3,8}$', '010-12345')
<_sre.SRE_Match object; span=(0, 9), match='010-12345'>
>>> re.match(r'^\d{3}\-\d{3,8}$', '010 12345')
>>>
```

match()方法判断是否匹配，如果匹配成功，返回一个 Match 对象，否则返回 None。常见的判断方法是：

```
test = '用户输入的字符串'
if re.match(r'正则表达式', test):
    print('ok')
else:
print('failed')
#输出:
failed
```

4. 切分字符串

用正则表达式切分字符串比用固定的字符更灵活。来看正常的切分代码：

```
>>> 'a b   c'.split(' ')
['a', 'b', '', '', 'c']
>>>
```

执行上面代码，结果显示无法识别连续的空格。运行下面的正则表达式试一试：

```
>>> re.split(r'\s+', 'a b  c')
['a', 'b', 'c']
>>>
```

无论多少个空格都可以正常分隔。加入 "\," 试试下面的正则表达式：

```
>>> re.split(r'[\s\,]+', 'a,b, c d')
['a', 'b', 'c', 'd']
>>>
```

再加入 "\,\;"，试试下面的正则表达式：

```
>>> re.split(r'[\s\,\;]+', 'a,b;; c d')
['a', 'b', 'c', 'd']
>>>
```

如果用户输入了一组标签，可以用正则表达式把不规范的输入转换成正确的数组。

5. 分组

除了简单地判断用户输入是否匹配之外，正则表达式还有提取子串的强大功能。用()表示的即是要提取的分组（Group）。例如：^(\d{3})-(\d{3,8})$分别定义了两个组，可以直接从匹配的字符串中提取出区号和本地号码。示例代码如下：

```
>>> m = re.match(r'^(\d{3})-(\d{3,8})$', '010-12345')
>>> m
<_sre.SRE_Match object; span=(0, 9), match='010-12345'>
>>> m.group(0)
'010-12345'
>>> m.group(1)
'010'
>>> m.group(2)
'12345'
>>>
```

如果正则表达式中定义了组，就可以在 Match 对象上用 group()方法提取出子串。

注意到 group(0)是原始字符串，group(1)、group(2)……表示第 1、2……个子串。

提取子串非常有用，例如：

```
>>> t = '19:05:30'
>>> m = re.match(r'^(0[0-9]|1[0-9]|2[0-3]|[0-9])\:(0[0-9]|1[0-9]|
2[0-9]|3[0-9]|4[0-9]|5[0-9]|[0-9])\:(0[0-9]|1[0-9]|2[0-9]|3[0-9]
|4[0-9]|5[0-9]|[0-9])$',t)
>>> m.groups()
('19','05','30')
>>>
```

这个正则表达式可以直接识别合法的时间。但有些时候，用正则表达式也无法做到完全验证，比如识别日期：

```
'^(0[1-9]|1[0-2]|[0-9])-(0[1-9]|1[0-9]|2[0-9]|3[0-1]|[0-9])$'
```

对于'2-30'、'4-31'这样的非法日期，用正则表达式还是识别不了，或者说写出来非常困难，这时就需要程序配合识别了。

6．贪婪匹配

最后需要特别指出的是，正则匹配默认是贪婪匹配，也就是匹配尽可能多的字符。如下示例代码，可以匹配出数字后面的0。

```
>>> re.match(r'^(\d+)(0*)$','102300').groups()
('102300','')
>>>
```

由于\d+采用贪婪匹配，直接把后面的0全部匹配了，结果0*只能匹配空字符串了。

必须让\d+采用非贪婪匹配（也就是尽可能少地匹配），才能把后面的0匹配出来。加个?就可以让\d+采用非贪婪匹配。代码如下：

```
>>> re.match(r'^(\d+?)(0*)$','102300').groups()
('1023','00')
>>>
```

7．编译

当我们在 Python 中使用正则表达式时，re 模块内部会做下面两件事情：
（1）编译正则表达式，如果正则表达式的字符串本身不合法，会报错；
（2）用编译后的正则表达式去匹配字符串。

如果一个正则表达式要重复使用几千次，出于效率的考虑，我们可以预编译该正则表达式，接下来重复使用时就不需要编译了，直接匹配即可。示例代

码如下:

```
>>> import re
#编译:
>>> re_telephone = re.compile(r'^(\d{3})-(\d{3,8})$')
#使用:
>>> re_telephone.match('010-12345').groups()
('010','12345')
>>> re_telephone.match('010-8086').groups()
('010','8086')
>>>
```

编译后生成 Regular Expression 对象，由于该对象自己包含了正则表达式，所以调用对应的方法时不用给出正则字符串。

5.1.3　编码处理

在 Python 爬虫获取数据时，比较"坑"的是爬下来的数据看起来是字符串，但是不能直接使用，需要进行编码格式转换。举个不恰当的例子，日本人要去古巴，但日元在古巴是没法消费的，怎么办? 必须把日元兑换成古巴的比索，但是日元不能直接兑换成比索（假设不能直接对换啊），所以只好先把日元兑换成美元，再把美元兑换成比索。美元在其中就充当了国际货币，是一个兑换的标准，是各种货币之间的桥梁。同理，在各种编码之间互相转换也有这么一个标准，那就是 unicode（在 Python2.x 中，使用 unicode 类型作为编码的基础类型。到了 Python3，据说取消了 unicode 类型，代替它的是使用 unicode 字符的字符串类型 str，字符串类型 str 成为基础类型）。先将其他编码转换成 str(unicode)，再转换成想要的编码。也就是说，str 是各种编码之间的桥梁，是转换的标准。在 Python 中使用 decode()和 encode()函数来进行解码和编码，如图 5-1 所示。

图 5-1　字符编码转换

237

字符串编码常用类型有 utf-8、gb2312、gbk、cp936 等。

示例代码如下：

```
>>> a='我叫蝈蝈'  #Python3 默认的编码为 str(unicode)
>>> str_gb2312=a.encode('gb2312')  #将 str 转换为 gb2312，直接编码
(encode)成想要转换的编码 gb2312
>>> print('我转换成的 gb2312: ',str_gb2312)
我转换成的 gb2312: b'\xce\xd2\xbd\xd0\xf2\xe5\xf2\xe5'

>>> gb2312_utf8=str_gb2312.decode('gb2312').encode('utf-8')  # 将
gb2312 转换为 utf-8，当前字符为 gb2312，所以要先解码(decode)成 str(decode
函数中传入的参数为当前字符的编码集)，然后再编码(encode)成 utf-8
>>> print('我转换成的 utf-8: ',gb2312_utf8)
我转换成的 utf-8:b'\xe6\x88\x91\xe5\x8f\xab\xe8\x9d\x88\xe8\x9d\x88'

>>> utf8_gbk=gb2312_utf8.decode('utf-8').encode('gbk')  #将 utf8
转换为 gbk，当前字符集编码为 utf-8，要想转换成 gbk，先解码(decode)成 str 字
符集，再编码(encode)成 gbk 字符集
>>> print("我转换成的 gbk: ",utf8_gbk)
我转换成的 gbk: b'\xce\xd2\xbd\xd0\xf2\xe5\xf2\xe5'

>>> utf8_str = utf8_gbk.decode('gbk')  #将 utf8 转换为 str，注意当转
换成 str 时 并不需要 encode()函数
>>> print('我转化成的 str: ',utf8_str)
我转化成的 str: 我叫蝈蝈

>>> str_gb18030=utf8_str.encode('gb18030')  #str 转化为 gb18030
>>> print('我是 gb18030: ',str_gb18030)
我是 gb18030: b'\xce\xd2\xbd\xd0\xf2\xe5\xf2\xe5'
>>>
```

从上面的代码转换可以看出，gb2312、gbk、gb18030 编码返回的结果都是
"b'\xce\xd2\xbd\xd0\xf2\xe5\xf2\xe5'"，那是因为这 3 种都是中国的编码，所
以都是向下互相兼容的。中国的编码最先出来的是 gb2312，然后是 gb18030，
最后是 gbk，它们所支持的字符数也是随着顺序逐渐增多，从最初的 7000 多个
发展到现在的近 3 万个。

下面是一个读取文件的例子。

假如有一个 f_utf8.txt 文件，在保存时选择的编码格式为 utf-8，如图 5-2
所示。

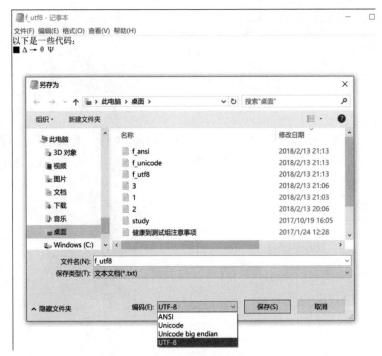

图 5-2　保存文件时选择编码格式

下面打开该文件，并把它读取出来：

```
>>> file=open(r'C:\Users\yubg\Desktop\f_utf8.txt')
                                    #打开 f_utf8.txt 文件
>>> f = file.read()                 #读取文件中每一行的内容
Traceback (most recent call last):
  File "<pyshell#1>",line 1,in <module>
    f = file.read()
UnicodeDecodeError: 'gbk' codec can't decode byte 0x80 in position
14: illegal multibyte sequence
```

会报错？当然会报错！默认读取或者使用'r'读取二进制文件时，可能会出现文档读取不全的现象。解决方案：二进制文件就用二进制方法读取'rb'。

进行如下修改即可：

```
>>> file=open(r'C:\Users\yubg\Desktop\f_utf8.txt','rb')
>>> f = file.read()
>>> print(f)
b'\xd2\xd4\xcf\xc2\xca\xc7\xd2\xbb\xd0\xa9\xb7\xfb\xba\xc5\xa3\
```

239

```
xba\r\n\xa1\xf6\xa6\xa4\xa1\xfa\xa6\xc8\xa6\xb7'
>>> f1 = f.decode('utf8')                #按照文件的编码来解码
>>> print(f1)
```

以下是一些符号：

```
■ △ → θ Ψ
>>> file.close()                         #关闭打开的 f_utf8.txt 文件
>>>
```

从上面的例子发现一个问题，如何判断打开的文件是什么编码格式？或者从网上爬取下来的网页是什么编码格式？可以通过第三方库 chardet 来判断字节码的编码方式。代码如下：

```
>>> import chardet
>>> chardet.detect(f)
{'confidence': 1.0,'encoding': 'UTF-8-SIG','language': ''}
>>>
```

这里表示 f 字节码被判断成 utf-8 编码的自信度还是很高的，可达 100%。

5.2 网络爬虫

关于网络爬虫，百度是这么解释的：网络爬虫（又被称为网页蜘蛛、网络机器人，在 FOAF 社区中经常被称为网页追逐者），是一种按照一定的规则，自动地抓取 Web 信息的程序或者脚本。网络爬虫的另外一些不常使用的名称还有蚂蚁、自动索引、模拟程序或者蠕虫。

网络爬虫的执行流程为：获取网页源码、从源码中提取相关的信息、进行数据存储。

5.2.1 获取网页源码

通过 Python 内置的 urllib.request 模块可以很轻松地获得网页的字节码，通过对字节码的解码就可以获取到网页的源码字符串。

示例代码如下：

```
In[1]: from urllib import request
 fp=request.urlopen('http://www.nuc.edu.cn')
 content = fp.read()
```

```
  fp.close()
  type(content)
Out[1]: bytes

In[2]: html = content.decode()
  Html
Out[15]:  '\ufeff<!DOCTYPE  HTML><HTML><HEAD><TITLE>中北大学
</TITLE>\r\n\r\n\r\n\r\n\r\n<META content="IE=11.0000" http-equiv=
"X-UA-Compatible">\r\n<META    charset="utf-8">\r\n<META    name=
"applicable-device"  content="mobile">\r\n<META  name="viewport"
content="width=device-width,initial-scale=1.0,maximum-scale=1.0
,minimum-scale=1.0,user-scalable=no">\r\n<META
name="apple-mobile-web-app-capable" content="yes">
… …
```

但是，一般情况下我们并不清楚网页的编码，并不是所有网页都采用 utf-8 编码方式，这个时候我们就需要用 chardet 库判断编码方式了。

示例代码如下：

```
In[3]: import chardet
  det = chardet.detect(content)
  det
Out[16]: {'confidence': 1.0,'encoding': 'UTF-8-SIG','language':
''}

In[16]: if det['confidence']>0.8:        #当设置 confidence>0.8 时，
                                          认为它的判断正确
        html=content.decode(det['encoding'])
        print(det['encoding'])
  else:
    html = content.decode('gbk')
    print(det['encoding'])

UTF-8-SIG
```

5.2.2　从源码中提取信息

前面我们介绍了正则表达式，如果一个正则匹配稍有差池，可能程序就会困在永久的循环之中，而且有些读者对写正则表达式还是很犯怵的，没关系，已经有好心人替我们做了不少准备工作。下面介绍一个功能强大的工具——

Beautiful Soup，有了它我们可以很方便地提取出 HTML 或 XML 标签中的内容。

Beautiful Soup 是一个可以从 HTML 或 XML 文件中提取数据的 Python 库，其最主要的功能就是从网页抓取数据。Beautiful Soup 提供了一些简单的、Python 式的函数，用来处理导航、搜索、修改分析树等功能。它是一个工具箱，通过解析文档为用户提供需要抓取的数据。因为比较简单，所以不需要多少代码就可以写出一个完整的应用程序。Beautiful Soup 自动将输入文档转换为 unicode 编码，输出文档转换为 utf-8 编码，不需要考虑编码方式。

使用 Beautiful Soup 前要安装该库。代码如下：

```
pip install beautifulsoup4
```

然后创建 Beautiful Soup 对象，导入 bs4 库。代码如下：

```
from bs4 import BeautifulSoup
```

来看下面的示例。

```
In[1]: from bs4 import BeautifulSoup
       html = """
       <html><head><title>The Dormouse's story</title></head>
       <body><p class="title"><b>The Dormouse's story</b></p>
       <p class="story">Once upon a time there were three little
sisters; and their names were
       <a href="http://example.com/elsie" class="sister" id="link1">
Elsie</a>,
       <a href="http://example.com/lacie" class="sister" id="link2">
Lacie</a> and
       <a href="http://example.com/tillie" class="sister" id="link3">
Tillie</a>;
       and they lived at the bottom of a well.</p>
       <p class="story">...</p>
       """
In[2]: soup = BeautifulSoup(html)
C:\Users\yubg\Anaconda3\lib\site-packages\bs4\__init__.py:181:
UserWarning: No parser was explicitly specified,so I'm using the
best available HTML parser for this system ("lxml"). This usually
isn't a problem,but if you run this code on another system,or in
a different virtual environment,it may use a different parser and
behave differently.
```

```
The code that caused this warning is on line 245 of the file
C:\Users\yubg\Anaconda3\lib\site-packages\spyder\utils\ipython\
start_kernel.py. To get rid of this warning,change code that looks
like this:

 BeautifulSoup(YOUR_MARKUP})

to this:

 BeautifulSoup(YOUR_MARKUP,"lxml")

 markup_type=markup_type))

In[3]: print(soup.prettify())
<html>
 <head>
  <title>
   The Dormouse's story
  </title>
 </head>
 <body>
  <p class="title">
   <b>
    The Dormouse's story
   </b>
  </p>
  <p class="story">
   Once upon a time there were three little sisters; and their names
were
   <a class="sister" href="http://example.com/elsie" id="link1">
    Elsie
   </a>
   ,
   <a class="sister" href="http://example.com/lacie" id="link2">
    Lacie
   </a>
   and
   <a class="sister" href="http://example.com/tillie" id="link3">
    Tillie
```

```
    </a>
     ;
and they lived at the bottom of a well.
   </p>
   <p class="story">
    ...
   </p>
  </body>
</html>

In[4]: for a in soup.findAll(name='a'):          #找出所有 a 标签
    print('attrs: ',a.attrs)
    print('string: ',a.string)
    print('--------------------')

attrs: {'href': 'http://example.com/elsie', 'class': ['sister'],
'id': 'link1'}
string: Elsie
------------------
attrs: {'href': 'http://example.com/lacie', 'class': ['sister'],
'id': 'link2'}
string: Lacie
------------------
attrs: {'href': 'http://example.com/tillie', 'class': ['sister'],
'id': 'link3'}
string: Tillie

In[5]: for tag in soup.findAll(attrs = {"class" : "sister", "id":
"link1"}):
                    #找出所有 class = "sister", id="link1" 的标签
print('tag: ',tag.name)
print('attrs: ',tag.attrs)
print('string: ', tag.string)

tag: a
attrs: {'href': 'http://example.com/elsie', 'class': ['sister'],
'id': 'link1'}
string: Elsie
```

```
In[6]: for tag in soup.findAll(name = 'a', text = "Elsie"):
#找出所有包含内容为 Elsie 的标签
   print('tag: ',tag.name)
   print('attrs: ',tag.attrs)
   print('string: ', tag.string)

tag:  a
attrs:  {'href': 'http://example.com/elsie', 'class': ['sister'],
'id': 'link1'}
string:  Elsie

In[7]: import re             #用正则的方式找出所有 id="link 数字"的标签
for tag in soup.findAll(attrs = {'id':re.compile('link\d')}):
          print(tag)

<a class="sister" href="http://example.com/elsie" id="link1">
Elsie</a>
<a class="sister" href="http://example.com/lacie" id="link2">
 Lacie</a>
<a class="sister" href="http://example.com/tillie" id="link3">
Tillie</a>


In[8]:for a in soup.findAll('a', text = re.compile(".*?ie")):
 #用正则的方式找出所有包含内容结尾为"ie"的 a 标签
          print(a)

<a class="sister" href="http://example.com/elsie" id="link1">
Elsie</a>
<a class="sister" href="http://example.com/lacie" id="link2">
Lacie</a>
<a class="sister" href="http://example.com/tillie" id="link3">
Tillie</a>

In[9]: def parser(tag):
'''
自定义解析函数：解析出标签名为'a'，属性不为空且 id 属性为 link1 的标签
'''
          if tag.name == 'a' and tag.attrs and tag.attrs['id'] ==
```

245

```
'link1':
            return True

In[10]:for tag in soup.findAll(parser):
        print(tag)

<a class="sister" href="http://example.com/elsie" id="link1">
Elsie</a>
```

在输出 Out[2]中可以看到，在定义 soup 对象时有一个警告出现，一般情况下该警告不会影响效果，它只是让我们知道还没有指定解析器。Beautiful Soup 支持Python标准库中的 HTML 解析器，还支持一些第三方的解析器。如果我们不安装它，则 Python 会使用 Python 默认的解析器，lxml 解析器功能更加强大、速度更快，推荐安装。

5.2.3 数据存储

1. 保存到 csv 文件

Python 有自带的 csv 模块可以处理 csv 文件，前面也已经介绍过了如何读取、存储 csv 文件。但是通常为了方便，我们可以直接按自己的需要进行数据存储。

示例代码如下：

```
>>> csv = """id,name,score
1,xiaohua,23
2,xiaoming,67
3,xiaogang,89"""
>>> with open('G:/test.csv','w') as f:
    f.write(csv)
```

打开 G:/test.csv 文件，内容如图 5-3 所示。

	A	B	C
1	id	name	score
2	1	xiaohua	23
3	2	xiaoming	67
4	3	xiaogang	89

图 5-3　按 csv 文件格式保存的数据

2．保存到数据库

由于 Python 原生支持 sqlite3 数据库，并且此数据库小巧，功能又十分强大，因此我们选用 sqlite3 数据库进行演示，其他数据库使用方式类似，不同之处在于依赖库不同、SQL 语法不同。

示例代码如下：

```
import sqlite3 as base
db = base.connect('d:/test.db')    #数据库文件存在时，直接连接；不存在时，则创建相应数据库文件。此时当前目录下可以找到对应的数据库文件
#获取游标
sur = db.cursor()
#建表
sur.execute("""create table info(
id text,
name text,
score text)""")

db.commit()
 #添加数据
sur.execute("insert into info values ('1','xiaohua','23')")
sur.execute("insert into info values ('2','xiaoming','67')")
sur.execute("insert into info values ('3','xiaogang','89')")

db.commit()
sur.close()
db.close()
```

用工具软件 SQLiteSpy（可网上下载）打开 D:/test.db 数据库文件，如图 5-4 所示。

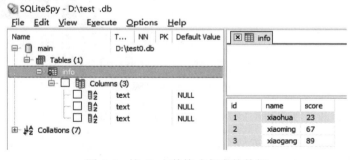

图 5-4　按 db 文件格式保存的数据

5.2.4 网络爬虫从这里开始

通过前面章节的学习，我们已经知道了怎么下载网页源码、解析网页、保存数据，其实这个时候读者已经学会有关简单网络爬虫的一大半内容了。

1. 纯手工打造网络爬虫

在这部分，我们会一步一步写出一个简洁、实用的网络爬虫。我们将对"豆瓣电影 TOP250"网页（https://movie.douban.com/top250）进行数据爬取。

用 Chrome 打开上面的网址，画面如图 5-5 所示。

图 5-5　豆瓣网页截图

我们需要从页面中提取"电影名""评分""描述"等信息，以及获取下一页链接，并循环爬取直到最后一页。

每一部电影的展示信息如图 5-6 所示。

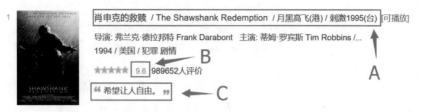

图 5-6　要爬取的数据截图

图 5-6 中标号 A 处为电影名，B 处为评分，C 处为评论。

爬取数据的流程如图 5-7 所示。

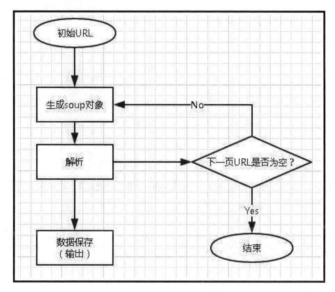

图 5-7　爬取数据流程

第一步：引入包。代码如下：

```
from urllib import request
from chardet import detect
from bs4 import BeautifulSoup
import re
```

第二步：获取网页源码，生成 soup 对象。代码如下：

```
def getSoup(url):
    """获取源码"""
    with request.urlopen(url) as fp:
```

```
byt = fp.read()
det = detect(byt)
return BeautifulSoup(byt.decode(det['encoding']),'lxml')
```

第三步：解析数据。

首先找到电影的标签，单击鼠标右键，在弹出的快捷菜单中选择"检查元素"命令，或者按下功能键 F12，会显示如图 5-8 所示的图形界面。当光标在元素突出显示的代码上移动时，可以看到网页上部分元素被选中。当用鼠标单击，依次打开至标号 A 处（<ol class="grid_view">）时，发现我们要爬取的信息都被包含在此区域内。

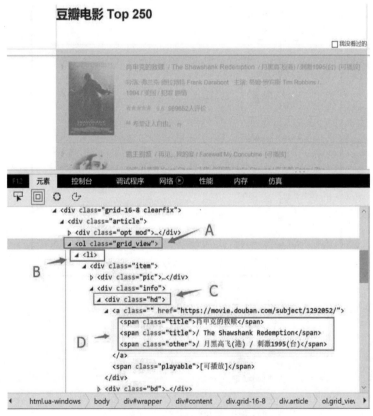

图 5-8　数据元素查找截图

继续单击，依次打开我们的目标"电影名""评分""描述"，发现要爬取的信息分别在标号 D、E、F 处，如图 5-9 所示。

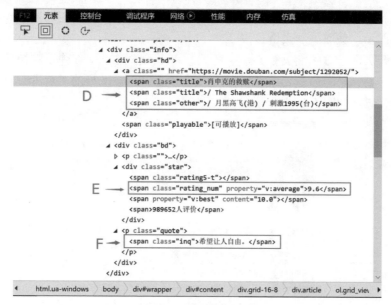

图 5-9　查找数据标签

　　因此我们只需要抓取标号 B 处 li 标签下一些满足要求的子标签——span 标签里的数据即可，如 class="title"、class="rating_num"、class="inq"。具体代码如下：

```python
def getData(soup):
  """获取数据"""
  data = []
  ol = soup.find('ol', attrs={'class': 'grid_view'})
  for li in ol.findAll('li'):
    tep = []
    titles = []
    for span in li.findAll('span'):
      if span.has_attr('class'):
        if span.attrs['class'][0] == 'title':
          titles.append(span.string.strip())
        elif span.attrs['class'][0] == 'rating_num':
          tep.append(span.string.strip())
        elif span.attrs['class'][0] == 'inq':
          tep.append(span.string.strip())
```

```
    tep.insert(0, titles)
    data.append(tep)
  return data
```

第四步：获取下一页链接。

打开页面下方的翻页行（标号 H 处），单击鼠标右键，在弹出的快捷菜单中选择"检查元素"命令，或者按下功能键 F12，标号 H 处的"后页"对应标号 G 处的代码，如图 5-10 所示。

图 5-10　查看翻页数据标签

具体代码如下：

```
def nextUrl(soup):
  """获取下一页链接后缀"""
  a = soup.find('a', text=re.compile("^后页"))
  if a:
    return a.attrs['href']
  else:
    return None
```

第五步：组织代码结构开始爬行。

```
if __name__ == '__main__':
  url = "https://movie.douban.com/top250"
  soup = getSoup(url)
  print(getData(soup))
  nt = nextUrl(soup)
  while nt:
    soup = getSoup(url + nt)
    print(getData(soup))
    nt = nextUrl(soup)
```

以上步骤执行完毕后得到如下内容（部分）：

```
[[['肖申克的救赎', '/\xa0The Shawshank Redemption'], '9.6', '希望让
人自由。'], [['霸王别姬'], '9.5', '风华绝代。'], [['这个杀手不太冷',
'/\xa0Léon'], '9.4', '怪蜀黍和小萝莉不得不说的故事。'], [['阿甘正传',
'/\xa0Forrest Gump'], '9.4', '一部美国近现代史。'], [['美丽人生',
'/\xa0La vita è bella'], '9.5', '最美的谎言。'], [['千与千寻', '/\xa0
千と千尋の神隠し'], '9.2', '最好的宫崎骏，最好的久石让。'], [['泰坦尼克号
', '/\xa0Titanic'], '9.2', '失去的才是永恒的。'], [['辛德勒的名单',
"/\xa0Schindler's List"], '9.4', '拯救一个人，就是拯救整个世界。'], [['
盗梦空间', '/\xa0Inception'], '9.3', '诺兰给了我们一场无法盗取的梦。'],
[['机器人总动员', '/\xa0WALL·E'], '9.3', '小瓦力，大人生。'], [['海上
钢琴师', "/\xa0La leggenda del pianista sull'oceano"], '9.2', '每
个人都要走一条自己坚定了的路，就算是粉身碎骨。'], [['三傻大闹宝莱坞',
'/\xa03 Idiots'], '9.2', '英俊版憨豆，高情商版谢耳朵。'],……
```

尽管获取的内容有点乱，但总算是有了。剩下的工作就是清洗、整理数据了。

2. Scrapy 抓取框架

Scrapy 是 Python 开发的一个快速、高层次的屏幕抓取和 Web 抓取框架，用于抓取 Web 站点并从页面中提取结构化的数据。Scrapy 用途广泛，可以用于数

据挖掘、监测和自动化测试。

  Scrapy 依赖于 Twisted、lxml、pywin32 等包，在安装这些包之前还需要安装 VC++10.0，从网上下载即可（有些 Windpws 10 系统会提前安装好）。安装包的顺序是先安装 pywin32、Twisted，再安装 lxml，最后安装 Scrapy。

  打开"开始"菜单 Anaconda3 下的 Anaconda Prompt，先安装 pywin32 包。输入命令如下：

```
conda install pywin32
```

  运行结果如图 5-11（a）所示。运行过程中需要输入 y，方可完成安装，如图 5-11（b）所示。

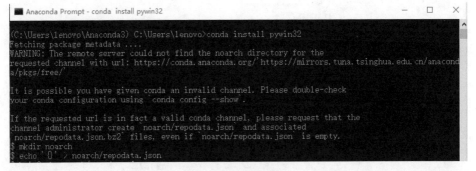

（a）运行结果

（b）输入 y 完成安装

图 5-11　安装 pywin32 包

  在安装 Twisted、lxml 以及 Scrapy 时，也同样需要更新一些包，输入 y 即可继续。

注意

以上安装顺序不能错，否则可能会出现莫名其妙的错误。

安装好环境，下面开始编写代码。为了初始化方便，新建如下文件（初始化.py）：

```
import os
pname = input('项目名：')
os.system("scrapy startproject " + pname)
os.chdir(pname)
wname = input('爬虫名：')
sit = input('网址：')
os.system('scrapy genspider ' + wname + ' ' + sit)
runc = """
from scrapy.crawler import CrawlerProcess
from scrapy.utils.project import get_project_settings

from %s.spiders.%s import %s

#获取 settings.py 模块的设置
settings = get_project_settings()
process = CrawlerProcess(settings=settings)

#可以添加多个 spider
#process.crawl(Spider1)
#process.crawl(Spider2)
process.crawl(%s)

#启动爬虫，会阻塞，直到爬取完成
process.start()
""" % (pname, wname, wname[0].upper() + wname[1:] + 'Spider',
wname[0].upper() + wname[1:] + 'Spider')
with open('main.py', 'w', encoding = 'utf-8') as f:
  f.write(runc)
input('end')
```

运行上述文件初始化代码模板：

项目名：douban

爬虫名：top250
网址：movie.douban.com/top250

执行完毕即可生成项目结构，示意图如图 5-12 所示，相关文件描述如表 5-3 所示。

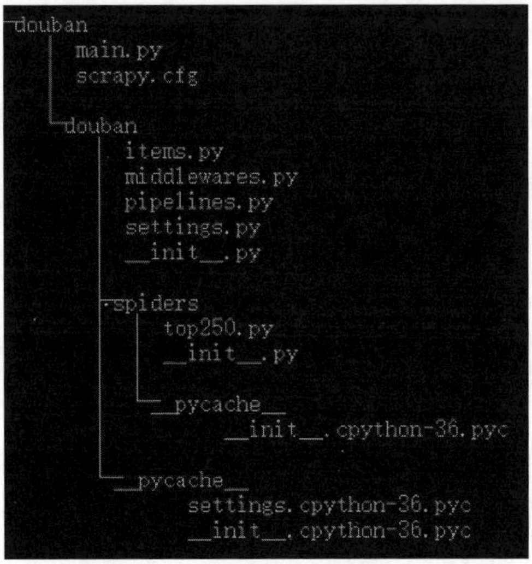

图 5-12　生成的 douban 项目结构

表 5-3　相关文件描述

文　件　夹	文　　件	描　　述
douban	main.py	程序运行总入口
douban	scrapy.cfg	项目的配置文件
douban/douban	__init__.py	初始化
douban/douban	items.py	抓取内容描述
douban/douban	middlewares.py	中间件
douban/douban	pipelines.py	管道，数据的清洗与存储
douban/douban	settings.py	配置文件
douban/douban/spiders	__init__.py	初始文件
douban/douban/spiders	top250.py	爬虫文件

进入项目结构，找到 items.py 并进行修改，确定需要爬取的项目。代码

如下：

```
from scrapy import Item, Field
class DoubanItem(Item):
 name = Field()
 fen = Field()
 words = Field()
```

进入项目结构，修改爬虫文件 top250.py。代码如下：

```
import scrapy
from douban.items import DoubanItem
from bs4 import BeautifulSoup
import re
class Top250Spider(scrapy.Spider):
 name = 'top250'
 allowed_domains = ['movie.douban.com']
 start_urls = ['https://movie.douban.com/top250/']
 def parse(self, response):
   soup = BeautifulSoup(response.body.decode('utf-8', 'ignore'),
'lxml')
   ol = soup.find('ol', attrs={'class': 'grid_view'})
   for li in ol.findAll('li'):
    tep = []
    titles = []
    for span in li.findAll('span'):
     if span.has_attr('class'):
       if span.attrs['class'][0] == 'title':
         titles.append(span.string.strip().replace(',', ', '))
       elif span.attrs['class'][0] == 'rating_num':
         tep.append(span.string.strip().replace(',', ', '))
       elif span.attrs['class'][0] == 'inq':
         tep.append(span.string.strip().replace(',', ', '))
    tep.insert(0, titles[0])
    while len(tep) < 3:
     tep.append("-")
    tep = tep[:3]
    item = DoubanItem()
    item['name'] = tep[0]
    item['fen'] = tep[1]
    item['words'] = tep[2]
```

```
    yield item
  a = soup.find('a', text=re.compile("^后页"))
  if a:
    yield  scrapy.Request("https://movie.douban.com/top250"  +
a.attrs['href'], callback=self.parse)
```

在 top250.py 里我们做了什么？首先指定了爬虫名称 name="top250"、允许爬行的域名范围 allowed_domains = ['movie.douban.com']、爬行起点 start_urls = ['https://movie.douban.com/top250/']，在 parse 函数里我们将源码解码生成了 soup 对象，然后解析出数据 item 通过生成器 yield 返回，解析出接下来需要爬行的 URL 通过 Request 对象 yield 到爬行队列，并指定处理该 URL 的处理函数为 self.parse。当然，这个函数读者可以自己编写，不是非指向自身不可的。

继续修改数据存储文件 pipelines.py。代码如下：

```
import csv
class DoubanPipeline(object):
  def __init__(self):
    self.fp = open('TOP250.csv','w', encoding = 'utf-8')
    self.wrt = csv.DictWriter(self.fp, ['name','fen','words'])
    self.wrt.writeheader()
  def __del__(self):
    self.fp.close()
  def process_item(self, item, spider):
    self.wrt.writerow(item)
    return item
```

在这里我们将爬取到的数据存入了 TOP250.csv 文件中。

然后修改配置文件 settings.py。代码如下：

```
BOT_NAME = 'douban'
SPIDER_MODULES = ['douban.spiders']
NEWSPIDER_MODULE = 'douban.spiders'
#豆瓣必须加这个
USER_AGENT = 'Mozilla/5.0 (Windows NT 6.1; WOW64) AppleWebKit/
537.36 (KHTML, like Gecko) Chrome/55.0.2883.87 Safari/537.36'
ROBOTSTXT_OBEY = False
ITEM_PIPELINES = {
  'douban.pipelines.DoubanPipeline': 300,
}
```

到此为止，可以运行主程序 main.py 了，如图 5-13 所示。

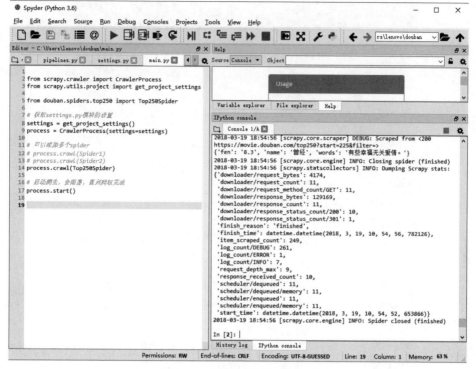

图 5-13　运行主程序 main.py

运行后，在 Anaconda 当前运行目录下会生成以下文件目录，如图 5-14 所示。

名称	修改日期	类型	大小
TOP250	2018/3/19 18:54	Microsoft Excel ...	9 KB
scrapy.cfg	2018/3/19 18:21	CFG 文件	1 KB
main	2018/3/19 18:53	PY 文件	1 KB
douban	2018/3/19 18:21	文件夹	

图 5-14　douban 目录

TOP250.csv 就是我们需要的数据文件，打开该文件，文件内容如图 5-15 所示。

图 5-15　csv 文件内容

本章小结

　　本章主要学习了正则表达式的运用、字符编码的转换，以及网络爬虫的方法。学完本章，读者能熟练掌握 Beautiful Soup 工具的使用方法。

第 2 部分
实战案例篇

词云

航空客户分类

《红楼梦》文本分析

　　"词云"就是对网络文本中出现频率较高的"关键词"予以视觉上的突出，形成"关键词云层"或"关键词渲染"，从而过滤掉大量的文本信息，使浏览网页者只要一眼扫过文本，就可以领略文本的主旨，词云图如图 6-1 所示。

图 6-1　词云图

　　"词云"这个概念由美国西北大学新闻学副教授、新媒体专业主任里奇·戈登（Rich Gordon）提出。他一直很关注网络内容发布的最新形式——

即那些只有互联网可以采用而报纸、广播、电视等其他媒体都望尘莫及的传播方式。通常，这些最新的、最适合网络的传播方式，也是最好的传播方式。

6.1 安装文件包

用 Python 做词云，需要安装两个文件包：一个是 wordcloud，另一个就是中文分词 jieba。

命令自动安装方式为：conda install jieba

conda install wordcloud

或：pip install jieba

pip install wordcloud

很多时候使用 conda 安装不成功的，请改用 pip 试试，如图 6-2 所示。

图 6-2 安装 jieba 和 wordcloud 库

6.2　jieba 功能用法

中文分词（Chinese Word Segmentation）指的是将一个汉字序列切分成一个一个单独的词。分词就是将连续的字序列按照一定的规范重新组合成词序列的过程。我们知道，在英文的行文中，单词之间是以空格作为自然分隔符的，而中文只是字、句和段能通过明显的分隔符来简单划分，唯独词没有一个形式上的分隔符，虽然英文也同样存在短语的划分问题，不过在"词"这一层上，中文比英文要复杂得多、困难得多。

本节将对中文分词的 jieba 库进行介绍。

6.2.1　cut 用法

jieba.cut 方法的命令格式如下：

```
jieba.cut(s, cut_all = True)
```

该方法接收两个输入参数：

（1）第一个参数 s 为需要分词的字符串；

（2）cut_all 参数用来控制是否采用全模式。

示例代码如下：

```
In[1]: import jieba
       seg_list = jieba.cut("我来到北京清华大学",cut_all=True)
       print("Full Mode:", "/ ".join(seg_list))          #全模式

Full Mode: 我/ 来到/ 北京/ 清华/ 清华大学/ 华大/ 大学

In[2]: seg_list = jieba.cut("我来到北京清华大学",cut_all=False)
       print("Default Mode:", "/ ".join(seg_list))     #精确模式

Default Mode: 我/ 来到/ 北京/ 清华大学

In[3]: seg_list = jieba.cut("他来到了网易杭研大厦")         #默认是精确模式
       print(", ".join(seg_list))
```

他，来到，了，网易，杭研，大厦

jieba.cut_for_search 方法的命令如下：

```
jieba.cut_for_search(s)
```

jieba.cut_for_search 方法接收一个参数 s：需要被分词的字符串。该方法适合用于搜索引擎构建倒排序索引的分词，粒度比较细。

```
In[4]: seg_list = jieba.cut_for_search("小明硕士毕业于中国科学院计算
                                          所，后在日本京都大学深造")
#搜索引擎模式
print(",".join(seg_list))

小明，硕士，毕业，于，中国，科学，学院，科学院，中国科学院，计算，计算
所，，，后，在，日本，京都，大学，日本京都大学，深造
```

注意

待分词的字符串可以是 gbk 字符串、utf-8 字符串或者 unicode。

jieba.cut 以及 jieba.cut_for_search 返回的结构都是一个可迭代的 generator，可以使用 for 循环来获得分词后得到的每一个词语（Unicode），也可以用 list(jieba.cut(...))转化为列表。

6.2.2　词频与分词字典

在一份给定的文件里，词频（Term Frequency，TF）指的是某一个给定的词语在该文件中出现的次数。这个次数通常会被正规化，以防止它偏向长文件（同一个词语在长文件里可能会比短文件有更高的词频，而不管该词语重要与否）。

在分词后，我们有时需要将高频词汇输出，如想要获取分词结果中出现频率前 10 的词列表。执行如下代码：

```
In[1]: import jieba
       from collections import Counter

       content=open(r'd:\pachong.txt',encoding='utf-8').read()
       Counter(content).most_common(10)
```

```
Out[1]:
[('【', 116),
 ('】', 116),
 ('标', 106),
 ('题', 106),
 ('\n', 104),
 (': ', 102),
 ('"', 100),
 ('>', 100),
 ('学', 98),
 (', ', 76)]
```

可以看到输出结果中'【', '】','标'居然是出现频率最高的字或字符，这种无实际意义的字符并不是我们想要的，那么就可以根据前面说的词性来进行一次过滤。代码如下：

```
In[2]: con_words = [x for x in jieba.cut(content) if len(x) >= 2]
       Counter(con_words).most_common(10)
Out[2]:
[('标题', 106),
 ('中北大学', 28),
 ('学姐', 28),
 ('贵校', 24),
 ('考生', 24),
 ('理科', 22),
 ('学长', 22),
 ('专业', 20),
 ('一本', 18),
 ('毕业生', 12)]
```

但有些时候许多专有名词，像人名、地名等是不可分的：如"欧阳建国"不可分为"欧阳"和"建国"；"赵州桥"不可分为"赵""周"和"桥"等。这时我们可以指定自己自定义的词典，以便包含jieba词库里没有的词。虽然jieba有新词识别能力，但是自行添加新词可以保证更高的正确率。

命令格式如下：

```
jieba.load_userdict(file_name)
```

其中，file_name 为文件类对象或自定义词典的路径。

词典格式：一个词占一行；每一行分为词语、词频（可省略）、词性（可省略）三部分，用空格隔开，顺序不可颠倒；file_name 若为路径或二进制方式打开的文件，则文件必须为 utf-8 编码；词频是一个数字，词性为自定义的词性，要注意的是词频数字和空格都要是半角的。

看下面个例子，不使用用户字典的分词结果如下：

```
In[3]:txt ='欧阳建国是创新办主任也是欢聚时代公司云计算方面的专家'
      print(','.join(jieba.cut(txt)))
```

欧阳,建国,是,创新,办,主任,也,是,欢聚,时代,公司,云,计算,方面,的,专家

使用用户字典（user_dict）的分词结果为：

```
In[4]:jieba.load_userdict('user_dict.txt')  #
      print(','.join(jieba.cut(txt)))
```

欧阳建国,是,创新办,主任,也,是,欢聚时代,公司,云计算,方面,的,专家

通过比较可以看出，使用用户字典后分词的准确性大大提高。

分词字典（user_dict.txt）的内容如下：

```
欧阳建国 5
创新办 5 i
欢聚时代 5
云计算 5
```

坑点

在提供自定义词的时候，为什么还需要指定词频？这里的词频有什么作用？

因为频率越高，成词的概率就越大。比如"江州市长江大桥"，既可以是"江州/市长/江大桥"，也可以是"江州/市/长江大桥"。

假设要保证第一种划分的话，通过在自定义词典里提高"江大桥"的词频可以做到，但是设置词频为多少合适？

这个例子其实比较极端，因为"长江大桥""市长"这些词的频率都很高，为了纠正，才把"江大桥"的词频设置很高。而对于一般的词典中没有的新词，大多数情况下不会处于有歧义的语境中，故设置个位数，如 2、3、4 就够了。

附：（jieba）分词中出现的词性类型

- a 形容词
  - ◇ ad 副形词
  - ◇ ag 形语素
  - ◇ an 副形词
- b 区别词
- c 连词
- d 副词
  - ◇ df
  - ◇ dg 副语素
- e 叹词
- f 方位词
- g 语素
- h 前接成分
- i 成语
- j 简称略语
- k 后接成分
- l 习用语
- m 数词
  - ◇ mg 数语素
  - ◇ mq 数量词
- n 名词
  - ◇ ng 名词性语素
  - ◇ nr 人名
  - ◇ nrfg
  - ◇ nrt
  - ◇ ns 地名
  - ◇ nt 机构团体
  - ◇ nz 其他专有名词

- o 拟声词
- p 介词
- q 量词
- r 代词
  - ◇ rg 代语素
  - ◇ rr 人称代词
  - ◇ rz 指示代词
- s 处所词
- t 时间词
  - ◇ tg 时语素
- u 助词
  - ◇ ud
  - ◇ ug
  - ◇ uj
  - ◇ ul
  - ◇ uv
  - ◇ uz
- v 动词
  - ◇ vd 副动词
  - ◇ vg 动语素
  - ◇ vi 不及物动词（内动词）
  - ◇ vn 名动词
  - ◇ vq
- x 非语素字
- y 语气语素
- z 状态词
  - ◇ zg

6.3　文本词云图

词云是将感兴趣的词语放在一副图像中，可以控制词语的位置、大小、字体等。通常使用字体的大小来反应词语出现的频率。出现的频率越高，在词云中词的字体越大。

先看下面的代码：

```
import jieba
from wordcloud import WordCloud
import matplotlib.pyplot as plt
s1 = " 在克鲁伊夫时代，巴萨联赛中完成了四连冠，后三个冠军都是在末轮逆袭获得
的。在 91/92 赛季，巴萨末轮前落后皇马 1 分，结果皇马客场不敌特内里费使得巴萨
逆转。一年之后，巴萨用几乎相同的方式逆袭，皇马还是末轮输给了特内里费。在 93/94
赛季中，巴萨末轮前落后拉科 1 分。巴萨末轮 5 比 2 屠杀塞维利亚，拉科则 0 比 0 战平
瓦伦西亚，巴萨最终在积分相同的情况下靠直接交锋时的战绩优势夺冠。神奇的是，拉
科球员久基奇在终场前踢丢点球，这才有了巴萨的逆袭。"
s2 = " 巴萨上一次压哨夺冠，发生在 09/10 赛季中。末轮前巴萨领先皇马 1 分，只
要赢球就将夺冠。末轮中巴萨 4 比 0 大胜巴拉多利德，皇马则与对手踢平。巴萨以 99
分的佳绩创下五大联赛积分纪录，皇马则以 96 分成为了悲情的史上最强亚军。"
s3 = "在 48/49 赛季中，巴萨末轮 2 比 1 拿下同城死敌西班牙人，以 2 分优势夺冠。
52/53 赛季，巴萨末轮 3 比 0 战胜毕巴，以 2 分优势力压瓦伦西亚夺冠。在 59/60 赛
季，巴萨末轮 5 比 0 大胜萨拉戈萨。皇马巴萨积分相同，巴萨靠直接交锋时的战绩优势
夺冠。"
mylist = [s1,s2,s3]
word_list = [" ".join(jieba.cut(sentence)) for sentence in mylist]
new_text = ' '.join(word_list)
wordcloud = WordCloud(font_path='simhei.ttf',
background_color="black").generate(new_text)
plt.imshow(wordcloud)
plt.axis("off")
plt.show()
```

上面代码总共 13 行。前三行导入相关的模块；s1、s2、s3 为要制作词云字符串的变量；mylist 行将 s1、s2、s3 做成了列表；word_list 行将 mylist 进行遍历，并将其做分词切割后做成列表；new_text 行将 word_list 内的元素用空格连

接起来，以便于计算词频；wordcloud 行对做好的分词算出词频并设置词云的字体和背景颜色；后三行是作图显示。

【例 6-1】对上面的代码进行改造，导入一篇本地文本，替换掉 s1、s2、s3 的内容，即删除掉 s1、s2、s3，用 text 一行替代，再把 mylist 修改为 list(text) 即可。代码如下：

```
import jieba
from wordcloud import WordCloud
import matplotlib.pyplot as plt
text      =    open(r'c:\Users\yubg\OneDrive\2018book\pachong.txt',
encoding='utf8')
mylist = list(text)

word_list = [" ".join(jieba.cut(sentence)) for sentence in mylist]
new_text = ' '.join(word_list)
wordcloud = WordCloud(font_path='simhei.ttf',
background_color="black").generate(new_text)
plt.imshow(wordcloud)
plt.axis("off")
plt.show()
```

结果如图 6-3 所示。

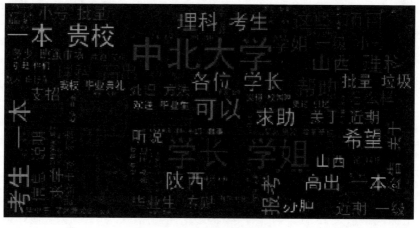

图 6-3　text（文本）词云图

6.4　背景轮廓词云图的制作

本节将介绍给定背景轮廓词云图的做法——抠廓图，如图 6-4 所示。

图 6-4　背景轮廓词云图

6.4.1　数据准备

首先做如下数据准备工作。

（1）以百度上抓取的帖子标题文本作为制作词云的数据。

（2）文本的示例（pachong.txt）：

【时间：2016-06-28 11:56:51】

【标题】中北大学贴吧

【标题 1】：【中北大学】跳蚤市场毕业生专贴">【中北大学】跳蚤市场毕业生专贴

【标题 2】：【吧务公告】关于近期一级小号批量发垃圾信息的说明及处

理方法">【吧务公告】关于近期一级小号批量发垃圾信息的说明及处理方法

　　【标题 3】：毕业的孩儿们你们的被子、褥子、毯子都怎么处理了呀">毕业的孩儿们你们的被子、褥子、毯子都怎么处理了呀

　　【标题 4】：求救！明天就要报考了！">求救！明天就要报考了！

　　【标题 5】：中北大学 2a 在朔州吗">中北大学 2a 在朔州吗

　　【标题 6】：这么凉快，应该出来坐会">这么凉快，应该出来坐会

　　【标题 7】：广东理科 分数 527 排名 43415">广东理科 分数 527 排名 43415

　　【标题 8】：☺谢谢帮助">☺谢谢帮助

　　【标题 9】：五院的男生们看过来，21 号楼的男生们看过来~">五院的男生们看过来，21 号楼的男生们看过来~

　　【标题 10】：云南理科考生 545 能上贵校吗">云南理科考生 545 能上贵校吗

6.4.2　分词

　　文本挖掘的第一步就是将文本分词，对于中文，这里继续使用结巴（jieba）分词。代码如下：

```
import jieba
jieba.cut(content,cut_all = True)
```

这里 content 就是需要分词的文本，cut_all 就是将文本里面所有可能的词都切割出来。上述文本分词之后的结果如下：

```
Full Mode: / / / 时间/ / 2016/ 06/ 28/ 11/ 56/ 51/
/ / 标题/ / / 中北/ 中北大学/ 北大/ 大学/ 贴/ 吧/
/ / 标题/ 1/ / / 中北/ 中北大学/ 北大/ 大学/ / / 跳蚤/ 跳蚤市场/ 市场/
毕业/ 毕业生/ 业生/ 专/ 贴/ / / 中北/ 中北大学/ 北大/ 大学/ / / 跳蚤/
/ 跳蚤市场/ 市场/ 毕业/ 毕业生/ 业生/ 专/ 贴/
/ / 标题/ 2/ / / 吧/ 务/ 公告/ / 关于/ 近期/ 一级/ 小号/ 批量/ 发/ 垃
圾/ 信息/ 的/ 说明/ 及/ 处理/ 方法/ / / 吧/ 务/ 公告/ / 关于/ 近期/
/ 一级/ 小号/ 批量/ 发/ 垃圾/ 信息/ 的/ 说明/ 及/ 处理/ 方法/
/ / 标题/ 3/ / / 毕业/ 的/ 孩儿/ 们/ 你们/ 的/ 被子/ 褥子/ 毯子/ 都/ 怎
么/ 处理/ 了/ 呀/ / / 毕业/ 的/ 孩儿/ 们/ 你们/ 的/ 被子/ 褥子/ 毯子/ 都/
怎么/ 处理/ 了/ 呀/
/ / 标题/ 4/ / / 求救/ / / 明天/ 就要/ 报考/ 了/ / / / 求救/ / / 明
```

天/ 就要/ 报考/ 了/ /
/ / 标题/ 5/ / / 中北/ 中北大学/ 北大/ 大学/ 2a/ 在/ 朔州/ 吗/ / / / 中北/ 中北大学/ 北大/ 大学/ 2a/ 在/ 朔州/ 吗/
/ / 标题/ 6/ / / 这么/ 凉快/ / / 应该/ 出来/ 坐会/ / / / 这么/ 凉快/ / / 应该/ 出来/ 坐会/
/ / 标题/ 7/ / / 广东/ 理科/ / / 分数/ 527/ / 排名/ 43415/ / / 广东/ 理科/ / / 分数/ 527/ / 排名/ 43415
/ / 标题/ 8/ / / / 谢谢/ 帮助/ / / / / 谢谢/ 帮助/
/ / 标题/ 9/ / / 五院/ 的/ 男生/ 们/ 看过/ 过来/ / 21/ 号/ 楼/ 的/ 男生/ 们/ 看过/ 过来/ / / / 五院/ 的/ 男生/ 们/ 看过/ 过来/ / 21/ 号/ 楼/ 的/ 男生/ 们/ 看过/ 过来/ /
/ / 标题/ 10/ / / 云南/ 理科/ 科考/ 考生/ 545/ 能/ 上/ 贵校/ 吗/ / / / 云南/ 理科/ 科考/ 考生/ 545/ 能/ 上/ 贵校/ 吗/

6.4.3　构建词云

接下来需要构建词云，这里也是使用现成的工具 wordcloud。使用 wordcloud 构建词云的代码如下：

```
import jieba
from PIL import Image
from wordcloud import WordCloud, STOPWORDS
from scipy.misc import imread
import matplotlib.pyplot as plt

content=
open(r'c:\Users\yubg\OneDrive\2018book\pachong.txt',encoding='utf8')
mylist = list(content)
word_list = [" ".join(jieba.cut(sentence)) for sentence in mylist]
new_text = ' '.join(word_list)

pac_mask = imread("apchong.png")
wc = WordCloud(font_path='simhei.ttf',
background_color="white",max_words=2000,mask=pac_mask).generate
(new_text)
plt.imshow(wc)
plt.axis('off')
plt.show()
wc.to_file('d:\\我要的.png')                 #保存词云图
```

输出的"我要的.png"词云图，如图 6-5 所示。

图 6-5   输出的"我要的.png"词云图

图 6-5 所示就是运用 mask 的效果图。

wordcloud 包的基本用法如下：

```
wordcloud.WordCloud(font_path=None,
                    width=400,
                    height=200,
                    margin=2,
                    ranks_only=None,
                    prefer_horizontal=0.9,
                    mask=None,
                    scale=1,
                    color_func=None,
                    max_words=200,
                    min_font_size=4,
                    stopwords=None,
                    random_state=None,
                    background_color='black',
                    max_font_size=None,
                    font_step=1,
                    mode='RGB',
                    relative_scaling=0.5,
```

```
regexp=None,
collocations=Tru
e,colormap=None,
normalize_plurals=True)
```

这是 wordcloud 的所有参数格式，下面具体介绍各个参数。

- normalize_plurals：是否移除单词末尾的's'，布尔型，默认为 TRUE。
- margin：画布偏移，词语边缘距离，默认 2 像素。
- ranks_only：是否只用词频排序而不是实际词频统计值，默认 None。
- font_path：数据类型为 string，字体路径，需要展现什么字体就把该字体路径+后缀名写上，如 font_path = '黑体.ttf'。
- width：数据类型为 int (default=400)，输出的画布宽度，默认为 400 像素。
- height：数据类型为 int (default=200)，输出的画布高度，默认为 200 像素。
- prefer_horizontal：数据类型为 float (default=0.90)，词语水平方向排版出现的频率，默认为 0.9（所以词语垂直方向排版出现频率为 0.1）。
- mask：数据类型为 nd-array or None (default=None)、如果 mask 参数为空，则使用二维遮罩绘制词云；如果 mask 为非空，设置的宽高值将被忽略，遮罩形状被 mask 取代。除全白（#FFFFFF）的部分将不会绘制，其余部分会用于绘制词云。如 bg_pic = imread('读取一张图片.png')，背景图片的画布一定要设置为白色（#FFFFFF），然后显示的形状为不是白色的其他颜色。可以用 Photoshop 将自己要显示的形状复制到一个纯白色的画布上再保存，就可以了。
- scale：数据类型为 float (default=1)，按照比例进行放大画布，如设置为 1.5，则长和宽都是原来画布的 1.5 倍。
- min_font_size：数据类型为 int (default=4)，显示的最小的字体大小。
- font_step：数据类型为 int (default=1)，字体步长。如果步长大于 1，会加快运算但是可能导致结果出现较大的误差。
- max_words：数据类型为 number (default=200)，要显示的词的最大个数。
- stopwords：数据类型为 strings or None，设置需要屏蔽的词，如果为空，则使用内置的 STOPWORDS。

- ➘ background_color：数据类型为 color value (default="black")，背景颜色，如 background_color='white'，背景颜色为白色。
- ➘ max_font_size：数据类型为 int or None (default=None)，显示的最大的字体大小。
- ➘ mode：数据类型为 string (default="RGB")，当参数为 RGBA 并且 background_color 不为空时，背景为透明。
- ➘ relative_scaling：数据类型为 float (default=.5)，词频和字体大小的关联性。
- ➘ color_func：数据类型为 callable, default=None，生成新颜色的函数，如果为空，则使用 self.color_func。
- ➘ regexp：数据类型为 string or None (optional)，使用正则表达式分隔输入的文本。
- ➘ collocations：数据类型为 bool, default=True，是否包括两个词的搭配。
- ➘ colormap：数据类型为 string or matplotlib colormap, default="viridis"，给每个单词随机分配颜色，若指定 color_func，则忽略该方法。

关于词云的方法有：

generate(text) //根据文本生成词云

fit_words(frequencies) //根据词频生成词云

generate_from_frequencies(frequencies[, ...]) //根据词频生成词云

generate_from_text(text) //根据文本生成词云

to_file(filename) //输出到文件

to_array() //转化为 numpy array

上面的例子是根据文本生成词云，下面再根据词频生成词云。代码如下：

```
import jieba
from PIL import Image
from wordcloud import WordCloud, STOPWORDS
from scipy.misc import imread
from collections import Counter

content= open(r'c:\Users\yubg\OneDrive\2018book\pachong.txt',
encoding='utf8')
```

```
mylist = list(content)

word_list = [" ".join(jieba.cut(sentence)) for sentence in mylist]
new_text = ' '.join(word_list)
con_words = [x for x in jieba.cut(new_text) if len(x) >= 2]
frequencies =Counter(con_words).most_common()
frequencies =dict(frequencies)
pac_mask = imread("apchong.png")
wc = WordCloud(font_path='simhei.ttf',
            background_color="white",
            max_words=2000,
            mask=pac_mask). fit_words(frequencies)
plt.imshow(wc)
plt.axis('off')
plt.show()

wc.to_file('d:\\我要的_fre.png')              #保存词云图
```

根据词频生成词云图，如图 6-6 所示。

图 6-6　根据词频生成词云图

本章小结

　　本章主要学习了词云的制作方法，要求读者要熟悉 jieba 分词库的使用，会使用 word cloud 绘图，注意相关的参数的使用，以及了解.generate()和.fit_words()方法的区别。

第 **7** 章

航空客户分类

随着大数据时代的来临，传统的商业模式正在被一种新的营销模式所替代——数据化营销。对不同客户采取不同的营销策略，将有限的资源集中在高价值的客户身上，以实现利润的最大化。

面对激烈的市场竞争，很多企业针对客户流失、竞争力下降、企业资源未充分利用等危机，通过建立合理的客户价值评估模型，对客户进行分群，如餐饮、通信、航空等行业，在分析比较不同客户群的客户价值，并制定相应的营销策略，对不同的客户群提供个性化的客户服务是非常必要的。

7.1 问题的提出

航空公司经常会对客户进行分类，那么怎样对客户分群，才能区分高价值客户、无价值客户等，并对不同的客户群体实施个性化的营销策略，以实现利润最大化？

餐饮企业也会经常碰到此类问题。如何通过对客户的消费行为来评价客户对企业的贡献度，从而提高对某些客户群体的关注度，以实现企业利润的最大化？如何通过客户对菜品的消费明细，来判断哪些菜品是招牌菜（客户必点），哪些又是配菜（点了招牌菜或许会点的菜品），以此来提高餐饮的精准采购？

对于上面的情景，可使用聚类分析方法处理。

7.2 聚类分析相关概念

聚类分析是指在没有给定划分类别的情况下，根据数据的相似度进行分组的一种方法，分组的原则是组内距离最小化而组间距离最大化。

K-Means 算法是典型的基于距离的非层次聚类算法，在最小化误差函数的基础上将数据划分为预定的 K 类别，采用距离作为相似性的评级指标，即认为两个对象的距离越近，其相似度越大。

算法过程如下：

（1）从 N 个样本数据中随机选取 K 个对象作为初始的聚类质心。

（2）分别计算每个样本到各个聚类中心的距离，将对象分配到距离最近的聚类中。

（3）所有对象分配完成之后，重新计算 K 个聚类的质心。

（4）与前一次的 K 个聚类中心比较，如果发生变化，重复过程（2），否则转到过程（5）。

（5）当质心不再发生变化时，停止聚类过程，并输出聚类结果。

其伪代码如下：

```
*********************************************************************
创建 k 个点作为初始的质心点（随机选择）
当任意一个点的簇分配结果发生改变时
  对数据集中的每一个数据点
    对每一个质心
      计算质心与数据点的距离
```

```
    将数据点分配到距离最近的簇
  对每一个簇，计算簇中所有点的均值，并将均值作为质心
***********************************************************
```

7.3　模型的建立

根据航空公司目前积累的大量客户会员信息及其乘坐的航班记录，可以得到包括姓名、乘机的间隔、乘机次数、消费金额等十几条属性信息。

本情景案例是想要获取客户价值，识别客户价值应用的最广泛的模型是 RFM 模型，三个字母分别代表 Recency（最近消费时间间隔）、Frequency（消费频率）、Monetary（消费金额）这三个指标。结合具体情景，最终选取客户消费时间间隔 R、消费频率 F、消费金额 M 这三个指标作为航空公司识别客户价值的指标。

为了方便说明操作步骤，本案例简单选择三个指标进行 K-Means 聚类分析来识别出最优价值的客户。航空公司在真实的判断客户类别时，选取的观测维度要大得多。

本情景案例的主要步骤包括：

（1）对数据集进行清洗处理，包括数据缺失与异常处理、数据属性的规约、数据清洗和变换，把数据处理成可使用的数据（Data）；

（2）利用已预处理的数据（Data），基于 RFM 模型进行客户分群，对各个客户群进行特征分析，对客户进行分类；

（3）针对不同类型的客户制定不同的营销政策，实行个性化服务。

7.4　Python 实现代码

第一步：数据清洗。处理异常和缺失数据，并对数据进行必要的转化。代码如下：

```
#-*- coding: utf-8 -*-
'''
基于 RFM 模型使用 K-Means 算法聚类航空消费行为特征数据
```

```
'''
import pandas as pd
                                        #参数初始化
data = pd.read_excel(r'C:\Users\yubg\OneDrive\2018book\i_nuc.xls',
index_col = 'Id',sheetname='Sheet2')
                                        #读取数据
outputfile = r'C:\Users\yubg\OneDrive\2018book\data_type.xls'
                                        #保存结果的文件名

k = 3                                   #聚类的类别
iteration = 500                         #聚类最大循环次数
```

第二步：标准化处理。代码如下：

```
zscoredfile = r'C:\Users\yubg\OneDrive\2018book\zscoreddata.xls'
                                        #标准化后的数据存储路径文件
data_zs = 1.0*(data - data.mean())/data.std()   #数据标准化
data_zs.to_excel(zscoredfile, index = False)    #数据写入，备用
```

第三步：使用 K-Means 算法聚类消费行为特征数据，并导出各自类别的概率密度图。代码如下：

```
from sklearn.cluster import KMeans
model = KMeans(n_clusters = k, n_jobs = 4, max_iter = iteration)
                                        #分为 k 类，并发数 4
model.fit(data_zs)                      #开始聚类

                                        #简单打印结果
r1 = pd.Series(model.labels_).value_counts()    #统计各个类别的数目
r2 = pd.DataFrame(model.cluster_centers_)       #找出聚类中心
r = pd.concat([r2, r1], axis = 1)       #横向连接(0 是纵向)，得到聚类
                                         中心对应类别下的数目
r.columns = list(data.columns) + [u'类别数目']   #重命名表头
print(r)

                                        #详细输出原始数据及其类别
r = pd.concat([data, pd.Series(model.labels_, index = data.index)],
axis = 1)
                                        #详细输出每个样本对应的类别
r.columns = list(data.columns)+[u'聚类类别']    #重命名表头
r.to_excel(outputfile)                  #保存结果

def density_plot(data):                 #自定义作图函数
  import matplotlib.pyplot as plt
```

```
plt.rcParams['font.sans-serif']=['SimHei']  #用来正常显示中文标签
plt.rcParams['axes.unicode_minus'] = False  #用来正常显示负号
p = data.plot(kind='kde', linewidth = 2, subplots = True, sharex
= False)
[p[i].set_ylabel(u'密度') for i in range(k)]
Plt.xlabel('分群%s'%(i+1))
plt.legend()
return plt

pic_output = r'C:\Users\yubg\OneDrive\2018book\pd_'
                                        #概率密度图文件名前缀
for i in range(k):
  density_plot(data[r[u'聚类类别']==i]).savefig(u'%s%s.png' %
(pic_output, i))
```

主函数 KMeans：
```
sklearn.cluster.KMeans(n_clusters=8,
  init='k-means++',
  n_init=10,
  max_iter=300,
  tol=0.0001,
  precompute_distances='auto',
  verbose=0,
  random_state=None,
  copy_x=True,
  n_jobs=1,
  algorithm='auto'
  )
```

参数的意义：

↘ n_clusters：簇的个数，即拟聚成几类。

↘ init：初始簇中心的获取方法。

↘ n_init：获取初始簇中心的更迭次数，为了弥补初始质心的影响，算法默认会初始 10 次质心，实现算法，然后返回最优的结果。

↘ max_iter：最大迭代次数（因为 K-Means 算法的实现需要迭代）。

↘ tol：容忍度，即 KMeans 运行准则收敛的条件。

↘ precompute_distances：用于确认是否需要提前计算距离，有三个值可选：auto、True、False，默认值为'auto'。'auto'：如果样本数乘以聚类数（featurs*samples）大于 12×e6 则不预计算距离；'True'：总是预先计算距离；'False'：永远不预先计算距离。

283

↳ verbose：冗长模式。

↳ random_state：随机生成簇中心的状态条件。

↳ copy_x：对是否修改数据的一个标记，如果 True，即复制不修改原数据。bool 在 scikit-learn 很多接口中都用到这个参数，即是否对输入的数据继续 copy 操作，以便不修改用户的输入数据。

↳ n_jobs：类型为整型，默认值=1，指定计算所用的进程数。用几个核并行的意思，设置成 2 就是两个核并行训练。若值为-1，则用所有的 CPU 进行运算。若值为 1，则不进行并行运算，以方便调试。若值小于-1，则用到的 CPU 数为(n_cpus + 1 + n_jobs)。因此如果 n_jobs 值为-2，则用到的 CPU 数为总 CPU 数减 1。

↳ algorithm：KMeans 的实现算法，有'auto' 'full' 'elkan' 3 种状态，其中'full'表示用 EM 方式实现。

虽然有很多参数，但是都已经给出了默认值。所以我们一般不需要去传入这些参数，可以根据实际需要来调用。

KMeans 分析类的调取与意义：

↳ model 代表初始化 Kmeans 聚类；

↳ model.fit 代表聚类内容拟合；

↳ model.labels_ 代表聚类标签，还有一种是 predict；

↳ model.cluster_centers_ 代表聚类中心均值向量矩阵；

↳ model.inertia_ 代表聚类中心均值向量的总和。

■ 7.5 分类结果展示与分析

聚类中心对应类别下的样本数目如下：

```
       R          F          M        类别数目
0   -0.173537  -0.676641  -0.304186    518
1   -0.135478   1.059374   0.403697    342
2    3.405640  -0.295148   0.487604    40
```

导出文件中已经将源文件中的每个用户都标注了客户类型，例如：

```
   Id      R     F       M      聚类类别
inuc001   21    17   1256.47      1
inuc002    1    19   1728.84      1
```

```
inuc003    8     4    617.83     0
inuc004   10     9   1380.94     0
   ..      ..    ...    ...
inuc897    0     4   1331.32     0
inuc898   13    27    719.12     1
inuc899   16     6    735.31     0
inuc900   56     4   1869.92     2
```

分群 1 的概率密度函数如图 7-1 所示。

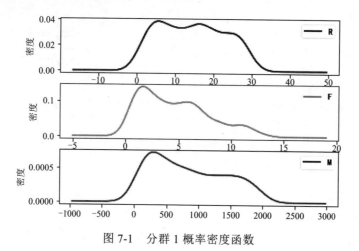

图 7-1　分群 1 概率密度函数

分群 2 的概率密度函数如图 7-2 所示。

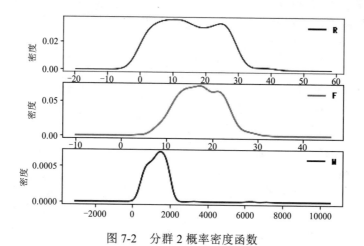

图 7-2　分群 2 概率密度函数

分群 3 的概率密度函数如图 7-3 所示。

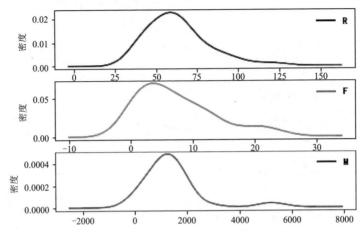

图 7-3　分群 3 的概率密度函数

分析

分群 1 客户的特点：

- ↘ R 间隔分布在 0~30 天；
- ↘ F（消费频率，即乘机次数）集中在 0~12 次；
- ↘ M（消费金额）在 0~1800 元。

分群 2 客户的特点：

- ↘ R 间隔相对较小，主要集中在 0~30 天；
- ↘ F（乘机次数）集中在 10~25 次；
- ↘ M（消费金额）在 500~2000 元。

分群 3 客户的特点：

- ↘ R 间隔相对较大，间隔分布 30~80 天；
- ↘ F（乘机次数）集中在 0~15 次；
- ↘ M（消费金额）在 0~2000 元。

对比分析

分群 1 客户的时间间隔、消费次数和消费金额处于中等水平，代表着一般客户，属于挽留客户，需要采取一定的营销手段，延长客户的生命周期。

分群 2 客户的时间间隔较短，消费次数多，而且消费金额较大，是高消

费、高价值人群。这类客户对航空公司贡献最高，应尽可能延长这类客户的高
消费水平。

分群 3 客户的时间间隔较长，消费次数较少，消费金额也不是特别高，是
价值较低的客户群体。他们是公司的低价值客户，可能只在航空公司打折的时
候才会乘坐航班。

本章小结

本章介绍了一种聚类分析的方法。注意其分析模型的建立和分析的步骤，
最终对数据分析结果的解释。

第 **8** 章

《红楼梦》文本分析

以中国的四大名著之一——《红楼梦》为蓝本，本章将结合前面的知识来一次文本分析实战。《红楼梦》全书共 120 回，吸引了众多学者去研究。本章的分析只是基于统计分析、文本挖掘等知识，从以下几个步骤进行。

（1）数据的准备、数据预处理、分词等。

（2）全书各个章节的字数、词数、段落等相关方面的关系。

（3）整体词频和词云的展示。

（4）对全书各个章节进行聚类分析并可视化，主要进行了根据 IF-IDF 的系统聚类和根据词频的 LDA 主题模型聚类。

（5）人物关系网络的探索，主要探索了各个章节的关系图和人物关系网络图。

8.1　准备工作

本次分析使用 Python 3.6 版本，需要准备的文件资料如下（百度网盘分享中有提供）。

（1）《红楼梦》小说的 txt 版本，编码为 utf-8 格式，如图 8-1 所示。

```
第1卷
第一回 甄士隐梦幻识通灵 贾雨村风尘怀闺秀
    此开卷第一回也。作者自云：因曾历过一番梦幻之后，故将真事隐去，而借"通灵"之说，撰此<<石头记>>一书也。故
曰"甄士隐"云云。但书中所记何事何人？自又云："今风尘碌碌，一事无成，忽念及当日所有之女子，一一细考较去，觉其
行止见识，皆出于我之上。何我堂堂须眉，诚不若彼裙钗哉？实愧则有悔，悔又无益之大无可如何之日也！当此，则自欲将
已往所赖天恩祖德，锦衣纨3之时，饫甘餍肥之日，背父兄教育之恩，负师友规谈之德，以至今日一技无成，半生潦倒之
罪，编述一集，以告天下人：我之罪固免，然闺阁中本自历历有人，万不可因我之不肖，自护己短，一并使其泯灭也。虽
今日之茅椽蓬牖，瓦灶绳床，其晨夕风露，阶柳庭花，亦未有妨我之襟怀笔墨者。虽我未学，下笔无文，又何妨用假语村
言，敷演出一段故事来，亦可使闺阁昭传，复可悦世之目，破人愁闷，不亦宜乎？故曰"贾雨村"云云。
    此回中凡用"梦"用"幻"等字，是提醒阅者眼目，亦是此书立意本旨。
```

图 8-1　《红楼梦》小说的 txt 版本

（2）《红楼梦》词典，用于辅助分词，如图 8-2 所示。

（3）《红楼梦》人物词典，内容为红楼梦中出现的人物名称，如图 8-3 所示。

```
皑皑轻趁步
爱彼之貌容兮
爱才好客
艾官
暗渡陈仓
安国公
暗洒闲抛却为谁
安身乐业
```

```
艾官
安国公
白老媳妇
白老媳妇儿
白玉钏
板儿
伴鹤
宝钗
```

图 8-2　《红楼梦》词典　　　　　图 8-3　《红楼梦》人物词典

（4）《红楼梦》人物关系权重文件，其中 chapweight 和 duanweight 分别表示人物在章节和段落中的权重，如图 8-4 所示。

```
First,Second,chapweight,duanweight
宝玉,贾母,98.0,324.0
宝玉,凤姐,92.0,187.0
宝玉,袭人,88.0,336.0
宝玉,王夫人,103.0,296.0
宝玉,宝钗,96.0,295.0
```

图 8-4　《红楼梦》人物关系权重文件

Python 的初始化设置代码如下：

```
##jupyter 下加载所需要包
import os
import time
import numpy as np
import pandas as pd
import matplotlib.pyplot as plt
from matplotlib.font_manager import FontProperties
import jieba                #需要安装 jieba: pip install jieba
from pandas import read_csv
from wordcloud import WordCloud,ImageColorGenerator
                            #需要安装 wordcloud: pip install wordcloud
from ggplot import *        #需要安装 ggplot: pip install ggplot
from pylab import *
from pandas.tslib import Timestamp
from pandas.lib import Timestamp
from pandas.core import datetools, generic
from pandas import DataFrame
from scipy.ndimage import imread
from scipy.cluster.hierarchy import dendrogram,ward
from scipy.spatial.distance import pdist,squareform
from  sklearn.feature_extraction.text  import  CountVectorizer,
TfidfTransformer, TfidfVectorizer
from sklearn.manifold import MDS
from sklearn.decomposition import PCA
from sklearn.manifold import TSNE
from sklearn.decomposition import LatentDirichletAllocation
import nltk
from nltk.cluster.util import cosine_distance
from nltk.cluster.kmeans import KMeansClusterer
from mpl_toolkits.mplot3d import Axes3D
import networkx as nx

##设置字体
font=FontProperties(fname = "C:/Windows/Fonts/Hiragino Sans GB
W3.otf",size=14)
##设置 pandas 显示方式
pd.set_option("display.max_rows",8)
pd.options.mode.chained_assignment = None  #default='warn'
##在 jupyter 中设置显示图像的方式
%matplotlib inline
%config InlineBackend.figure_format = "retina"
```

注意

ggplot 是一个 Python 的图形库，经常被用来制作数据的可视化视图。安装
ggplot 库时，在命令提示符下运行 pip install ggplot 即可。

安装成功后，可以试运行下面这个例子：

```
%matplotlib inline
import pandas as pd
from ggplot import *
meat_lng = pd.melt(meat[['date', 'beef', 'pork', 'broilers']],
id_vars='date')
ggplot(aes(x='date', y='value', colour='variable'), data=meat_lng)
+ geom_point(color='red')
```

jieba 和 wordcloud 两个库请参照第 6 章词云中用 pip 方法安装，其
中%matplotlib inline 是在 jupyter 中嵌入显示。

8.2 分词

分词，常用于文本挖掘。因为中文词与词之间没有像英文词与词之间的空
格，所以中文分词和英文分词有很大的不同。中文分词通常使用训练好的分词
模型用来分词，如中文分词常用的分词包有 jieba（https://github.com/fxsjy/
jieba）。本节就使用 Python 中的结巴（jieba）分词库来进行分词。

8.2.1 读取数据

读取数据包括读取《红楼梦》的文本数据、停用词和分词所需要的词典。
《红楼梦》的文本数据是指《红楼梦》整本书的 txt 文件的内容。
停用词：没有意义需要剔除的词语，如说、道、的、得等。
词典主要是自定义词典，如人名、《红楼梦》中的专有词语等。
在读取文本数据时，要注意编码问题的"坑"，可以使用 try/except 方法，
代码如下：

```
try:
```

```
    with open(r'C:\Users\yubg\OneDrive\2018book\syl-hlm\我的红楼梦
停用词.txt', 'r', encoding='utf8') as f:
        lines = f.readlines()
    for line in lines:
        print(line)
except UnicodeDecodeError as e:
    with open(r'C:\Users\yubg\OneDrive\2018book\syl-hlm\我的红楼梦
停用词.txt', 'r', encoding='gbk') as f:
        lines = f.readlines()
    for line in lines:
        print(line)
```

因为这些文件主要是 txt 文件，所以主要使用 pandas 库中的 read_csv 函数读取。代码如下：

```
##读取停用词和需要的词典
stopword = read_csv(r"C:\Users\yubg\OneDrive\2018book\syl-hlm\
my_stop_words.txt",header=None,names = ["Stopwords"])
mydict = read_csv(r"C:\Users\yubg\OneDrive\2018book\syl-hlm\red_
dictionary.txt",header=None, names=["Dictionary"])
print(stopword)
print("-------------------------")
print(mydict)


RedDream = read_csv(r"C:\Users\yubg\OneDrive\2018book\syl-hlm\
red_UTF82.txt",header=None,names = ["Reddream"])
RedDream
```

输出的结果如图 8-5 和图 8-6 所示。

```
            Stopwords
0               $
1               0
2               1
3               2
...            ...
2083            莆
2084            会
2085            砰
2086           说道

[2087 rows x 1 columns]
-------------------------
          Dictionary
0          皑皑轻趁步
1         爱彼之貌容兮
2          爱才好客
3            艾官
...          ...
4386        昨夜朱楼梦
4387        昨尤我画
4388       且听下回分解
4389        下回分解

[4390 rows x 1 columns]
```

图 8-5　停用词和词典

	Reddream
0	第1卷
1	第一回 甄士隐梦幻识通灵 贾雨村风尘怀闺秀
2	此开卷第一回也。作者自云：因曾历过一番梦幻之后，故将真事隐去，而借"通灵"之说，撰此<<...
3	此回中凡用"梦"用"幻"等字，是提醒阅者眼目，亦是此书立意本旨。
...	...
3050	那空道人牢牢记着此言，又不知过了几世几劫，果然有个悼红轩，见那曹雪芹先生正在那里翻阅历...
3051	那空道人听了，仰天大笑，掷下抄本，飘然而去。一面走着，口中说道："果然是敷衍荒唐！不但...
3052	说到辛酸处，荒唐愈可悲。
3053	由来同一梦，休笑世人痴！

3054 rows × 1 columns

图 8-6　《红楼梦》全书文本

8.2.2　数据预处理

读取数据之后，我们要对数据进行预处理，首先需要分析的是读取的数据是否存在缺失值，可以使用 pandas 库中的 isnull 函数判断是否含有空数据。代码如下：

```
##查看数据是否有空白的行，如有则删除
np.sum(pd.isnull(RedDream))
Reddream    0
dtype: int64
```

可以看出，没有空行，说明没有缺失值，继续分析。

使用正则多少表达式进行处理，提取一些有用的信息。如提取出《红楼梦》每段的内容、字数多少、名字、章节标题等信息。

处理程序如下：

```
##删除卷数据，使用正则表达式
##包含相应关键字的索引
indexjuan = RedDream.Reddream.str.contains("^第+.+卷")
##删除不需要的段，并重新设置索引
RedDream = RedDream[~indexjuan].reset_index(drop=True)
RedDream
```

上面的程序中，首先找到含有"^第+.+卷"格式的行索引，即以"第"开头，以"卷"结尾的行。然后将这些行删除，并重新整理行索引。

输出的结果如图 8-7 所示。

	Reddream
0	第一回 甄士隐梦幻识通灵 贾雨村风尘怀闺秀
1	此开卷第一回也。作者自云：因曾历过一番梦幻之后，故将真事隐去，而借"通灵"之说，撰此《<...
2	此回中凡用"梦"用"幻"等字，是提醒阅者眼目，亦是此书立意本旨。
3	列位看官：你道此书从何而来？说起根由虽近荒唐，细按则深有趣味。待在下将此来历注明，方便阅...
...	...
3042	那空空道人牢牢记着此言，又不知过了几世几劫，果然有个悼红轩，见那曹雪芹先生正在那里翻阅历...
3043	那空空道人听了，仰天大笑，掷下抄本，飘然而去。一面走着，口中说道："果然是敷衍荒唐！不但...
3044	说到辛酸处，荒唐愈可悲。
3045	由来同一梦，休笑世人痴！

3046 rows × 1 columns

图 8-7　重新整理行索引

剔除不需要的内容后，我们将提取每章的标题。代码如下：

```
##找出每一章节的头部索引和尾部索引
##每一章节的标题
indexhui = RedDream.Reddream.str.match("^第+.+回")
chapnames = RedDream.Reddream[indexhui].reset_index(drop=True)
print(chapnames)
print("--------------------------")
##处理章节名，按照空格分隔字符串
chapnamesplit = chapnames.str.split(" ").reset_index(drop=True)
chapnamesplit
```

上面的程序中，先找到含有"^第+.+回"内容的行，然后将这些行提取出来，再使用空格作为分隔符将这些内容分为 3 部分，组成数据表。输出的结果如图 8-8 所示。

```
0       第一回 甄士隐梦幻识通灵 贾雨村风尘怀闺秀
1       第二回 贾夫人仙逝扬州城 冷子兴演说荣国府
2       第三回 贾雨村夤缘复旧职 林黛玉抛父进京都
3       第四回 薄命女偏逢薄命郎 葫芦僧乱判葫芦案
         ...
116     第一一七回 阻超凡佳人双护玉 欣聚党恶子独承家
117     第一一八回 记微嫌舅兄欺弱女 惊谜语妻妾谏痴人
118     第一一九回 中乡魁宝玉却尘缘 沐皇恩贾家延世泽
119     第一二零回 甄士隐详说太虚情 贾雨村归结红楼梦
Name: Reddream, dtype: object
--------------------------
0       [第一回, 甄士隐梦幻识通灵, 贾雨村风尘怀闺秀]
1       [第二回, 贾夫人仙逝扬州城, 冷子兴演说荣国府]
2       [第三回, 贾雨村夤缘复旧职, 林黛玉抛父进京都]
3       [第四回, 薄命女偏逢薄命郎, 葫芦僧乱判葫芦案]
         ...
116     [第一一七回, 阻超凡佳人双护玉, 欣聚党恶子独承家]
117     [第一一八回, 记微嫌舅兄欺弱女, 惊谜语妻妾谏痴人]
118     [第一一九回, 中乡魁宝玉却尘缘, 沐皇恩贾家延世泽]
119     [第一二零回, 甄士隐详说太虚情, 贾雨村归结红楼梦]
Name: Reddream, dtype: object
```

图 8-8　提取标题并切分内容

在图 8-8 所示结果中，虚线上面的部分是提取出来的每一章节的标题，下面部分是按照空格切分后的列表。接下来将切分后的列表内容处理为数据框。代码如下：

```
##建立保存数据的数据表
Red_df=pd.DataFrame(list(chapnamesplit),
                    columns=["Chapter","Leftname","Rightname"])
Red_df
```

结果如图 8-9 所示。

	Chapter	Leftname	Rightname
0	第一回	甄士隐梦幻识通灵	贾雨村风尘怀闺秀
1	第二回	贾夫人仙逝扬州城	冷子兴演说荣国府
2	第三回	贾雨村夤缘复旧职	林黛玉抛父进京都
3	第四回	薄命女偏逢薄命郎	葫芦僧乱判葫芦案
...	...	...	...
116	第一一七回	阻超凡佳人双护玉	欣聚党恶子独承家
117	第一一八回	记微嫌舅兄欺弱女	惊谜语妻妾谏痴人
118	第一一九回	中乡魁宝玉却尘缘	沐皇恩贾家延世泽
119	第一二零回	甄士隐详说太虚情	贾雨村归结红楼梦

120 rows × 3 columns

图 8-9　建立保存数据的数据表

前面的工作已经处理好了章节标题，下面继续计算每一章含有多少段、多少字和每章节的内容。首先找到每章的开始段序号和结束段序号。代码如下：

```
##添加新的变量
Red_df["Chapter2"] = np.arange(1,121)
Red_df["ChapName"] = Red_df.Leftname+","+Red_df.Rightname
##每章的开始行（段）索引
Red_df["StartCid"] = indexhui[indexhui == True].index
##每章的结束行数
Red_df["endCid"] = Red_df["StartCid"][1:len(Red_df["StartCid"])].
reset_index(drop = True) - 1
Red_df["endCid"][[len(Red_df["endCid"])-1]] = RedDream.index[-1]
##每章的段落长度
Red_df["Lengthchaps"] = Red_df.endCid - Red_df.StartCid
Red_df["Artical"] = "Artical"
Red_df
```

结果如图 8-10 所示。

	Chapter	Leftname	Rightname	Chapter2	ChapName	StartCid	endCid	Lengthchaps	Artical
0	第一回	甄士隐梦幻识通灵	贾雨村风尘怀闺秀	1	甄士隐梦幻识通灵,贾雨村风尘怀闺秀	0	49.0	49.0	Artical
1	第二回	贾夫人仙逝扬州城	冷子兴演说荣国府	2	贾夫人仙逝扬州城,冷子兴演说荣国府	50	79.0	29.0	Artical
2	第三回	贾雨村夤缘复旧职	林黛玉抛父进京都	3	贾雨村夤缘复旧职,林黛玉抛父进京都	80	118.0	38.0	Artical
3	第四回	薄命女偏逢薄命郎	葫芦僧乱判葫芦案	4	薄命女偏逢薄命郎,葫芦僧乱判葫芦案	119	148.0	29.0	Artical
...	...	...	...	...	...	...	...	...	...
116	第一一七回	阻超凡佳人双护玉	欣聚党恶子独承家	117	阻超凡佳人双护玉,欣聚党恶子独承家	2942	2962.0	20.0	Artical
117	第一一八回	记微嫌舅兄欺弱女	惊谜语妻妾谏痴人	118	记微嫌舅兄欺弱女,惊谜语妻妾谏痴人	2963	2987.0	24.0	Artical
118	第一一九回	中乡魁宝玉却尘缘	沐皇恩贾家延世泽	119	中乡魁宝玉却尘缘,沐皇恩贾家延世泽	2988	3017.0	29.0	Artical
119	第一二零回	甄士隐详说太虚情	贾雨村归结红楼梦	120	甄士隐详说太虚情,贾雨村归结红楼梦	3018	3050.0	32.0	Artical

120 rows × 9 columns

图 8-10　计算每章段落、字数及其内容

新的数据框包括了每章的开始位置和结束位置，以及章节的段落数量。

为了计算每个章节的字符长度，应将所有的段落使用""连接起来，然后将空格字符"\u3000"替换为""，最后使用 apply 方法计算每个章节的长度，作为字数。

具体代码如下：

```
##每章节的内容
for ii in Red_df.index:
    ##将内容使用""连接
    chapid = np.arange(Red_df.StartCid[ii]+1,int(Red_df.endCid
[ii]))
    ##每章节的内容替换掉空格
    Red_df["Artical"][ii] = "".join(list(RedDream.Reddream[chapid])).
replace("\u3000","")
##计算某章有多少个字
Red_df["lenzi"] = Red_df.Artical.apply(len)
```

得到段落数、字数后，将分析两者之间的关系，可以使用散点图。代码如下：

```
from pylab import *
mpl.rcParams['font.sans-serif']=['SimHei']    #指定默认字体
mpl.rcParams['axes.unicode_minus'] = False    #解决保存图像是负号'-'
                                               显示为方块的问题
##字长和段落数的散点图一
plt.figure(figsize=(8,6))
plt.scatter(Red_df.Lengthchaps,Red_df.lenzi)
```

```
for ii in Red_df.index:
plt.text(Red_df.Lengthchaps[ii]+1,Red_df.lenzi[ii],Red_df.Chapt
er2[ii])
plt.xlabel("章节段数")
plt.ylabel("章节字数")
plt.title("《红楼梦》120回")
plt.show()

##字长和段落数的散点图二
plt.figure(figsize=(8,6))
plt.scatter(Red_df.Lengthchaps,Red_df.lenzi)
for ii in Red_df.index:

plt.text(Red_df.Lengthchaps[ii]-2,Red_df.lenzi[ii]+100,Red_df.C
hapter[ii],size = 7)
plt.xlabel("章节段数")
plt.ylabel("章节字数")
plt.title("《红楼梦》120回")
plt.show()
```

上面代码生成两幅散点图的不同之处在于每个点标注所用的文本不同，得到的图像如图 8-11 所示。

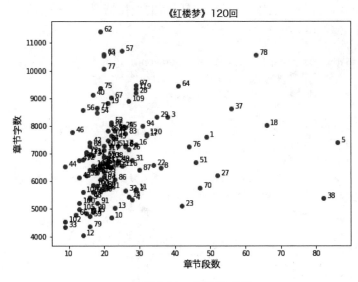

图 8-11　标注散点图

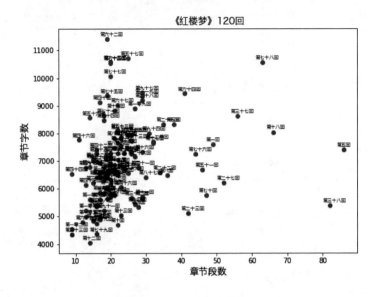

图 8-11　标注散点图（续）

　　图中的散点图，整体的趋势为段落越多，字数越多。我们也可以使用另一种图像表现方式，分析《红楼梦》这本书段落的变化情况。代码如下：

```python
plt.figure(figsize=(12,10))
plt.subplot(2,1,1)
plt.plot(Red_df.Chapter2,Red_df.Lengthchaps,"ro-",label="段落")
plt.ylabel("章节段数",Fontproperties=font)
plt.title("《红楼梦》120回",Fontproperties=font)
##添加平均值
plt.hlines(np.mean(Red_df.Lengthchaps),-5,125,"b")
plt.xlim((-5,125))
plt.subplot(2,1,2)
plt.plot(Red_df.Chapter2,Red_df.lenzi,"ro-",label = "段落")
plt.xlabel("章节",Fontproperties=font)
plt.ylabel("章节字数",Fontproperties=font)
##添加平均值
plt.hlines(np.mean(Red_df.lenzi),-5,125,"b")
plt.xlim((-5,125))
plt.show()
```

结果如图 8-12 所示。

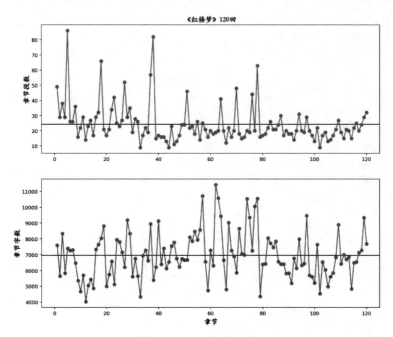

图 8-12　章节段数、字数与情节发展趋势

在图 8-12 所示的散点图中，注意图中的中文显示。用 Matplotlib 作图时中文显示很容易显示为"□"符号。这个问题可以通过修改配置文件 matplotlibrc 解决，不过较为麻烦，其实只要在代码中指定字体就可以了。

方法一的代码如下：

```
#-*- coding: utf-8 -*-
from pylab import *
mpl.rcParams['font.sans-serif'] = ['SimHei']    #指定默认字体
mpl.rcParams['axes.unicode_minus'] = False      #解决图像中的中文负号
                                                 '-'显示为方块的问题

t = arange(-5*pi, 5*pi, 0.01)
y = sin(t)/t
plt.plot(t, y)
plt.title(u'这里写的是中文')
```

```
plt.xlabel(u'X坐标')
plt.ylabel(u'Y坐标')
plt.show()
```
结果如图 8-13 所示。

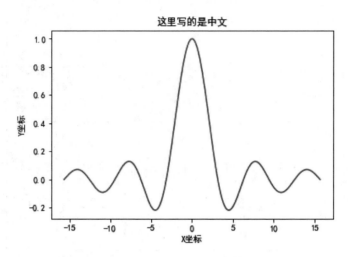

图 8-13　SimHei 字体

方法二的代码如下：
```
from pylab import *
import matplotlib.pyplot as plt
from matplotlib.font_manager import FontProperties
myfont=FontProperties(
fname = "C:/Windows/Fonts/Hiragino Sans GB W3.otf",
size=14)

t = arange(-5*pi, 5*pi, 0.01)
y = sin(t)/t
plt.plot(t, y)
plt.title(u'这里写的是中文',fontproperties=myfont)    #指定字体
plt.xlabel(u'X坐标',fontproperties=myfont)
plt.ylabel(u'Y坐标',fontproperties=myfont)
plt.show()
```

结果如图 8-14 所示。

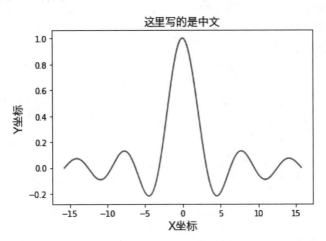

图 8-14　Hiragino Sans GB W3.otf 字体（size=14）

8.2.3　对红楼梦进行分词

这里继续使用 jieba 来分词。代码如下：

```
##加载包
import jieba
##对《红楼梦》全文进行分词
##数据表的行数
row,col = Red_df.shape
##预定义列表
Red_df["cutword"] = "cutword"
for ii in np.arange(row):
    ##分词
    cutwords = list(jieba.cut(Red_df.Artical[ii], cut_all=True))
    ##去除长度为1的词
    cutwords   =   pd.Series(cutwords)[pd.Series(cutwords).apply
(len)>1]
    ##去除停用词
    cutwords = cutwords[~cutwords.isin(stopword)]
    Red_df.cutword[ii] = cutwords.values
```

```
##查看最后一段的分词结果
print(cutwords)
print(cutwords.values)
```

结果如图 8-15 所示。

```
10      不好
13      连忙
14      进去
19      巧姐儿
        ... ...
6803    竿头
6809    辛酸
6813    荒唐
6815    可悲
Length: 2207, dtype: object
['不好' '连忙' '进去' '......', '辛酸' '荒唐' '可悲']
```

图 8-15　用 jieba 进行分词

查看全书的分词结果。代码如下：

```
##查看全书的分词结果
Red_df.cutword
```

结果如图 8-16 所示。

```
0    [开卷, 第一, 第一回, 一回, 作者, 一番, 梦幻, 之后, 真事, 隐去, 之说, ...
1    [诗云, 一局, 输赢, 逡巡, 欲知目下兴衰兆, 目下, 兴衰, 须问旁观冷眼人, 旁观, ...
2    [却说, 回头, 不是, 别人, 乃是, 当日, 同僚, 一案, 张如圭, 本系, 此地, ...
3    [却说, 黛玉, 姊妹, 王夫人, 夫人, 王夫人, 夫人, 兄嫂, 计议, 家务, 姨母, ...
                    ...
116  [王夫人, 夫人, 打发, 发人, 宝钗, 过去, 商量, 宝玉, 听见, 和尚, 在外, ...
117  [说话, 邢王二, 王二夫人, 夫人, 尤氏, 一案, 一段话, 明知, 挽回, 王夫人, ...
118  [莺儿, 宝玉, 说话, 摸不着, 摸不着头脑, 不着, 头脑, 听宝玉, 宝玉, 说道, ...
119  [宝钗, 秋纹, 袭人, 不好, 连忙, 进去, 巧姐, 巧姐儿, 姐儿, 平儿, 随着, ...
Name: cutword, dtype: object
```

图 8-16　查看全书分词结果

　　上面的程序首先将每一章的分词结果作为一个列表，然后转化为 pandas 中的 series（序列），分词后不仅需要去除长度为 1 的单个字，还要去除没有意义的停用词，然后将每一章的词语组成列表，放入 Pandas 的 DataFrame 中。

　　分词之后，就可以统计全书词频，为绘制词云图做准备。绘制词云的代码如下：

```
##连接list
words = np.concatenate(Red_df.cutword)
##统计词频
word_df = pd.DataFrame({"Word":words})
```

```
word_stat = word_df.groupby(by=["Word"])["Word"].agg({"number":
np.size})
word_stat=word_stat.reset_index().sort_values(by="number",ascen
ding=False)
word_stat["wordlen"] = word_stat.Word.apply(len)
word_stat
#去除长度大于5的词
print(np.where(word_stat.Word.apply(len)<5))
word_stat = word_stat.loc[word_stat.Word.apply(len)<5,:]
word_stat = word_stat.sort_values(by="number",ascending=False)
word_stat
```

上面的程序统计出了全书的词频，首先将每一章的分词列表 Red_df.cutword 使用 np.concatenate 连接起来，组成一个数组，再转化为数据框，通过 groupby 方法，计算每个词出现的频率并排序，最后再去除词语长度大于5的低频词汇。结果如图 8-17 所示。

	Word	number	wordlen
9519	宝玉	3859	2
8510	太太	1862	2
2896	什么	1791	2
31	一个	1487	2
...	...	...	...
6110	发花	1	2
6112	发见	1	2
6113	发言	1	2
25803	龙驹凤雏	1	4

25737 rows × 3 columns

图 8-17　统计全书词频

8.2.4　制作词云

分词和词频都准备好了，接下来就可以绘制词云了。

通过 Python 中的 wordcloud 库进行词云的绘制。绘制词云有两种方式：一种是采用"/"将词分开的形式；一种是采用指定｛词语:频率｝字典的形式。下面使用"/"将词分开的形式绘制词云。代码如下：

```
###词云
from wordcloud import WordCloud
##连接全书的词
"/".join(np.concatenate(Red_df.cutword))
##width=1800, height=800, 设置图片的清晰程度
wlred = WordCloud(font_path="/Library/Fonts/Hiragino Sans GB
W3.ttc",
        margin=5, width=1800, height=800
).generate("/".join(np.concatenate(Red_df.cutword)))
plt.imshow(wlred)
plt.axis("off")
plt.show()
```

显示结果如图 8-18 所示。

图 8-18　《红楼梦》全书词云图

运行上面代码时，若出现"OSError: cannot open resource"提示错误，主要是因为没有匹配的字体，把 Hiragino Sans GB W3.ttc 换成系统里有的字体即可。

上面的程序是使用"/".join(np.concatenate(Red_df.cutword))先将所有章的分词结果连接起来，然后通过 WordCloud() 和 generate() 函数生成词云。WordCloud()函数中的 font_path 参数用来指定词云中的字体。

下面使用｛词语:频率｝字典的形式通过 generate_from_frequencies()生成词云，该函数需要指定每个词语和它对应的频率组成的字典。绘制词云的程序如下：

```
##数据准备
worddict = {}
##构造{词语：频率}字典
for key,value in zip(word_stat.Word,word_stat.number):
```

```
    worddict[key] = value
##生成词云
##查看其中的10个元素
for ii,myword in zip(range(10),worddict.items()):
    print(ii)
    print(myword)

redcold = WordCloud(font_path=r"C:\Windows\Fonts\HYQiHei-25JF.
ttf",margin=5,width=1800,height=1800)
worddict = worddict.items()
worddict =tuple(worddict)
redcold.generate_from_frequencies(frequencies=worddict)

plt.figure(figsize=(10,10))
plt.imshow(redcold)
plt.axis("off")
plt.show()
```

结果显示如下：

```
0
('宝玉', 3859)
1
('太太', 1862)
2
('什么', 1791)
3
('一个', 1487)
4
('夫人', 1411)
5
('我们', 1186)
6
('那里', 1143)
7
('姑娘', 1103)
8
('王夫人', 1039)
9
('起来', 1017)
```

生成的词云图如图 8-19 所示。

图 8-19　使用字典方法生成词云图

用字典生成词云的方法是：首先通过 for 循环生成词云所需要的字典，然后生成词云并使用 plt.imshow()函数绘制出来。

接下来继续介绍利用图片生成有背景图片的词云。代码如下：

```
from scipy.ndimage import imread
back_image = imread(r"C:\Users\yubg\OneDrive\2018book\syl-hlm\带
土 n.jpg")
##生成词云可以用计算好的词频，再使用 generate_from_frequencies 函数
red_wc = WordCloud(font_path="C:/Windows/Fonts/Hiragino Sans GB
W3.otf",                                      #设置字体
           margin=5, width=1800,height=1800,   #设置字体的清晰度
           background_color="black",           #设置背景颜色
           max_words=2000,                     #设置词云显示的最大词数
           mask=back_image,                    #设置背景图片
           #max_font_size=100,                 #设置字体最大值
           random_state=42,
           ).generate("/".join(np.concatenate(Red_df.cutword)
))
#从背景图片生成颜色值
image_colors = ImageColorGenerator(back_image)
#绘制词云
```

```
plt.figure()
plt.imshow(red_wc.recolor(color_func=image_colors))
plt.axis("off")
plt.show()
```

结果如图 8-20 所示。

图 8-20　带背景的词云

上面的程序首先读取了需要使用作为背景和配色的图片 back_image，然后指定 WordCloud()中 mask=back_image，通过 image_colors = ImageColorGenerator(back_image)语句，从图片中的颜色生成词云中字体的颜色。最后通过 plt.imshow(red_wc.recolor(color_func=image_colors))语句绘制词云。

通过词云可以知晓词语的频数情况，我们还可以通过绘制词语出现次数（频数）的直方图，来查看文章中词语的出现情况。接下来绘制词语出现的次数大于 500 次的直方图。代码如下：

```
##筛选数据
newdata = word_stat.loc[word_stat.number > 500]
##绘制直方图
newdata.plot(kind="bar",x="Word",y="number",figsize=(10,7))
plt.xticks(FontProperties = font,size = 10)   #设置 X 轴刻度上的文本
plt.xlabel("关键词",Fontproperties=font)        #设置 X 轴上的标签
plt.ylabel("频数",Fontproperties=font)
plt.title("《红楼梦》",Fontproperties=font)
plt.show()
```

结果如图 8-21 所示。

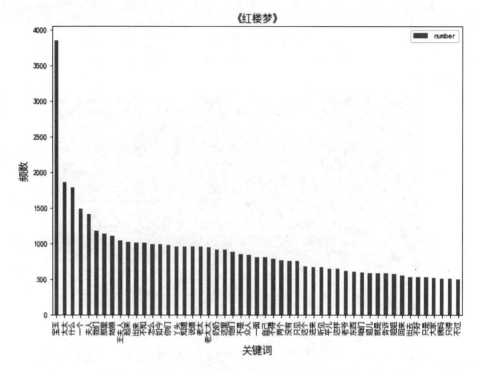

图 8-21　词语频数直方图（频数>500）

同样，可以绘制频数大于 250 次的词语的直方图。代码如下：

```
##筛选数据
newdata = word_stat.loc[word_stat.number > 250]
##绘制直方图
newdata.plot(kind="bar",x="Word",y="number",figsize=(16,7))
plt.xticks(FontProperties = font,size = 8)
plt.xlabel("关键词",Fontproperties=font)
plt.ylabel("频数",Fontproperties=font)
plt.title("《红楼梦》",Fontproperties=font)
plt.show()
```

结果如图 8-22 所示。

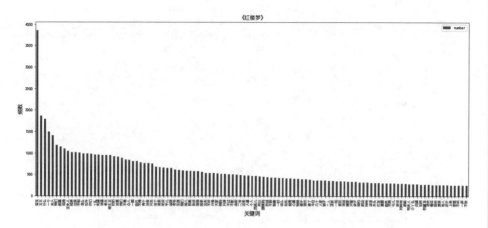

图 8-22　词语频数直方图（频数>250）

从图 8-22 中，我们发现宝玉确实是红楼梦的主角儿，其出现的频数最大。

至此，红楼梦的文本数据已经处理妥当，为了方便后续的使用，先将数据保存起来。代码如下：

```
##保存数据
Red_df.to_json(r"c:\yubg\Red_dream_data.json")
```

这里我们把数据保存为 json 格式的文件，当然也可以保存为 csv 格式的文件，但有时读取会出现错误，尤其是使用 Excel 版本较低读取 csv 文件时。而保存为 json 格式的文件，读取时不会出错。保存完成后，在默认的路径下会发现多了个 Red_dream_ data.json 文件。

上面绘制的是整本书的词云，接下来可以绘制每一章的词云。代码如下：

```
##编写一个函数
def plotwordcould(wordlist,title,figsize=(6,6)):
    """
    该函数用来绘制一个 list 的词云
    wordlist: 词组成的一个列表
    title : 图的名字
    """
    ##统计词频
    words = wordlist
    name = title
    word_df = pd.DataFrame({"Word":words})
    word_stat = word_df.groupby(by=["Word"])["Word"].agg({"number":
```

```
np.size})
    word_stat = word_stat.reset_index().sort_values(by="number",
ascending=False)
    word_stat["wordlen"] = word_stat.Word.apply(len)
    word_stat
    ##将词和词频组成字典数据准备
    worddict = {}
    for key,value in zip(word_stat.Word,word_stat.number):
        worddict[key] = value
    #生成词云，可以用 generate_from_frequencies 函数计算词频
    red_wc = WordCloud(font_path="/Library/Fonts/Hiragino Sans GB
W3.ttc",                                           #设置字体
                    margin=5, width=1800, height=1800,
                                                #设置字体的清晰度
                    background_color="black",    #设置背景颜色
                    max_words=800,               #设置词云显示的最大词数
                    max_font_size=400,           #设置字体最大值
                    random_state=42,             #设置随机状态种子数
                    ).generate_from_frequencies(frequencies=worddict)
    #绘制词云
    plt.figure(figsize=figsize)
    plt.imshow(red_wc)
    plt.axis("off")
    plt.title(name,FontProperties=font,size = 12)
    plt.show()
```

上面定义的函数 plotwordcould()用于生成词云。接下来可以通过 for 循环调用此函数，绘制每一章的词云图。代码如下：

```
## 调用函数
import time
print("plot all red deram wordcould")
t0 = time.time()
for ii in np.arange(12):
    ii = ii * 10
    name = Red_df.Chapter[ii] +":"+ Red_df.Leftname[ii] +","+
Red_df.Rightname[ii]
    words = Red_df.cutword[ii]
    plotwordcould(words,name,figsize=(6,6))
print("Plot all wordcolud use %.2fs"%(time.time()-t0))
```

　　针对每一章的内容，我们也可以分析出现次数较多的词都有哪些。

　　首先定义一个用来统计一个列表中人物出现频率的函数，然后再使用每一章分词后的结果调用函数，得出直方图。代码如下：

```
def plotredmanfre(wordlist,title,figsize=(12,6)):
    """
    该函数用来统计一个列表中人物出现的频率
    wordlist：词组成的一个列表
    title ：图的名字
    """
    ##统计词频
    words = wordlist
    name = title
    word_df = pd.DataFrame({"Word":words})
    word_stat=
word_df.groupby(by=["Word"])["Word"].agg({"number":np.size})
    word_stat = word_stat.reset_index().sort_values(by="number",
ascending=False)
    wordname = word_stat.loc[word_stat.Word.isin(word_stat.iloc
[:,0].values)].reset_index(drop = True)
    ##直方图
    ##绘制直方图
    size = np.min([np.max([6,np.ceil(300 / wordname.shape[0])]),
12])
    wordname.plot(kind="bar",x="Word",y="number",figsize=(10,6))
    plt.xticks(FontProperties = font,size = size)
    plt.xlabel("人名",FontProperties = font)
    plt.ylabel("频数",FontProperties = font)
    plt.title(name,FontProperties = font)
    plt.show()
```

然后**调用函数**，为每一章出现次数较多的人物绘制直方图。代码如下：

```
import time
print("plot  所有章节的人物词频")
t0 = time.time()
for ii in np.arange(120):
    name = Red_df.Chapter[ii] +":"+ Red_df.Leftname[ii] +","+
Red_df.Rightname[ii]
    words = Red_df.cutword[ii]
    plotredmanfre(words,name,figsize=(12,6))
print("Plot 所有章节的人物词频 use %.2fs"%(time.time()-t0))
```

8.3　文本聚类分析

聚类分析（Cluster analysis，也称为群集分析）是数据统计分析的一门技术，广泛应用在许多领域，包括机器学习、数据挖掘、模式识别、图像分析以及生物信息等领域。聚类是把相似的对象通过静态分类的方法分成不同的组别或者更多的子集（subset），让在同一个子集中的成员对象都有相似的一些属性，常见的包括在坐标系中有更加短的空间距离等。一般把数据聚类归纳为一种非监督式学习。

文本聚类分析是聚类分析中的一个具体的应用，这里主要是用《红楼梦》中每章的分词结果，对红楼梦的章节进行聚类分析。文本聚类分析适用的数据为文本的 TF-IDF 矩阵。

读取前面我们保存的数据文件 Red_dream_data.json。代码如下：

```
##读取数据
Red_df = pd.read_json("Red_dream_data.json")
```

8.3.1　构建分词 TF-IDF 矩阵

TF-IDF（Term Frequency-Inverse Document Frequency），含义是词频逆文档频率，指的是如果某个词或短语在一篇文章中出现的频率高，并且在其他文章中很少出现，则认为此词或短语具有很好的分类区分能力，适合用来分类。简单地说，TF-IDF 可以反映出语料库中某篇文档中某个词的重要性。TF-IDF 算法是一种统计方法，用以评估一字词对于一个文件集或一个语料库中的一份文件的重要程度。字词的重要性随着它在文件中出现的次数成正比增加，但同时会随着它在语料库中出现的频率成反比下降。

TF-IDF 方法主要用到了 CountVectorizer()和 TfidfTransformer()两个函数。CountVectorizer()是通过 fit_transform()函数将文本中的词语转换为词频矩阵，矩阵元素 weight[i][j] 表示 j 词在第 i 个文本下的词频，即各个词语出现的次数，通过 get_feature_names()函数可看到所有文本的关键字，通过 toarray()函数可看到词频矩阵的结果。TfidfTransformer 也有个 fit_transform 函数，它的作用是计算 TF-IDF 值，得到相应的矩阵后，可以对章节进行聚类分析。CountVectorizer()

可以将使用空格分开的词整理为语料库。代码如下：

```
##准备工作，将分词后的结果整理成CountVectorizer()可应用的形式
##将所有分词后的结果使用空格连接为字符串，并组成列表，每一段为列表中的一个
   元素
articals = []
for cutword in Red_df.cutword:
    articals.append(" ".join(cutword))
##构建语料库，并计算"文档—词"的 TF—IDF 矩阵
vectorizer = CountVectorizer()
transformer = TfidfVectorizer()
tfidf = transformer.fit_transform(articals)
##tfidf 以稀疏矩阵的形式存储
print(tfidf)
## 将 tfidf 转化为数组的形式，"文档—词"矩阵
dtm = tfidf.toarray()
dtm
```

结果如图 8-23 所示。

```
  (0, 10818)    0.0230796765538
  (0, 19293)    0.0202674120731
  (0, 19297)    0.0230796765538
  (0, 170)      0.00999097041249
  (0, 3428)     0.0637371733415
  (0, 374)      0.00880030341565
  (0, 15325)    0.0212457244472
  (0, 2089)     0.0192884941463
  (0, 18381)    0.0189352180432
  (0, 24748)    0.0212457244472
  (0, 2108)     0.029226722028
  (0, 18629)    0.0919901407046
  (0, 18631)    0.059833544159
  (0, 13583)    0.0424914488943
  (0, 17568)    0.0543316878389
  (0, 2524)     0.0461593531077
  (0, 1886)     0.0262828973442
  (0, 3295)     0.0120327395888
  (0, 3296)     0.0128968981735
array([[ 0.00808934, 0.        , 0.        , ..., 0.        ,
         0.        , 0.        ],
       [ 0.01021357, 0.        , 0.        , ..., 0.        ,
         0.        , 0.        ],
       [ 0.00862524, 0.        , 0.01638712, ..., 0.        ,
         0.        , 0.        ],
       ...,
       [ 0.03164534, 0.        , 0.        , ..., 0.        ,
         0.        , 0.        ],
       [ 0.00946982, 0.        , 0.        , ..., 0.        ,
         0.        , 0.        ],
       [ 0.        , 0.        , 0.        , ..., 0.        ,
         0.        , 0.        ]])
```

图 8-23　构建分词 TF-IDF 矩阵

8.3.2　使用 TF-IDF 矩阵对章节进行聚类

1．K-Means 聚类

先来学习两个概念：余弦相似和 K-Means 聚类。

余弦相似是指通过测量两个向量的夹角的余弦值来度量它们之间的相似性。当两个文本向量夹角余弦等于 1 时，这两个文本完全重复；当夹角的余弦值接近于 1 时，两个文本相似；夹角的余弦越小，两个文本越不相关。

K-Means 聚类是指对于给定的样本集 A，按照样本之间的距离大小，将样本集 A 划分为 K 个簇 $A_1, A_2, \cdots, A_K$，让这些簇内的点尽量紧密地连在一起，而让簇间的距离尽量大。K-Means 算法是无监督的聚类算法。目的是使得每个点都属于离它最近的均值（即聚类中心）对应的簇 A_i 中。这里的聚类分析使用的是 nltk 库。

下面的程序将使用 K-Means 聚类算法对数据进行聚类分析，然后得到每一章所属类别。代码如下：

```
##使用夹角余弦距离进行 k 均值聚类
kmeans = KMeansClusterer(num_means=3,           #聚类数目
            distance=nltk.cluster.util.cosine_distance,
                                                #夹角余弦距离
            )
kmeans.cluster(dtm)
##聚类得到的类别
labpre = [kmeans.classify(i) for i in dtm]
kmeanlab = Red_df[["ChapName","Chapter"]]
kmeanlab["cosd_pre"] = labpre
kmeanlab
```

结果如图 8-24 所示。

	ChapName	Chapter	cosd_pre
0	甄士隐梦幻识通灵,贾雨村风尘怀闺秀	第一回	1
1	贾夫人仙逝扬州城,冷子兴演说荣国府	第二回	1
10	庆寿辰宁府排家宴,见熙凤贾瑞起淫心	第十一回	2
100	大观园月夜感幽魂,散花寺神签惊异兆	第一零一回	2
...	...	...	...
96	林黛玉焚稿断痴情,薛宝钗出闺成大礼	第九十七回	1
97	苦绛珠魂归离恨天,病神瑛泪洒相思地	第九十八回	1
98	守官箴恶奴同破例,阅邸报老翁自担惊	第九十九回	1
99	破好事香菱结深恨,悲远嫁宝玉感离情	第一零零回	1

120 rows × 3 columns

图 8-24　每一章所属类别

用直方图展示每一类有多少个章节。代码如下：

```
##查看每类有多少个分组
count = kmeanlab.groupby("cosd_pre").count()
##将分类可视化
count.plot(kind="barh",figsize=(6,5))
for xx,yy,s in zip(count.index,count.ChapName,count.ChapName):
    plt.text(y =xx-0.1, x = yy+0.5,s=s)
plt.ylabel("cluster label")
plt.xlabel("number")
plt.show()
```

显示结果如图 8-25 所示。

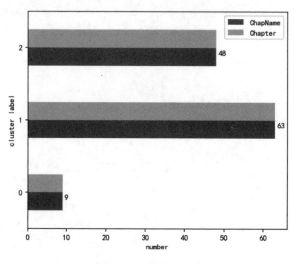

图 8-25 分类可视化

2. MDS 降维

接下来使用降维技术将 TF-IDF 矩阵降维，并将类别可视化以方便查看。

多维标度（Multidimensional Scaling，MDS），又译为"多维尺度"，也称作"相似度结构分析"（Similarity Structure Analysis），属于多重变量分析的方法之一，是社会学、数量心理学、市场营销学等统计实证分析的常用方法。MDS 在降低数据维度的时候尽可能地保留样本之间的相对距离。代码如下：

```
##聚类结果可视化
##使用 MDS 对数据进行降维
```

```
from sklearn.manifold import MDS
mds = MDS(n_components=2,random_state=123)
coord = mds.fit_transform(dtm)
print(coord.shape)
##绘制降维后的结果
plt.figure(figsize=(8,8))
plt.scatter(coord[:,0],coord[:,1],c=kmeanlab.cosd_pre)
for ii in np.arange(120):
    plt.text(coord[ii,0]+0.02,coord[ii,1],s = Red_df.Chapter2[ii])
plt.xlabel("X")
plt.ylabel("Y")
plt.title("K-means MDS")
plt.show()
```

显示结果如图 8-26 所示。

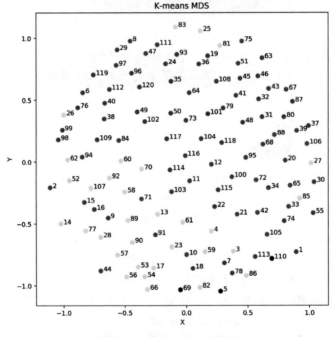

图 8-26　使用 MDS 降维图

针对在 MDS 下每个章节的相对分布情况，章节之间没有很明显的分界线（因为这是一本故事书，讲的是故事），但并不是说我们根据章节聚类分析是没有意义的，因为每一个章节都是不一样的，而且相互之间的联系也是不同的。

3．PCA 降维

一般我们获取的原始数据维度都很高，比如 1000 个特征，在这 1000 个特征中可能包含了很多无用的信息或者噪声，真正有用的特征才 100 个，那么我们可以运用 PCA 算法将 1000 个特征降到 100 个特征。这样不仅可以去除无用的噪声，还能减少很大的计算量。举个简单的例子来说明，现在我们要判断两张照片是不是同一时期的同一个人，每张照片提供的描述信息有编号、性别、年龄、体重、身高、脸型、发型。这组信息属于 7 维，但是要甄别是否为同一个人，这 7 维数据完全可以转化为 5 维，因为编号这一维其实没有太大的用处，另外假设体重也不是两极分化，所以看照片上的体重是分辨不出来的，所以体重这一项也可以忽略。当然，这个例子可能不太恰当，没有经过计算，直接去掉了两维数据，更多的时候需要计算后才知道能降多少维。

PCA（Principal Component Analysis，主成分分析），是一种常见的数据降维方法，其目的是在"信息"损失较小的前提下，将高维数据转换到低维，从而减小计算量。PCA 通常用于高维数据集的探索与可视化，还可以用于数据压缩、数据预处理等。PCA 可以把可能具有线性相关性的高维变量合成为线性无关的低维变量，称为主成分（Principal Components），新的低维数据集会尽可能地保留原始数据的变量，可以将高维数据集映射到低维空间的同时，尽可能地保留更多变量。

如果读者线性代数学得比较好，可以从基这个角度去理解。原始空间是三维的(x,y,z)，x、y、z 分别是原始空间的三个基，我们可以通过某种方法，用新的坐标系(a,b,c)来表示原始的数据，那么 a、b、c 就是新的基，它们组成新的特征空间。在新的特征空间中，可能所有的数据在 c 上的投影都接近于 0，即可以忽略，那么就可以直接用(a,b)来表示数据，这样数据就从三维的(x,y,z)降到了二维的(a,b)。

PCA 降维过程其实就是一个实对称矩阵对角化的过程，其主要性质是：保留了最大的方差方向，使从变换特征回到原始特征的误差最小。代码如下：

```
##聚类结果可视化
##使用 PCA 对数据进行降维
from sklearn.decomposition import PCA
pca = PCA(n_components=2)
```

```
pca.fit(dtm)
print(pca.explained_variance_ratio_)
##对数据降维
coord = pca.fit_transform(dtm)
print(coord.shape)
##绘制降维后的结果
plt.figure(figsize=(8,8))
plt.scatter(coord[:,0],coord[:,1],c=kmeanlab.cosd_pre)
for ii in np.arange(120):
    plt.text(coord[ii,0]+0.02,coord[ii,1],s = Red_df.Chapter2[ii])
plt.xlabel("主成分1",FontProperties = font)
plt.ylabel("主成分2",FontProperties = font)
plt.title("K-means PCA")
plt.show()
```

显示结果如图 8-27 所示。

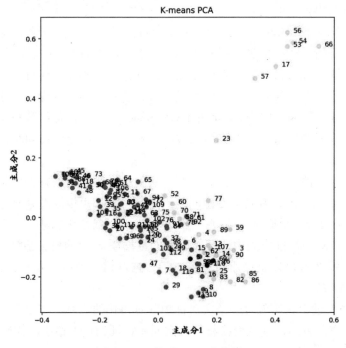

图 8-27　使用 PCA 降维图

从 PCA 降维图的可视化结果可以看出，有些章节的内容和大部分章节的内容还是距离很远的。

4．HC 聚类

HC 聚类（Hierarchical Clustering，层次聚类）是聚类算法的一种，通过计算不同类别数据点间的相似度来创建一棵有层次的嵌套聚类树。在聚类树中，不同类别的原始数据点是树的最底层，树的顶层是一个聚类的根节点。创建聚类树有自下而上合并和自上而下分裂两种方法。下面的代码实现了系统聚类算法，并将聚类结果可视化，主要使用了 scipy 库中的 cluster 模块。

```
##层次聚类
from scipy.cluster.hierarchy import dendrogram,ward
from scipy.spatial.distance import pdist,squareform
##标签，每个章节的标题
labels = Red_df.Chapter.values
cosin_matrix = squareform(pdist(dtm,'cosine'))  #计算每章的距离矩阵
ling = ward(cosin_matrix)                        ##根据距离聚类
##聚类结果可视化
fig, ax = plt.subplots(figsize=(10, 15))         #设置大小
ax = dendrogram(ling,orientation='right', labels=labels);
plt.yticks(FontProperties = font,size = 8)
plt.title("《红楼梦》各章节层次聚类",FontProperties = font)
plt.tight_layout()                               #展示紧凑的绘图布局
plt.show()
```

显示结果如图 8-28 所示。

通过系统聚类树，可以更加灵活地确定聚类的数目。聚类的数目整体上可以分为两类或者三类。

5．t-SNE 高维数据可视化

t-SNE 是一种非线性降维算法，非常适用于高维数据降维到二维或者三维，并进行可视化。t-SNE 主要包括以下两个步骤：

（1）t-SNE 构建一个高维对象之间的概率分布，使得相似的对象被选择的概率更高，而不相似的对象被选择的概率较低；

（2）t-SNE 在低维空间里构建这些再点的概率分布，使得这两个概率分布之间尽可能地相似。这里使用 KL 散度（Kullback - Leibler Divergence）来度量两个分布之间的相似性。

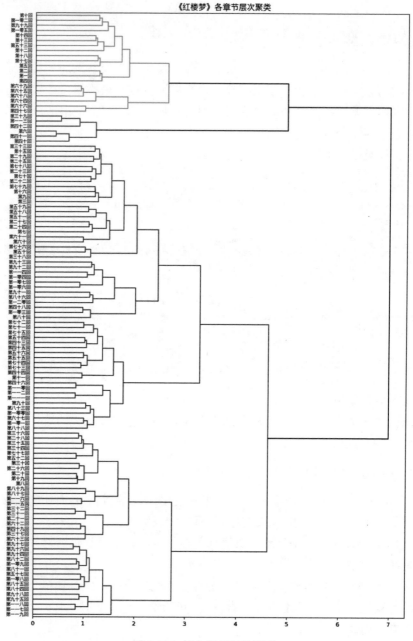

图 8-28　每个章节层次聚类

示例代码如下：

```
from sklearn.feature_extraction.text import CountVectorizer,
TfidfTransformer
from sklearn.manifold import TSNE
##准备工作，将分词后的结果整理成CountVectorizer()可应用的形式
##将所有分词后的结果使用空格连接为字符串并组成列表，每一段为其中一个元素
articals = []
for cutword in Red_df.cutword:
    cutword = [s for s in cutword if len(s) < 5]
    cutword = " ".join(cutword)
    articals.append(cutword)
##max_features参数根据出现的频率排序，只取指定的数目
vectorizer = CountVectorizer(max_features=10000)
transformer = TfidfTransformer()
tfidf = transformer.fit_transform(vectorizer.fit_transform
(articals))
##降维为三维
X = tfidf.toarray()
tsne=TSNE(n_components=3,metric='cosine',init='random',random_
state=1233)
X_tsne = tsne.fit_transform(X)
##可视化
from mpl_toolkits.mplot3d import Axes3D
fig = plt.figure(figsize=(8,6))
ax = fig.add_subplot(1,1,1,projection = "3d")
ax.scatter(X_tsne[:,0],X_tsne[:,1],X_tsne[:,2],c = "red")
ax.view_init(30,45)
plt.xlabel("章节段数",FontProperties = font)
plt.ylabel("章节字数",FontProperties = font)
plt.title("《红楼梦》—t-SNE",FontProperties = font)
plt.show()
```

显示结果如图8-29所示。

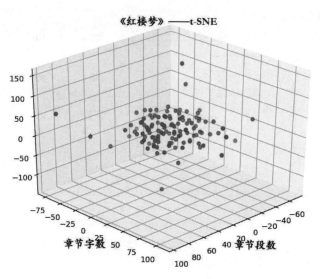

图 8-29　t-SNE 高维数

　　经过图 8-29 中的 t-SNE 算法降维可视化处理，发现大部分章节的位置是出现在一起的，所以可以认为整本书讲的是同一个事情，章节之间的相似性是很高的，但是否可以认为前 80 章和后 40 章是同一人写的呢？这可能是大多数红学研究者感兴趣的话题。如果要分析《红楼梦》前 80 回和后 40 回之间的差异性，那就应该从前 80 回和后 40 回的用词和句式上去做更细致的分析！

8.4　LDA 主题模型

　　LDA（Latent Dirichlet Allocation）是一种文档生成模型。它认为一篇文章是有多个主题的，而每个主题又对应着不同的词。一篇文章的构造过程，首先是以一定的概率选择某个主题，然后再在这个主题下以一定的概率选出某一个词，这样就生成了这篇文章的第一个词。不断重复这个过程，就生成了整篇文章。当然这里假定词与词之间是没顺序的。

　　LDA 的使用是上述文档生成的逆过程，它将根据一篇得到的文章，去寻找出这篇文章的主题，以及这些主题对应的词。

　　LDA 主题模型在机器学习和自然语言处理等领域是用来在一系列文档中发

现抽象主题的一种统计模型。直观来讲，如果一篇文章有一个中心思想，那么一些特定词语会更频繁地出现。比方说，如果一篇文章是在讲狗的，那"狗"和"骨头"等词出现的频率会高些；如果一篇文章是在讲猫的，那"猫"和"鱼"等词出现的频率会高些；而有些词，例如"这个""和"大概在两篇文章中出现的频率会大致相等。但真实的情况是，一篇文章通常包含多种主题，而且每个主题所占比例各不相同。因此，如果一篇文章 10%和猫有关、90%和狗有关，那么和狗相关的关键字出现的次数大概会是和猫相关的关键字出现次数的 9 倍。

一个主题模型试图用数学框架来体现文档的这种特点。主题模型自动分析每个文档，统计文档内的词语，根据统计的信息来断定当前文档含有哪些主题，以及每个主题所占的比例各为多少。

Python 中实现主题模型的方法有很多。接下来使用 sklearn 包实现 LDA 主题模型。代码如下：

```
from sklearn.feature_extraction.text import CountVectorizer
from sklearn.decomposition import LatentDirichletAllocation
##准备工作，将分词后的结果整理成 CountVectorizer()可应用的形式
##将所有分词后的结果使用空格连接为字符串，并组成列表，每一段为列表中的一个
  元素
articals = []
for cutword in Red_df.cutword:
    cutword = [s for s in cutword if len(s) < 5]
    cutword = " ".join(cutword)
    articals.append(cutword)
##max_features 参数根据出现的频率排序，只取指定的数目
tf_vectorizer = CountVectorizer(max_features=10000)
tf = tf_vectorizer.fit_transform(articals)

##查看结果
print(tf_vectorizer.get_feature_names()[400:420])
tf.toarray()[20:50,200:800]
```

结果显示如下：

```
['上传', '上供', '上元', '上前', '上千', '上半', '上原', '上去', '上司
', '上吊', '上夜', '上天', '上头', '上好', '上学', '上家', '上将', '
上屋', '上席', '上年']
array([[0, 0, 1, ..., 0, 0, 0],
```

```
      [0, 0, 0, ..., 0, 0, 0],
      [0, 0, 0, ..., 0, 0, 0],
      ...,
      [0, 0, 1, ..., 0, 0, 0],
      [1, 0, 0, ..., 0, 0, 0],
      [1, 0, 0, ..., 0, 0, 0]], dtype=int64)
```

上面的代码是建立模型前的准备工作，主要是构建"词频-文档"矩阵。

在下面的代码中，首先建立有 3 个主题的主题模型，然后将文本（每一章）进行归类。在结果元组中，第一个数组代表章节的索引，第二个数组代表所归类别的索引。从所归的类别可以看出，所有章节归类的最大可能性是相同的主题。

```
##主题数目
n_topics = 3
lda = LatentDirichletAllocation(n_topics=n_topics, max_iter=25,
                    learning_method='online',
                    learning_offset=50., random_state=0)
##模型应用于数据
lda.fit(tf)
##得到每个章节属于某个主题的可能性
chapter_top = pd.DataFrame(lda.transform(tf),
index=Red_df.Chapter,
columns=np.arange(n_topics)+1)
chapter_top
##每一行的和
chapter_top.apply(sum,axis=1).values
##查看每一列的最大值
chapter_top.apply(max,axis=1).values
##找到大于相应值的索引
np.where(chapter_top >= np.min(chapter_top.apply(max,axis=1).
values))
```

结果显示如下：

```
(array([ 0,    1,    2,    3,    4,    5,    6,    7,    8,    9,   10,   11,
        12,   13,   14,   15,   16,   17,   18,   19,   20,   21,   22,   23,
        24,   25,   26,   27,   28,   29,   30,   31,   32,   33,   34,   35,
        36,   37,   38,   39,   40,   41,   42,   43,   44,   45,   46,   47,
        48,   49,   50,   51,   52,   53,   54,   55,   56,   57,   58,   59,
        60,   61,   62,   63,   64,   65,   66,   67,   68,   69,   70,   71,
        72,   73,   74,   75,   76,   77,   78,   79,   80,   81,   82,   83,
```

```
      84,  85,  86,  87,  88,  89,  90,  91,  92,  93,  94,  95,
      96,  97,  98,  99, 100, 101, 102, 103, 104, 105, 106, 107,
     108, 109, 110, 111, 112, 113, 114, 115, 116, 117, 118, 119],
     dtype=int64),
array([0, 0, 1, 1, 2, 1, 1, 1, 1, 1, 1, 1, 1, 1, 1, 1, 0, 1, 1,
       1, 1, 1, 1, 1, 1, 1, 1, 1, 1, 1, 1, 1, 1, 1, 1, 1, 1, 1,
       1, 1, 1, 1, 1, 1, 1, 1, 1, 1, 1, 1, 1, 1, 1, 1, 1, 1, 1,
       1, 1, 1, 1, 1, 1, 1, 1, 1, 1, 1, 1, 1, 1, 1, 1, 1, 1, 1,
       1, 1, 1, 1, 1, 1, 1, 1, 1, 1, 1, 1, 1, 1, 1, 1, 1, 1, 1,
       1, 1, 1, 1, 1], dtype=int64))
```

下面我们将每个主题中最主要的关键词可视化出来。

首先提取每个主题中最主要的关键词，然后将这些词使用直方图绘制出来，如图 8-30 所示。图像的横坐标在一定程度上体现了三个主题的重要程度（这和 120 章都可以划分为第三个主题是相对应的）。具体代码如下：

```
##可视化主题，主成分分析可视化 LDA
from pylab import *
mpl.rcParams['font.sans-serif'] = ['SimHei']      #指定默认字体
mpl.rcParams['axes.unicode_minus'] = False        #解决保存图像负号'-'
                                                     显示为方块的问题


n_top_words = 40
tf_feature_names = tf_vectorizer.get_feature_names()
for topic_id,topic in enumerate(lda.components_):
    topword = pd.DataFrame(
        {"word":[tf_feature_names[i] for i in topic.argsort()[:-n_
top_words - 1:-1]],
         "componets":topic[topic.argsort()[:-n_top_words - 1:-1]]})
    topword.sort_values(by = "componets").plot(kind = "barh",
                                        x = "word",
                                        y = "componets",
                                        figsize=(6,8),
                                        legend=False)
    plt.yticks(FontProperties = font,size = 10)
    plt.ylabel("")
    plt.legend("")
    plt.title("Topic %d" %(topic_id+1))
    plt.show()
```

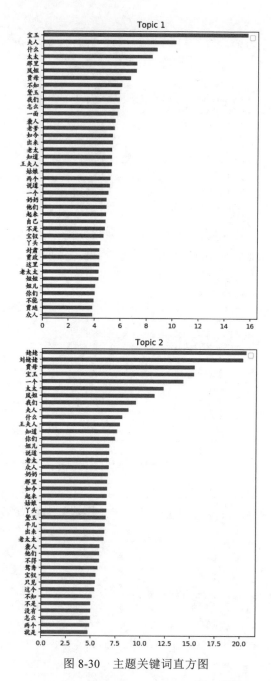

图 8-30　主题关键词直方图

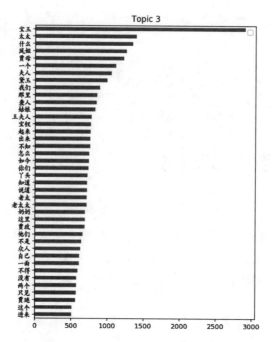

图 8-30　主题关键词直方图（续）

　　我们也可以定义一个函数，灵活地输出每个主题一定数量的关键词。代码如下：

```
##查看每个主题的关键词
def print_top_words(model, feature_names, n_top_words):
    for topic_id, topic in enumerate(model.components_):
        print('\nTopic Nr.%d:' % int(topic_id + 1))
        print(''.join([feature_names[i] + ' ' + str(round(topic[i], 2))
              +' | ' for i in topic.argsort()[:-n_top_words - 1:-1]]))
n_top_words = 10
tf_feature_names = tf_vectorizer.get_feature_names()
print_top_words(lda, tf_feature_names, n_top_words)
```

结果显示如下：

```
Topic Nr.1:
宝玉 22.5 | 众人 17.13 | 一个 14.21 | 道人 12.87 | 什么 12.5 | 不知
11.04 | 此处 10.54 | 如今 10.32 | 政道 9.29 | 贾政笑 9.06 |

Topic Nr.2:
```

```
宝玉 2880.11 | 太太 1396.57 | 什么 1341.17 | 一个 1110.38 | 夫人
1059.66 | 我们 890.62 | 那里 855.07 | 姑娘 829.09 | 王夫人 780.97 | 起
来 766.61 |


Topic Nr.3:
宝玉 33.4 | 太太 13.63 | 一个 10.63 | 仙姑 9.55 | 什么 9.45 | 那里 7.86
| 不知 7.85 | 我们 7.73 | 这里 7.64 | 怎么 7.29 |
```

8.5　人物社交网络分析

人物社交网络分析是用来查看节点、连接边之间社会关系的一种分析方法。节点是社交网络里的每个参与者，连接边则表示参与者之间的关系。节点之间可以有很多种连接，用最简单的形式来说，社交网络是一张地图，可以标示出所有与节点间相关的连接边。社交网络也可以用来衡量每个参与者的"人脉"。

接下来我们分析《红楼梦》中的人物关系。在本章中，两两人物关系是由下面两种方式得到的：

第一，如果两个人名同时出现在同一段落，则其联系+1；

第二，如果两个人名同时出现在同一章节，则其联系+1。

首先，我们读取需要的数据和加载需要的包。

```
##加载绘制社交网络图的包
import networkx as nx
##读取数据
Red_df = pd.read_csv(r"C:\Users\yubg\OneDrive\2018book\
syl-hlm\red_social_net_weight.csv")
Red_df.head()
```

结果如图 8-31 所示。

	First	Second	chapweight	duanweight
0	宝玉	贾母	98.0	324.0
1	宝玉	凤姐	92.0	187.0
2	宝玉	袭人	88.0	336.0
3	宝玉	王夫人	103.0	296.0
4	宝玉	宝钗	96.0	295.0

图 8-31　读取数据

　　在图 8-31 中，chapweight 为对应的人物出现在同一章节的次数，duanweight 为对应的人物出现在同一段落的次数。

　　读取数据之后，我们可以使用其中的一个权重（权重做了归一化处理）得到我们的社交网络图。

　　下面的程序，首先定义了一个图像窗口，然后使用 G=nx.Graph()语句生成一个空的网络图，使用 G.add_edge()方法添加网络的边，然后将节点之间按照连接权重的大小分成了 3 种边，使用 3 种不同颜色的线表示。使用 pos=nx.spring_layout(G) 语句来定义网络图的节点布局算法，然后使用 nx.draw_networkx_nodes、nx.draw_networkx_edges、nx.draw_networkx_labels 3 种方法来画出网络图的节点、边和标签。代码如下：

```
#计算其中的一种权重
Red_df["weight"] = Red_df.chapweight / 120
Red_df2 = Red_df[Red_df.weight >0.025].reset_index(drop = True)
plt.figure(figsize=(12,12))
##生成社交网络图
G=nx.Graph()
##添加边
for ii in Red_df2.index:
    G.add_edge(Red_df2.First[ii],Red_df2.Second[ii],weight = Red_
df2.weight[ii])
##定义 3 种边
elarge=[(u,v) for (u,v,d) in G.edges(data=True) if d['weight']
>0.2]
emidle = [(u,v) for (u,v,d) in G.edges(data=True) if (d['weight']
>0.1) & (d['weight'] <= 0.2)]
esmall=[(u,v) for (u,v,d) in G.edges(data=True) if d['weight']
<=0.1]
##图的布局
pos=nx.spring_layout(G) #positions for all nodes
#nodes
nx.draw_networkx_nodes(G,pos,alpha=0.6,node_size=350)
#edges
nx.draw_networkx_edges(G,pos,edgelist=elarge,
                width=2,alpha=0.9,edge_color='g')
nx.draw_networkx_edges(G,pos,edgelist=emidle,
                width=1.5,alpha=0.6,edge_color='y')
nx.draw_networkx_edges(G,pos,edgelist=esmall,
```

```
width=1,alpha=0.3,edge_color='b',style='dashed')
#labels
nx.draw_networkx_labels(G,pos,font_size=10)
plt.axis('off')
plt.title("《红楼梦》社交网络")
plt.show()
```

最后得到的社交网络图如图 8-32 所示。

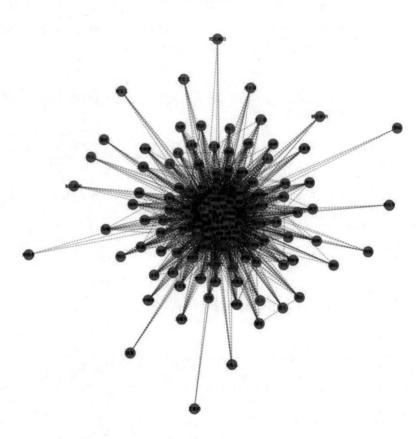

图 8-32　社交网络图

得到社交网络图后，可以计算出每个节点（即人物）的度（入度和出度），它在一定程度上表示了该节点的重要程度。代码如下：

```
##计算每个节点的度
Gdegree = nx.degree(G)
Gdegree = dict(Gdegree)
Gdegree  =  pd.DataFrame({"name":list(Gdegree.keys()),"degree":
list(Gdegree.values())})
Gdegree.sort_values(by="degree",ascending=False).plot(
        x = "name",
        y = "degree",
        kind="bar",
        figsize=(12,6),
        legend=False)
plt.xticks(FontProperties = font,size = 5)
plt.ylabel("degree")
plt.show()
```

结果如图 8-33 所示。

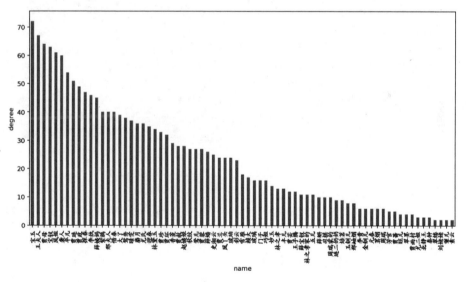

图 8-33 节点出、入度直方图

从图 8-33 可以看出网络图中重要程度高的是宝玉、王夫人、贾母等人。

接下来使用其他图布局模型生成社交网络图。代码如下：

```python
plt.figure(figsize=(12,12))
##生成社交网络图
G=nx.Graph()
##添加边
for ii in Red_df2.index:
    G.add_edge(Red_df2.First[ii],Red_df2.Second[ii],weight = Red_
df2.weight[ii])
##定义两种边
elarge=[(u,v) for (u,v,d) in G.edges(data=True) if d['weight'] >0.3]
emidle = [(u,v) for (u,v,d) in G.edges(data=True) if (d['weight']
>0.2) & (d['weight'] <= 0.3)]
esmall=[(u,v) for (u,v,d) in G.edges(data=True) if d['weight']
<=0.2]
##图的布局
pos=nx.circular_layout(G) #positions for all nodes
#nodes 根据节点的入度和出度来设置节点的大小
nx.draw_networkx_nodes(G,pos,alpha=0.6,node_size=20 + Gdegree.
degree * 15)
#edges
nx.draw_networkx_edges(G,pos,edgelist=elarge,
                width=2,alpha=0.9,edge_color='g')
nx.draw_networkx_edges(G,pos,edgelist=emidle,
                width=1.5,alpha=0.6,edge_color='y')
nx.draw_networkx_edges(G,pos,edgelist=esmall,

width=1,alpha=0.3,edge_color='b',style='dashed')
#labels
nx.draw_networkx_labels(G,pos,font_size=10)#font_size=10，即设置
图中字体的大小
plt.axis('off')
plt.title("《红楼梦》社交网络")
plt.show() #display
```

布局模型为 pos=nx.circular_layout(G)，并且将节点的大小按照重要程度来设置，得到的图像如图 8-34 所示。

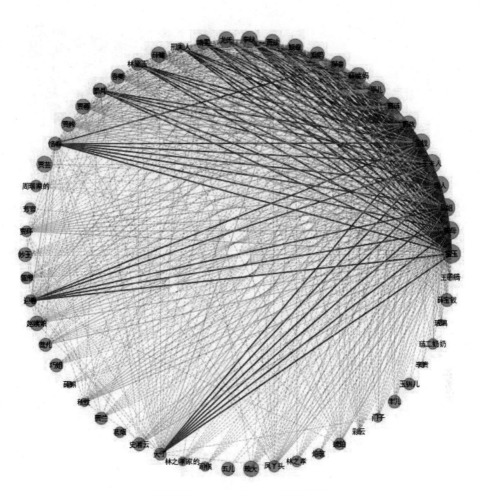

图 8-34　circular_layout(G)节点图

还可以有很多其他的图模型可以使用，如 pos=nx.random_layout(G)可以得到如图 8-35 所示的社交网络图。

《红楼梦》社交网络

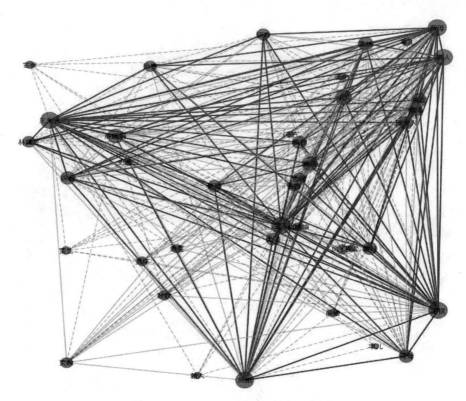

图 8-35　random_layout(G)社交网络图

本章小结

　　本章对《红楼梦》文本的分析，向大家展示了文本数据的处理方法，以及文本聚类分析的方法，介绍了 LDA 主题模型和人物社交网络分析方法。

第 3 部分
拓展与延伸

Python 字符串格式化

在 Python 中操作 MySQL 数据库

fractal（分形）库的发布

第 **9** 章

Python 字符串格式化

Python 格式化输出主要有两种方法：使用%和 format 方法。format 方法的功能要比%方法强大，其中使用 format 函数可以自定义字符填充空白、设置字符串居中显示、转换二进制、自动分割整数、显示百分比等功能。在 Python 3.6 版本中又新增了用 f 方法格式化的方式。

■ 9.1 使用%符号进行格式化

使用%符号进行格式化的格式如下：

```
"%[(name)][flags][width].[precision]typecode "%x
```

示例代码如下：

```
>>>name1 = "Yubg"
>>>print("He said his name is %s." %name1)
He said his name is Yubg.
```

下面进行具体说明。%字符串格式化的形式如图 9-1 所示。

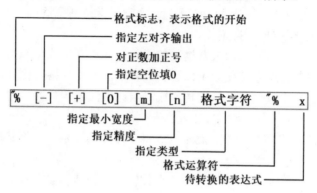

图 9-1　%字符串格式化的形式

图 9-1 中第一个%为格式化开始，其后为格式字符，第二个%之后的 x 为需要进行格式化的内容。使用这种方式进行字符串格式化时，要求被格式化的内容和格式字符指定的数据类型之间必须一一对应。具体的参数描述如下。

- ➍ (name)：可选，用于选择指定的 key；
- ➍ flags：可选，可供选择的值有：
  - ✧ +：右对齐，正数前加正号，负数前加负号；
  - ✧ -：左对齐，正数前无符号，负数前加负号；
  - ✧ 空格：右对齐，正数前加空格，负数前加负号；
  - ✧ 0：右对齐，正数前无符号，负数前加负号，用 0 填充空白处。
- ➍ width：可选，占有宽度；
- ➍ .precisio：可选，小数点后保留的位数；
- ➍ typecode：**必选**，为指定数据类型的格式字符。可供选择的数据类型具体如下。
  - ✧ s：字符串；
  - ✧ r：字符串；
  - ✧ d：将整数、浮点数转换成十进制数表示，并将其格式化到指定位置；
  - ✧ f：将整数、浮点数转换成浮点数表示，并将其格式化到指定位置（默认保留小数点后 6 位）；
  - ✧ F：同上；

◇ c：对于整数是指将数字转换成其 unicode 对应的值，十进制数范围为 0 <= i <= 1114111（py27 则只支持 0~255），对于字符是指将字符添加到指定位置；

◇ o：将整数转换成八进制数表示，并将其格式化到指定位置；

◇ x：将整数转换成十六进制数表示，并将其格式化到指定位置；

◇ e：将整数、浮点数转换成科学计数法表示，并将其格式化到指定位置（小写 e）；

◇ E：将整数、浮点数转换成科学计数法表示，并将其格式化到指定位置（大写 E）；

◇ g：自动调整，将整数、浮点数转换成浮点型或科学计数法表示（超过 6 位数用科学计数法表示），并将其格式化到指定位置（如果是科学计数则是 e；）；

◇ G：自动调整，将整数、浮点数转换成浮点型或科学计数法表示（超过 6 位数用科学计数法表示），并将其格式化到指定位置（如果是科学计数则是 E；）；

◇ %：当字符串中存在格式化标志时，需要用%%表示一个百分号。

第二个%之后要进行格式化的内容需要与指定数据类型的格式字符对应，否则会出错。例如：

```
>>> name1 ="Yubg"
...: print("He said his name is %d." %name1)
Traceback (most recent call last):

    File "<ipython-input-12-22599779316a>", line 2, in <module>
        print("He said his name is %d." %name1)

TypeError: %d format: a number is required, not str
```

再来看一个例子，代码如下：

```
>>>"i am %(name)s age %(age)d" % {"name": "alex", "age": 18}
'i am alex age 18'
>>>"percent %.2f" % 99.97623
'percent 99.98'
>>>"i am %(pp).2f" % {"pp": 123.425556 }
'i am 123.43'
>>>"i am %(pp)+.2f %%" % {"pp": 123.425556,}
'i am +123.43 %'
```

9.2 使用 format()方法进行格式化

除了%字符串格式化方法之外，推荐使用 format()方法进行格式化，该方法非常灵活，不仅可以使用位置进行格式化，还支持使用关键字进行格式化。

Python 中 format 函数用于字符串的格式化，其格式如下：

```
"{[name][:][[fill]align][sign][#][0][width][,][.precision][type]}"
.format()
```

各参数描述如下。

➥ fill：可选，空白处填充的字符；

➥ align：可选，对齐方式（需配合 width 使用），有以下几种选择：

◇ <：内容左对齐；

◇ >：内容右对齐（默认）；

◇ =：内容右对齐，将符号放置在填充字符的左侧，且只对数字类型有效，即形式为"符号+填充物+数字"；

◇ ^：内容居中。

➥ Sign：可选。仅对数字有效：

◇ +：所有数字均带有符号；

◇ -：仅负数带有符号（默认选项）；

◇ 空格：正数前面带空格，负数前面带负号。

➥ #：可选，对于二进制、八进制、十六进制，如果加上#，会显示 0b/0o/0x，否则不显示；

➥ ,：可选，为数字添加分隔符，如 1,000,000；

➥ width：可选，格式化位所占宽度；

➥ .precision：可选，小数位保留精度；

➥ type：可选，格式化数据类型，可传入如下三种类型的参数：

◇ 传入"字符串类型"的参数：

○ s：格式化字符串类型数据；

○ 空白：未指定类型，则默认是 None，同 s。

◇ 传入"整数类型"的参数：

- ○ b：将十进制整数自动转换成二进制表示，然后格式化；
- ○ c：将十进制整数自动转换为其对应的 unicode 字符；
- ○ d：十进制整数；
- ○ o：将十进制整数自动转换成八进制表示，然后格式化；
- ○ x：将十进制整数自动转换成十六进制表示，然后格式化（小写 x）；
- ○ X：将十进制整数自动转换成十六进制表示，然后格式化（大写 X）。
- ✧ 传入"浮点型或小数类型"的参数：
  - ○ e：转换为科学计数法（小写 e）表示，然后格式化；
  - ○ E：转换为科学计数法（大写 E）表示，然后格式化；
  - ○ f：转换为浮点型（默认小数点后保留 6 位）表示，然后格式化；
  - ○ F：转换为浮点型（默认小数点后保留 6 位）表示，然后格式化；
  - ○ g：自动在 e 和 f 中切换；
  - ○ G：自动在 E 和 F 中切换；
  - ○ %：显示百分比（默认显示小数点后 6 位）。

（1）通过关键字进行格式化，代码如下：

```
print('{名字}今天{动作}'.format(名字='陈某某',动作='拍视频'))#通过关键字
grade = {'name' : '陈某某', 'fenshu': '59'}
print('{name}电工考了{fenshu}'.format(**grade))#通过关键字，可用字典
当关键字传入值时，在字典前加**即可
```

（2）通过位置进行格式化，代码如下：

```
print('{1}今天{0}'.format('拍视频','陈某某'))#通过位置
print('{0}今天{1}'.format('陈某某','拍视频'))
```

填充和对齐可以使用^、<、>符号，它们分别表示内容居中对齐、左对齐、右对齐，后面可以带数字，表示占位宽度。例如：

```
print('{:^14}'.format('陈某某'))   #共占位 14 个宽度，陈某某居中
print('{:>14}'.format('陈某某'))   #共占位 14 个宽度，陈某某居右对齐
print('{:<14}'.format('陈某某'))   #共占位 14 个宽度，陈某某居左对齐
print('{:*<14}'.format('陈某某'))  #共占位 14 个宽度，陈某某居左对齐，其
                                    他的空位用*填充
```

```
print('{:&>14}'.format('陈某某'))  #共占位 14 个宽度，陈某某居右对齐，其
                                           他的空位用&填充
```
#填充和对齐，^、<、>符号分别表示内容居中对齐、左对齐、右对齐，后面的 14 是总
宽度（一个汉字为一个宽度）

精度和类型 f，精度常和 f 一起使用。例如：
```
print('{:.1f}'.format(4.234324525254))
print('{:.4f}'.format(4.1))
```

进制转化，b、o、d、x 分别表示二进制、八进制、十进制、十六进制。
例如：
```
print('{:b}'.format(250))
print('{:0}'.format(250))
print('{:d}'.format(250))
print('{:x}'.format(250))
```

千分位分隔符，这种情况只针对数字。例如：
```
print('{:, }'.format(100000000))
print('{:, }'.format(235445.234235))
```

9.3 使用 f 方法进行格式化

f 方法格式化是指通过在普通字符串前添加 f 或 F 前缀进行格式化的方法，
其效果类似于%或者.format()。

先看例子：
```
>>>name1 = "Fred"
>>>print("He said his name is %s." %name1)
He said his name is Fred.

>>>print("He said his name is {name1}.".format(**locals()))
He said his name is Fred.

>>>f"He said his name is {name1}."  #Python 3.6 版本之后才有的新功能
'He said his name is Fred.'
```

locals()函数使用方法如下：
```
>>> def test(arg):
        z = 1
        print(locals())
>>> test(4)
```

```
{'z': 1, 'arg': 4}
```

函数 test 在它的局部名字空间中有两个变量：arg（其值被传入函数）和 z（是在函数里定义的）。locals 返回一个名/值对的字典，这个字典的键是字符串形式的变量名字，字典的值是变量的实际值。所以用 4 来调用 test，会打印出包含函数两个局部变量的字典：arg(4)和 z(1)。代码如下：

```
>>> test('doulaixuexi')   #locals 可以用于所有类型的变量
{'z': 1, 'arg': 'doulaixuexi'}
>>>
```

本章小结

本章主要介绍了格式化输出的各种方法，重点要掌握 format()的方法。

第 **10** 章

在 Python 中操作 MySQL 数据库

在 Python 中操作 MySQL 的模块是 pymysql，在操作 MySQL 库时，需要先安装 pymysql 模块。目前 Python3.x 仅支持 pymysql，对 MySQLdb 模块不支持。安装 pymySQL 的命令为 pip install pymysql，如图 10-1 所示。

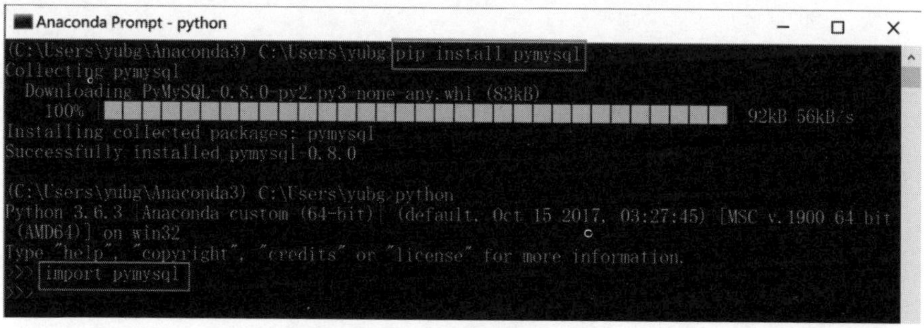

图 10-1　安装 pymysql

在 Python 编辑器中输入 import pymysql，如果编译未出错，即表示 pymysql 安装成功。

10.1　对 MySQL 的连接与访问

在新版的 pandas 中，主要是以 sqlalchemy 方式与数据库建立连接，支持 MySQL、postgresql、Oracle、MS SQLServer、SQLite 等主流数据库。

示例代码如下：

```
import pymysql

#连接数据库
conn = pymysql.connect(host='192.168.1.152',    #访问地址
port= 3306,                                      #访问端口
user = 'root',                                   #登录名
passwd='123123',                                 #访问密码
db='test')                                       #库名

#创建游标
cur = conn.cursor()

#查询 test 库的 lcj 表中存在的数据
cur.execute("select * from lcj")

#fetchall:获取 lcj 表中所有的数据
ret1 = cur.fetchall()
print(ret1)

#获取 lcj 表中前三行数据
ret2 = cur.fetchmany(3)
print(ret2)

#获取 lcj 表中第一行数据
ret3= cur.fetchone()
print(ret3)

#关闭指针对象
cur.close()

#关闭连接的数据库
conn.close()
```

10.2　对 MySQL 的增、删、改、查操作

下面以 MySQL 中 test 数据库为例进行说明，其数据表为 user1，如表 10-1 所示。现对该数据表利用 Python 进行增、删、改、查操作。

表 10-1　test 数据库 user1 数据表

id	username	password
1	张三	333333
2	李四	444444
3	刘七	777777
5	赵八	888888

10.2.1　查询操作

利用 Python 查询 MySQL，可以使用 fetchone() 方法获取单条数据，或者使用 fetchall()方法获取多条数据。

fetchone()：获取下一个查询结果集，结果集是一个对象。

fetchall()：接收全部的返回结果行。

rowcount：这是一个只读属性，并返回执行 execute()方法后影响的行数。

示例代码如下：

```python
import pymysql                              #导入 pymysql

#打开数据库连接
db= pymysql.connect(host="localhost",
          user="root",
            password="123456",
          db="test",
          port=3307)

#使用 cursor()方法获取操作游标
cur = db.cursor()
```

```
#编写 sql 查询语句，user1 为 test 库中的表名
sql = "select * from user1"
try:
    cur.execute(sql)                    #执行 sql 语句

    results = cur.fetchall()            #获取查询的所有记录
    print("id","name","password")
    #遍历结果
    for row in results :
        id = row[0]
        name = row[1]
        password = row[2]
        print(id,name,password)
except Exception as e:
    raise e
finally:
    db.close()                          #关闭连接的数据库
```

10.2.2 插入操作

可以使用 sql_insert 语句向数据表中插入记录。示例代码如下：

```
import pymysql
db= pymysql.connect(host="localhost",
            user="root",
                password="123456",
            db="test",
            port=3307)

#使用 cursor()方法获取操作游标
cur = db.cursor()

sql_insert ="insert into user1(id,username,password) values(4,
            '孙二','222222')"

try:
    cur.execute(sql_insert)
    db.commit()                         #提交到数据库执行
except Exception as e:
    #如果发生错误，则回滚
    db.rollback()
```

```
finally:
    db.close()
```

向 user1 表中插入了一条记录：id=4,username='孙二',password='222222'。

上面代码中 sql_insert 语句也可写成如下形式：

```
#SQL 插入语句
sql_insert = "INSERT INTO user1(id, username, password) \
        VALUES ('%d', '%s', '%s' )" % (4, '孙二', '222222')
```

10.2.3　更新操作

可以使用 sql_update 语句更新数据表，示例代码如下：

```
import pymysql
db= pymysql.connect(host="localhost",
            user="root",
                password="123456",
            db="test",
            port=3307)

#使用 cursor()方法获取操作游标
cur = db.cursor()

sql_update ="update user1 set username = '%s' where id = %d"

try:
    cur.execute(sql_update % ("xiongda",3))      #向 sql 语句传递参数
    db.commit()                                  #提交
except Exception as e:
    #错误提示返回
    db.rollback()
finally:
    db.close()
```

执行上面代码，更新了 user1 表中 id=3 的记录 username:xiongda。

10.2.4　删除操作

可以使用 sql_delete 语句删除数据表中的记录。示例代码如下：

```
import pymysql
```

```
db= pymysql.connect(host="localhost",
          user="root",
            password="123456",
          db="test",
          port=3307)

#使用 cursor()方法获取操作游标
cur = db.cursor()

sql_delete ="delete from user1 where id = %d"

try:
    cur.execute(sql_delete % (3))          #向 sql 语句传递参数
    db.commit()
except Exception as e:
    #错误提示返回
    db.rollback()
finally:
    db.close()
```

删除了表 user1 中 id=3 的记录。

10.3　创建数据库表

如果数据库连接存在，可以使用 execute()方法来为数据库创建表。创建表
YUBG 的示例代码如下：

```
import pymysql
db= pymysql.connect(host="localhost",
          user="root",
            password="123456",
          db="test",
          port=3307)

#使用 cursor() 方法创建一个游标对象 cursor
cursor = db.cursor()

#使用 execute() 方法执行 SQL，如果表存在，则删除
cursor.execute("DROP TABLE IF EXISTS YUBG")
```

```
#使用预处理语句创建表
sql = """CREATE TABLE YUBG (
        Name  CHAR(20) NOT NULL,
        Nickname  CHAR(20),
        Age INT,
        Sex CHAR(1),
        Income  FLOAT )"""

cursor.execute(sql)

#关闭数据库连接
db.close()
```

本章小结

　　本章主要介绍了 Python 对 MySQL 数据库的操作方法，重点掌握对数据库的增、删、改、查的操作。

第11章

fractal（分形）库的发布

本章将介绍用 Python 绘制分形，并形成第三方库进行发布等内容。本项目（fractal 库）已经上传到 PyPI，读者可通过 pip install fractal 命令安装。最新进度的源码可访问 Github 上的项目，地址为：https://github.com/pysrc/fractal。

启动 Anaconda Prompt，安装 fractal，如图 11-1 所示。

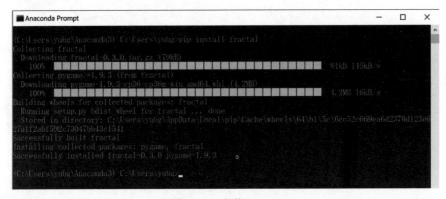

图 11-1　安装 fractal

11.1　用 Python 绘制分形

11.1.1　分形简介

分形具有以非整数维形式填充空间的形态特征，通常被定义为"一个粗糙或零碎的几何形状，可以分成数个部分，且每一部分都（至少近似地）是整体缩小后的形状"，即具有自相似的性质。"分形（fractal）"一词，是由芒德勃罗创造出来的，其原意具有不规则、支离破碎等意义。1973 年，芒德勃罗（B.B.Mandelbrot）在法兰西学院讲课时，首次提出了分维和分形的设想。

分形是一个数学术语，也是一套以分形特征为研究主题的数学理论。分形理论既是非线性科学的前沿和重要分支，又是一门新兴的横断学科，是研究一类现象特征的新的数学分科。相对于其几何形态，它与微分方程、动力系统理论的联系更为显著。分形的自相似特征可以是统计自相似，构成分形也不限于几何形式，时间过程也可以，故而与鞅论关系密切。

分形几何是一门以不规则几何形态为研究对象的几何学。由于不规则现象在自然界普遍存在，因此分形几何学又被称为描述大自然的几何学。分形几何学建立以后，很快就引起了各个学科领域的关注。不仅在理论上，而且在实用上分形几何都具有重要价值。

分形作为一种数学工具，现已应用于各个领域，如应用于计算机辅助设计领域使用的各种分析软件中。分形图有多种，如弯弯曲曲的海岸线、起伏不平的山脉、粗糙不堪的断面、变幻无常的浮云、九曲回肠的河流、纵横交错的血管、令人眼花缭乱的满天繁星等。

11.1.2　先睹为快

各种分形图如图 11-2 所示。

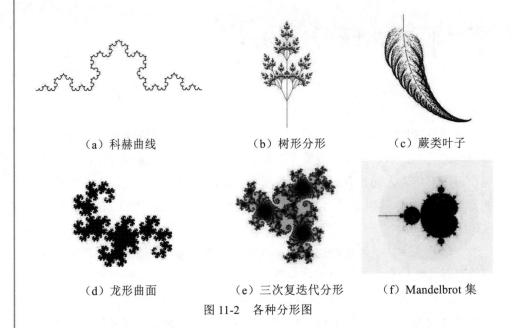

（a）科赫曲线　　　　　　　　（b）树形分形　　　　　　　　（c）蕨类叶子

（d）龙形曲面　　　　　（e）三次复迭代分形　　　　（f）Mandelbrot 集

图 11-2　　各种分形图

11.1.3　绘制方法简介

1．L-系统（L-System）

（1）简介

L-System 或者叫做 L-系统，是 1968 年由匈牙利生物学家 Lindenmayer 提出的有关生长发展中的细胞交互作用的数学模型，尤其被广泛应用于植物生长过程的研究。L-System 的本质是一个相似重写系统，是一系列不同形式的正规语法规则，多被用于植物生长过程建模，也被用于模拟各种生物体的形态，生成自相似的分形，例如迭代函数系统。

假定有如下文法：

$$G[S] = \{\ S,\ Vt,\ Vn\ ,\ p\ \}$$

其中，文法开始符 S：$\{F\}$。

非终结符 Vn：$\{F\}$。

终结符 Vt：$\{+, -\}$。

产生式规则 *p*：*F* -> *F*-*F*++*F*-*F*。

约定符号的含义如下。

➥ *F*：表示画一条直线。

➥ ＋：表示右转 60°。

➥ －：表示左转 60°。

那么，假设从文法开始符开始。

迭代 0 次：*F*。

迭代 1 次：*F*-*F*++*F*-*F*（由产生式 P 得出）。

迭代 2 次：*F*-*F*++*F*-*F*-*F*-*F*++*F*-*F*++*F*-*F*++*F*-*F*-*F*-*F*++*F*-*F*（每一个下划线都由上一次迭代的 *F* 得到）。

……

如此这般，应用上面约定的含义，就可以画出如图 11-3 所示美丽的 Koch 雪花曲线（可以动手验证一下。值得注意的是，随着迭代次数 *n* 的增加，每次由 *F* 进行划线的长度都缩短为最初长度的 $1/(n+1)$。这里给出的分别是迭代 0 次、迭代 1 次、迭代 2 次、迭代 3 次的图像）。

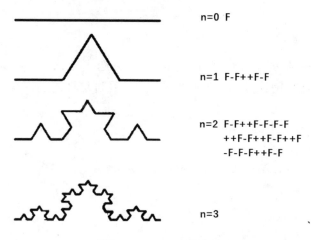

n=0 F

n=1 F-F++F-F

n=2 F-F++F-F-F-F
　　　++F-F++F-F++F
　　　-F-F-F++F-F

n=3

图 11-3　Koch 雪花曲线

（2）几何解释

假设有一只海龟在行动，我们假定海龟遇到字符"f"则向前走一个步长，遇到字符"+"就向左转弯一定角度，遇到字符"-"就向右转弯一定角度。

353

（3）示例

示例代码如下：

```
#科赫曲线
from fractal import Pen

p = Pen([500, 300], title="Koch")
p.setPoint([5, 190])
#给出 L 系统描述
p.doD0L(omega="f", P={"f": "f+f--f+f"}, delta=60, times=4,
length=490, rate=3)
#等待绘制结束
p.wait()
```

结果如图 11-4 所示。

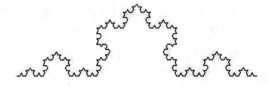

图 11-4　科赫曲线

（4）绘制过程

经过改写规则 P，每次偏转角度 60°，总共迭代 4 次，图像宽度为 490 像素，相邻两次迭代间线段缩短为原来的 1/3。经过这样的过程就生成了美丽的科赫曲线。

（5）模块核心代码

模块核心代码如下：

```
def draw(self, omega, P, delta, length):
    i = 0
    while i < len(omega):
        if omega[i] == '+':
            self.left(delta)
        elif omega[i] == '-':
            self.right(delta)
        elif omega[i] == '[':
            k = 0
            st = i
            while i < len(omega):
```

```
            if omega[i] == "[":
                k += 1
            elif omega[i] == "]":
                k -= 1
                if k == 0:
                    break
            i += 1
        sub = omega[st + 1:i]
        curpoint = self.pos[:]
        curangle = self.angle
        self.draw(sub, P, delta, length)
        self.pos = curpoint
        self.angle = curangle
    else:
        self.forward(length)
    i += 1
```

2．迭代函数系统（IFS）

（1）简介

迭代函数系统（Iterated Function System，IFS）是分形理论的重要分支。它以仿射变换为框架，根据几何对象的整体与局部具有自相似的结构，将总体形状以一定的概率按不同的仿射变换迭代下去，直至得到满意的分形图形。

关于仿射变换，通俗的理解就是一个矩阵通过一个变换变为另一个矩阵的过程，新矩阵与原矩阵相似，例如在原矩阵上做拉伸、旋转、缩小等操作。

（2）示例

示例代码如下：

```
#蕨类 IFS 生成

from fractal import IFS
from random import random

def ifsp(x, y):
    p = random()
    if p < 0.01:
        return (0, 0.16 * y)
    elif p < 0.07:
        if random() > 0.5:
            return (0.21 * x - 0.25 * y, 0.25 * x + 0.21 * y + 0.44)
```

```
        else:
            return (-0.2 * x + 0.26 * y, 0.23 * x + 0.22 * y + 0.6)
    else:
        return (0.85 * x + 0.1 * y, -0.05 * x + 0.85 * y + 0.6)

ob = IFS([400, 500], title = "蕨")
ob.setPx(100, 100, 100)
ob.setIfsp(ifsp)
ob.doIFS(200000)
ob.wait()
```

结果显示如图 11-5 所示。

图 11-5　蕨类 IFS 生成图

（3）绘制过程

从原点 $(0,0)$ 开始，经过函数 ifsp 迭代（也就是上面说到的仿射变换），生成一组新坐标，将其点涂黑，再以相同的方式迭代新产生的坐标，经过 20 万次迭代后就生成了上述的蕨类叶子。

（4）模块核心代码

模块核心代码如下：

```
def __run(self):
    start = self.start
    for i in range(self.n):
        if self.__coo:
            self.screen.set_at(
                (int(self.enlarge * start[0] + self.pl), int(self.
enlarge * start[1] + self.pt)), self.pcolor)
        else:
            self.screen.set_at((int(self.enlarge * start[0] + self.
pl), self.screen.get_height(
```

```
            ) - int(self.enlarge * start[1] + self.pt)), self.pcolor)
        start = self.ifsp(*start)

def doIFS(self, n, start=None, color=None):
    """
        开始迭代
        start: 迭代起点
        color: 描点的颜色
    """
    self.n = n
    if start == None:
        self.start = (0, 0)
    else:
        self.start = start
    if color == None:
        self.pcolor = [0, 0, 0]
    else:
        self.pcolor = color
    if self.ifsCode != None:
        self.ifsp = self.__parseIfsCode
```

3. Julia 集合

（1）简介

Julia 集合（J 集合，朱利亚集合）是一个在复平面上形成分形的点的集合。它是以法国数学家加斯顿·朱利亚（Gaston Julia）的名字命名的。

（2）迭代过程

迭代过程的公式为：

$$z = z^\wedge 2 + C$$

当复数 C 确定后，对复平面上的点进行迭代。z 为初始值，每一次迭代的结果是下一次迭代的输入。迭代一定次数后（理论上无穷次，但是计算机上不能这样操作），当复数的模长在一定范围内时（小于某个值，称为逃逸半径），我们就认为其为不动点，不动点涂黑；当其模长大于逃逸半径，我们按迭代次数着色，迭代次数反应了逃逸速度。

（3）示例

示例代码如下：

```
from fractal import Julia
```

```
ju = Julia([500, 500])
ju.setC(-0.77 + 0.17j)
ju.doJulia(400)
ju.wait()
```

结果显示如图 11-6 所示。

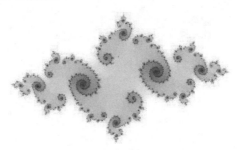

图 11-6　Julia 迭代图

（4）绘制过程

设置常复数 C = -0.77 + 0.17j 最多迭代 400 次，采用默认的逃逸半径（默认为 2），配色方案默认，就生成了上面美丽的 Julia 分形。

（5）模块核心代码

以下仅给出部分源码，完整源码请用前面给出的 GitHub 地址查看。

```
class Julia(Base):

    def __init__(self, size, title=""):
        Base.__init__(self, size, self.__run, title)
        self.setExp(2)
        self.setC(None)
        self.setRadius(2)
        self.width = size[0]
        self.height = size[1]
        self.setRange(3.5, 3.5)
        self.setCentre(0 + 0j)

    def setRadius(self, R):
        #设置逃逸半径
        self.R = R

    def setC(self, C):
        #设置参考值 C
```

```
        self.C = C

    def setExp(self, expc):
        #设置指数，默认为 2
        self.expc = expc

    def color(self, n, r=2):
        if n < len(reds):
            return reds[n]
        else:
            if r < self.R:
                return blues[int((len(blues) - 1) * r / self.R)]
            else:
                return purples[int((len(purples) - 1) * self.R / r)]

    def setColor(self, call):
        self.color = call

    def setCentre(self, z0):
        #设置中心点
        self.z0 = z0

    def setRange(self, xmax, ymax):
        #设置坐标范围，范围越小，图放大倍数越高
        self.xmax = xmax
        self.ymax = ymax

    def __getXY(self, i, j):
        #通过像素坐标获取映射后的坐标
        return complex((i / self.width - 0.5) * self.xmax +
self.z0.real, (j / self.height - 0.5) * self.ymax + self.z0.imag)

    def scala(self, i, j, rate):
        #将(i, j)像素点置于中心位置，放大 rate 倍
        self.setCentre(self.__getXY(i, j))
        self.xmax /= rate
        self.ymax /= rate

    def __calc(self, start, w, h):
        #绘制以 start 为起点、宽为 w、高为 h 的子区域
        for i in range(w):
```

```
        for j in range(h):
            if calc:                        #如果 C 库可加载
                ct, r = jCalc((start[0] + i, start[1] + j,
self.z0.real, self.z0.imag, self.C.real,
                        self.C.imag,              self.width,
self.height, self.xmax, self.ymax, self.N, self.expc, self.R))
                self.screen.set_at(
                    [start[0] + i, start[1] + j], self.color(ct, r))
            else:
                ct = 0
                z = self.__getXY(start[0] + i, start[1] + j)
                for k in range(self.N):
                    ct = k
                    if abs(z) > self.R:      #大于逃逸半径，则返回
                        break
                    z = z**self.expc + self.C
                self.screen.set_at(
                    [start[0] + i, start[1] + j], self.color(ct,
abs(z)))

    def __run(self):
        #线程中
        print("x range : [-%.2e,%.2e]\ny range : [-%.2e,%.2e]" % (
            self.xmax, self.xmax, self.ymax, self.ymax))
        if self.C == None:
            raise Exception("请设置迭代常数")
            return
        tn = 5                              #25 个子线程绘图
        ci = self.width // tn
        cj = self.height // tn
        ts = []
        for i in range(tn):
            for j in range(tn):
                t = Thread(target=self.__calc, args=(
                    [i * ci, j * cj], self.width // tn, self.height
// tn))
                t.start()
                ts.append(t)
        for t in ts:
            t.join()
        del ts
```

```
    def doJulia(self, N):
        #进入迭代
        #N：单点最大迭代次数
        self.N = N
```

4．Mandelbrot 集合

（1）简介

Mandelbrot 集合（M 集合，曼德勃罗特集合）是人类有史以来做出的最奇异、最瑰丽的几何图形，曾被称为"上帝的指纹"。与 Julia 集合相似，Mandelbrot 集合来自于下面这个公式的迭代：

$$Z = Z^2 + C$$

但是，Z 的初始值是一样的，例如都是 0+0j，C 的值是复平面的坐标。

（2）示例

代码如下：

```
from fractal import Mandelbrot
man = Mandelbrot([500, 500])
man.setRange(5, 5)
man.doMandelbrot(200)
man.wait()
```

结果显示如图 11-7 所示。

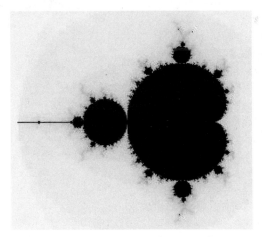

图 11-7　Mandelbrot 迭代图

由于后面改变了配色方案，因此图形颜色可能与给出的不一致。对于 J 集合与 M 集合，图形都是可以局部放大的，在图上单击鼠标左键即可放大。

（3）核心代码

核心代码如下：

```python
class Mandelbrot(Base):

    def __init__(self, size, title=""):
        Base.__init__(self, size, self.__run, title)
        self.setExp(2)
        self.setRadius(2)
        self.setZ0(0 + 0j)
        self.width = size[0]
        self.height = size[1]
        self.setRange(3.5, 3.5)
        self.setCentre(0 + 0j)

    def setRadius(self, R):
        #设置逃逸半径
        self.R = R

    def setZ0(self, Z0):
        #设置起始迭代复数（一般为0+0j）
        self.Z0 = Z0

    def setCentre(self, z0):
        #设置中心点
        self.z0 = z0

    def setRange(self, xmax, ymax):
        #设置坐标范围，范围越小，图放大倍数越高
        self.xmax = xmax
        self.ymax = ymax

    def __getXY(self, i, j):
        #通过像素坐标获取映射后的坐标
        return complex((i / self.width - 0.5) * self.xmax +
self.z0.real, (j / self.height - 0.5) * self.ymax + self.z0.imag)

    def scala(self, i, j, rate):
```

```
        #将(i, j)像素点置于中心位置，放大 rate 倍
        self.setCentre(self.__getXY(i, j))
        self.xmax /= rate
        self.ymax /= rate

    def setExp(self, expc):
        #设置指数，默认为 2
        self.expc = expc

    def color(self, n, r=2):
        if n < len(reds):
            return reds[n]
        else:
            if r < self.R:
                return blues[int((len(blues) - 1) * r / self.R)]
            else:
                return purples[int((len(purples) - 1) * self.R / r)]

    def setColor(self, call):
        self.color = call

    def __calc(self, start, w, h):
        #绘制以 start 为起点、宽为 w、高为 h 的子区域
        for i in range(w):
            for j in range(h):
                if calc:  #如果加载动态链接库没问题
                    ct, r = mCalc((start[0] + i, start[1] + j,
self.Z0.real, self.Z0.imag, self.z0.real,
                            self.z0.imag,          self.width,
self.height, self.xmax, self.ymax, self.N, self.expc, self.R))
                    self.screen.set_at(
                        [start[0] + i, start[1] + j], self.color(ct,
r))
                else:
                    ct = 0
                    z = self.Z0
                    c = self.__getXY(start[0] + i, start[1] + j)
                    for k in range(self.N):
                        ct = k
```

```
                    if abs(z) > self.R:  #大于逃逸半径, 则返回
                        break
                    z = z**self.expc + c
                self.screen.set_at(
                    [start[0] + i, start[1] + j], self.color(ct,
abs(z)))

    def __run(self):
        #绘图
        print("x range : [-%.2e,%.2e]\ny range : [-%.2e,%.2e]" % (
            self.xmax, self.xmax, self.ymax, self.ymax))
        tn = 5  #25 个子线程绘图
        #if calc: #如果可以调用C库, 则只需要一个线程
        #    tn = 1
        ci = self.width // tn
        cj = self.height // tn
        ts = []
        for i in range(tn):
            for j in range(tn):
                t = Thread(target=self.__calc, args=(
                    [i * ci, j * cj], self.width // tn, self.height
// tn))
                t.start()
                ts.append(t)
        for t in ts:
            t.join()
        del ts

    def doMandelbrot(self, N):
        #开始迭代
        #N: 最大迭代次数
        self.N = N
```

11.2 第三方库发布到 PyPi

使用 pip 安装 Python 第三方库很方便, 如果我们已经写好了 fractal (分形)库, 想跟大家分享, 该如何上传到 PyPi? 下面将详细介绍。

11.1 节介绍了分形的一些内容，那么如何才能将 fractal 模块上传到 PyPi 上呢？具体操作步骤如下。

第一步：在 PyPi（https://pypi.python.org/pypi）上申请一个账号。

在上述网站的左右上角找到如下区域，单击 Register 链接进入注册页面，如图 11-8 所示。

图 11-8　注册页面

进入注册页面，单击 Warehouse 链接，按照要求填写注册信息，如图 11-9 所示。

图 11-9　在注册页面中单击 Warehouse 链接

第二步：安装 twine 模块，通过 pip 就可以安装，即输入命令：pip install twine，如图 11-10 所示。

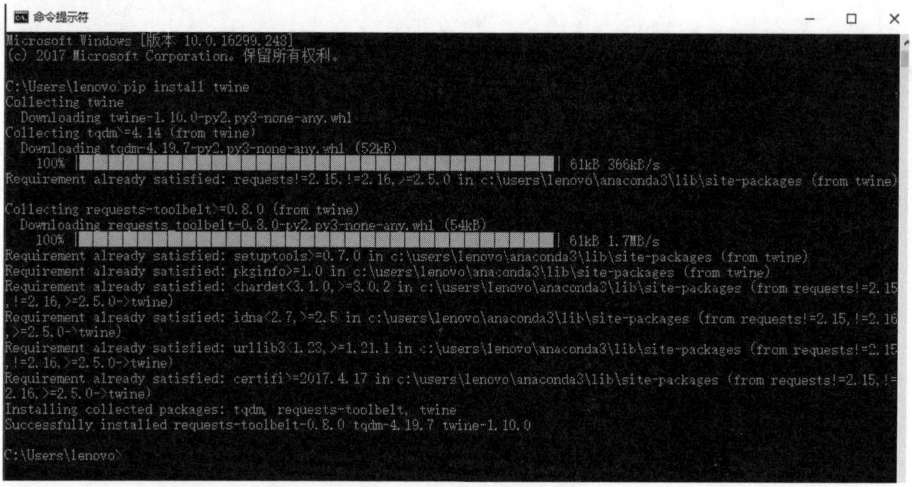

图 11-10 安装 twine 模块

第三步：编写 setup.py 文件。setup.py 文件是模块的描述文件，但不包含模块函数说明等内容。setup.py 文件内容大致如下：

```
from setuptools import setup, find_packages

setup(
    name="fractal",                                      #模块名
    version="0.3.0",                                     #版本
    keywords=["fractal", "分形"],                         #关键字
    description="对分形比较感兴趣，看 PyPi 上没有相关库，自己撸着玩",
                                                         #描述
    license="MIT",                                       #协议
    author="作者",
    author_email="1570184051@qq.com",                    #作者邮箱
    packages=find_packages(),                            #找到包下的所有子包
    install_requires=["pygame>=1.9.3"],                  #依赖
    platforms="any",                                     #运行平台
    url="https://github.com/pysrc/fractal",              #项目地址
    zip_safe=False,
    package_data={                                       #数据文件
        "": ["*.dll", "*.pyd", "*.so"]
    }
)
```

setup.py 文件要与项目文件夹 fractal 以及第四步生成的 dist 文件夹放在同一

级目录，如图 11-11 所示。

名称	修改日期	类型	大小
.git	2017/12/21 20:13	文件夹	
C_Extension	2017/11/23 12:41	文件夹	
dist	2017/11/25 11:41	文件夹	
example	2017/11/25 11:40	文件夹	
fenxing_images	2017/11/19 22:22	文件夹	
fractal	2018/1/27 12:04	文件夹	
fractal.egg-info	2017/11/15 15:41	文件夹	
GetColor	2017/11/23 12:37	文件夹	
CNAME	2017/11/13 23:20	文件	1 KB
README.md	2017/11/25 11:37	Markdown File	5 KB
setup.py	2017/11/25 11:41	Python File	1 KB

图 11-11　setup.py 文件目录

　　其中 fractal 文件夹内放置的就是 fractal 项目的所有文件，setup.py 文件与项目 fractal 文件夹置于同一级目录，dist 目录是执行第四步后生成的打包后的项目文件夹，其余的文件夹或文件用于辅助说明，并不上传到 pypi，但会上传到 github，如图 11-12 所示。

电脑 > OS (C:) > 用户 > liang > Python > 分形 > pypi > fractal　　搜索"fractal"

名称	修改日期	类型	大小
__pycache__	2017/11/23 12:38	文件夹	
clib	2017/11/23 12:38	文件夹	
__init__.py	2017/11/25 11:39	Python File	1 KB
base.py	2017/11/22 23:59	Python File	3 KB
cifs.py	2017/11/25 11:22	Python File	3 KB
colors.py	2017/11/17 13:23	Python File	20 KB
ifs.py	2017/11/18 14:28	Python File	3 KB
julia.py	2017/11/25 10:18	Python File	4 KB
lsystem.py	2017/11/15 21:49	Python File	4 KB
mandelbrot.py	2017/11/25 10:24	Python File	4 KB

图 11-12　fractal 文件目录

　　第四步：启动命令提示符，并将命令行定位到 setup.py 文件的目录位置，执行命令：python setup.py sdist，如图 11-13 所示。

```
C:\Users\liang\Python\分形\pypi>python setup.py sdist
running sdist
running egg_info
writing fractal.egg-info\PKG-INFO
writing dependency_links to fractal.egg-info\dependency_links.txt
writing requirements to fractal.egg-info\requires.txt
writing top-level names to fractal.egg-info\top_level.txt
reading manifest file 'fractal.egg-info\SOURCES.txt'
writing manifest file 'fractal.egg-info\SOURCES.txt'
warning: sdist: standard file not found: should have one of README, README.rst, README.txt

running check
creating fractal-0.3.0
creating fractal-0.3.0\fractal
creating fractal-0.3.0\fractal.egg-info
creating fractal-0.3.0\fractal\clib
copying files to fractal-0.3.0...
copying setup.py -> fractal-0.3.0
copying fractal\__init__.py -> fractal-0.3.0\fractal
copying fractal\base.py -> fractal-0.3.0\fractal
copying fractal\cifs.py -> fractal-0.3.0\fractal
copying fractal\colors.py -> fractal-0.3.0\fractal
copying fractal\ifs.py -> fractal-0.3.0\fractal
copying fractal\julia.py -> fractal-0.3.0\fractal
copying fractal\lsystem.py -> fractal-0.3.0\fractal
copying fractal\mandelbrot.py -> fractal-0.3.0\fractal
copying fractal\o.py -> fractal-0.3.0\fractal
copying fractal.egg-info\PKG-INFO -> fractal-0.3.0\fractal.egg-info
copying fractal.egg-info\SOURCES.txt -> fractal-0.3.0\fractal.egg-info
copying fractal.egg-info\dependency_links.txt -> fractal-0.3.0\fractal.egg-info
copying fractal.egg-info\not-zip-safe -> fractal-0.3.0\fractal.egg-info
copying fractal.egg-info\requires.txt -> fractal-0.3.0\fractal.egg-info
copying fractal.egg-info\top_level.txt -> fractal-0.3.0\fractal.egg-info
copying fractal\clib\__init__.py -> fractal-0.3.0\fractal\clib
copying fractal\clib\calc.dll -> fractal-0.3.0\fractal\clib
copying fractal\clib\calc64.dll -> fractal-0.3.0\fractal\clib
Writing fractal-0.3.0\setup.cfg
Creating tar archive
```

图 11-13　模块打包生成 dist 文件目录

此时模块打包，生成 dist 文件目录，如图 11-14 所示。

此电脑 › OS (C:) › 用户 › liang › Python › 分形 › pypi › dist　　搜索"dist"

名称	修改日期	类型	大小
fractal-0.1.0.tar.gz	2017/11/15 15:41	GZ 文件	5 KB
fractal-0.1.1.tar.gz	2017/11/15 15:42	GZ 文件	5 KB
fractal-0.1.2.tar.gz	2017/11/15 21:59	GZ 文件	7 KB
fractal-0.2.1.tar.gz	2017/11/15 22:00	GZ 文件	7 KB
fractal-0.2.2.tar.gz	2017/11/15 22:53	GZ 文件	7 KB
fractal-0.2.3.tar.gz	2017/11/16 22:56	GZ 文件	8 KB
fractal-0.2.4.tar.gz	2017/11/17 13:25	GZ 文件	10 KB
fractal-0.2.5.tar.gz	2017/11/17 19:36	GZ 文件	10 KB
fractal-0.2.6.tar.gz	2017/11/18 14:40	GZ 文件	10 KB
fractal-0.2.7.tar.gz	2017/11/19 15:08	GZ 文件	40 KB
fractal-0.2.8.tar.gz	2017/11/19 16:07	GZ 文件	77 KB
fractal-0.2.9.tar.gz	2017/11/23 12:41	GZ 文件	77 KB
fractal-0.3.0.tar.gz	2018/3/14 9:49	GZ 文件	78 KB

图 11-14　dist 文件目录

由于笔者每次打包都会修改版本，故文件较多，上传到 pypi 时只需上传最新版本的文件即可。

在命令行下继续执行命令：

```
twine upload .\dist\fractal-0.3.0.tar.gz
```

按提示输入用户名和密码（就是第一步申请的），等待进度条显示完成，则表明项目已经发布到了 PyPi，如图 11-15 所示。

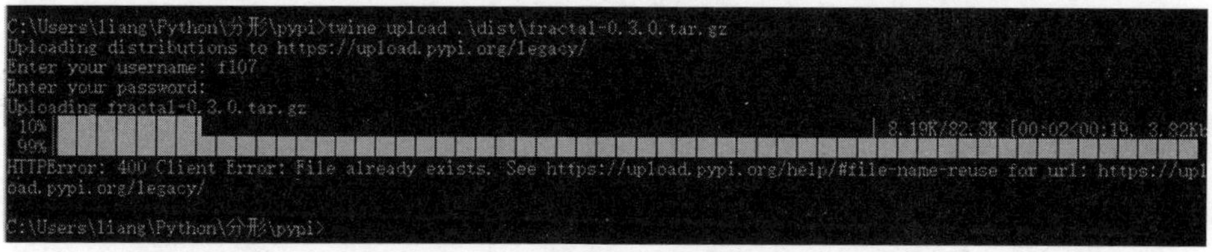

图 11-15　发布 fractal 库

至此，有网络的地方都可以用 pip 下载安装并使用 fractal 库了。

当然，对于一个好的第三方库，除了上传到 PyPi，还应该在 GitHub 上建立仓库，以方便其他人阅读源码、贡献代码以及查看文档，对于 GitHub 的使用请读者自行百度查看。

本章小结

本章向大家介绍了自创共享库的方法和其发布的流程。

参考文献

[1] 余本国. Python 数据分析基础[M]. 北京：清华大学出版社，2017.

[2] 张良均，王璐，谭立云，苏剑林. Python 数据分析与挖掘实战[M]. 北京：机械工业出版社，2016.

[3] 小蚊子数据分析. Python 数据分析实战. http://study.163.com/course/courseMain.htm?courseId=1103001.

[4] https://blog.csdn.net/lilu916/article/details/72997644.